기계직

기출문제
정복하기

9급 공무원 기계직
기출문제 정복하기

개정2판	발행	2024년 01월 10일
개정3판	발행	2025년 01월 10일

편 저 자 | 주한종

발 행 처 | ㈜서원각

등록번호 | 1999-1A-107호

주   소 | 경기도 고양시 일산서구 덕산로 88-45(가좌동)

교재주문 | 031-923-2051

팩   스 | 031-923-3815

교재문의 | 카카오톡 플러스 친구[서원각]

홈페이지 | goseowon.com

모든 시험에 앞서 가장 중요한 것은 출제되었던 문제를 풀어봄으로써 그 시험의 유형 및 출제경향, 난이도 등을 파악하는 데에 있다. 즉, 최소시간 내 최대의 학습효과를 거두기 위해서는 기출문제의 분석이 무엇보다도 중요하다는 것이다.

'9급 공무원 기출문제 정복하기 – 기계직'은 이를 주지하고 그동안 시행된 국가직, 지방직, 서울시 기출문제를 과목별로, 시행처와 시행연도별로 깔끔하게 정리하여 담고 문제마다 상세한 해설과 함께 관련 이론을 수록한 군더더기 없는 구성으로 기출문제집 본연의 의미를 살리고자 하였다.

수험생은 본서를 통해 변화하는 출제경향을 파악하고 학습의 방향을 잡아 단기간에 최대의 학습효과를 거둘 수 있을 것이다.

9급 공무원 시험의 경쟁률이 해마다 점점 더 치열해지고 있다. 이럴 때일수록 기본적인 내용에 대한 탄탄한 학습이 빛을 발한다. 수험생 모두가 자신을 믿고 본서와 함께 끝까지 노력하여 합격의 결실을 맺기를 희망한다.

STRUCTURE
이 책 의 특 징 및 구 성

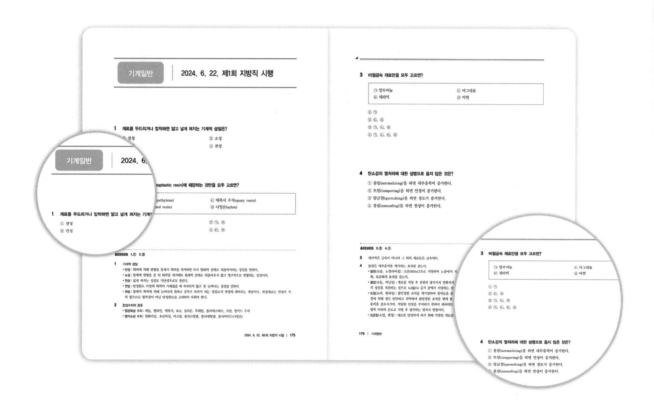

최신 기출문제분석

최신의 최다 기출문제를 수록하여 기출 동향을 파악하고, 학습한 이론을 정리할 수 있습니다. 기출문제들을 반복하여 풀어봄으로써 이전 학습에서 확실하게 깨닫지 못했던 세세한 부분까지 철저하게 파악, 대비하여 실전대비 최종 마무리를 완성하고, 스스로의 학습상태를 점검할 수 있습니다.

상세한 해설

상세한 해설을 통해 한 문제 한 문제에 대한 완전학습을 가능하도록 하였습니다. 정답을 맞힌 문제라도 꼼꼼한 해설을 통해 다시 한 번 내용을 확인할 수 있습니다. 틀린 문제를 체크하여 내가 취약한 부분을 파악할 수 있습니다.

CONTENT
이 책 의 차 례

01 기계일반

02 기계설계

01

기계일반

1 1,200W의 전열기로 1kg의 물을 20℃에서 100℃까지 가열하는 데 걸리는 시간은 얼마인가? (단, 가열 중 에너지 손실은 발생하지 않으며 물의 비열은 4.2J/g · K로 일정하다고 가정한다.)

① 1분 7초

② 2분 30초

③ 3분 10초

④ 4분 40초

2 구성인선(built-up edge, BUE)에 대한 설명으로 가장 옳지 않은 것은?

① 구성인선으로 인한 가공면의 표면 거칠기의 값은 작아진다.

② 절삭유와 윤활성이 좋은 윤활제 사용으로 방지할 수 있다.

③ 발생과정은 발생 → 성장 → 분열 → 탈락의 순서로 주기적으로 반복된다.

④ 절삭 속도를 높게 하거나, 절삭 깊이를 적게 하여 방지할 수 있다.

ANSWER 1.④ 2.①

1 1[W]=1[J/s], 1200[W]=1200[J/s]이며 1kg의 물의 비열은 4200J/g · K이 된다.

온도차이가 80도 차이가 나므로 1kg의 물을 80도를 올리기 위해서는 4200 × 80 = 336,000[J]이 필요하게 된다. 이 에너지를 얻기 위해서는 1200[W]의 전열기로 280초의 시간이 요구되므로 4분 40초가 된다.

2 구성인선으로 인한 가공면의 표면 거칠기의 값은 커지게 된다.

※ **구성인선(built up edge)** … 연강, 스테인리스강, 알루미늄처럼 바이트 재료와 친화성이 강한 재료를 절삭할 경우 절삭된 칩의 일부가 끝부분에 부착하여 대단히 굳은 퇴적물로 되어 절삭날 구실을 하는 것이다. 구성인선이 있으면 가공물의 치수가 잘 맞지 않으며 다듬질면을 나쁘게 한다.

※ **구성인선 방지대책**
- 절삭깊이를 작게 해야 한다.
- 바이트의 윗면경사각을 크게 해야 한다.
- 절삭속도를 되도록 빠르게 하는 것이 좋다.
- 윤활성이 높은 절삭유를 사용해야 한다.
- 공구반경을 되도록 작게 해야 한다.
- 마찰계수가 작은 절삭공구를 사용해야 한다.
- 이송을 되도록 적게 하는 것이 좋다.
- 공구면의 마찰계수를 줄여 칩의 흐름이 원활하도록 해야 한다.
- 피가공물과 친화력이 작은 공구 재료를 사용해야 한다.

3 기준치수에 대한 구멍의 공차가 $\phi 260^{+0.05}_{0}$, 축의 공차가 $\phi 260^{+0.04}_{-0.09}$일 때 끼워맞춤의 종류는?

① 헐거운 끼워맞춤   ② 억지 끼워맞춤

③ 중간 끼워맞춤   ④ 축 기준 끼워맞춤

4 다음 중 무차원수는?

① 비중   ② 비중량

③ 점성계수   ④ 동점성계수

5 재료시험 항목과 시험 방법의 관계로 옳지 않은 것은?

① 충격시험 : 샤르피(charpy)시험

② 크리프(creep)시험 : 표면거칠기 시험

③ 경도시험 : 로크웰(Rockwell)경도시험

④ 피로시험 : 시편에 반복응력(cyclic stresses) 시험

....

ANSWER 3.③ 4.① 5.②

3 최소틈새와 최대틈새를 구하면 다음과 같다.
- 최대틈새 = 구멍의 최대허용치수 − 축의 최소허용치수 = 260.05 − 259.91 = 0.14[mm]
- 최대죔새 = 축의 최대허용치수 − 구멍의 최소허용치수 = 0.04 − 0 = 0.04[mm]

결국, 조립하였을 때 구멍, 축의 실치수에 따라 틈새와 죔새 어느 것이나 된다. 따라서 중간 끼워맞춤에 속한다.

※ 틈새 : 구멍의 치수가 축의 치수보다 클 때 구멍과 축과의 치수차이다.

   죔새 : 구멍의 치수가 축의 치수보다 작을 때 조립 전의 구멍과 축과의 치수차이다.

※ 헐거운 끼워맞춤 : 조립하였을 때 항상 틈새가 생기는 끼워맞춤으로 구멍의 최소치수가 축의 최대치수보다 크다.

   최소틈새=구멍의 최소허용치수−축의 최대허용치수

   최대틈새=구멍의 최대허용치수−축의 최소허용치수

※ 억지끼워맞춤 : 조립하였을 때 항상 죔새가 생기는 끼워맞춤으로서 축의 최소치수가 구멍의 최대치수보다 크다.

   최소죔새=축의 최소허용치수−구멍의 최대허용치수

   최대죔새=축의 최대허용치수−구멍의 최소허용치수

※ 중간끼워맞춤 : 조립하였을 때 구멍, 축의 실치수에 따라 틈새 또는 죔새의 어느 것이나 되는 끼워맞춤이다.

4 비중은 상대적인 값으로서 단위가 없는 무차원계수이다. (비중과 밀도는 엄연히 다른 개념임에 유의해야 한다.)

5 크리프시험 : 크리프 현상은 부재에 장기간 지속적인 정하중을 가하면 부재의 변위가 생기는 것으로서 이러한 현상에 관한 시험을 말한다. 이는 표면거칠기와는 관련이 있다고 보기 어렵다.

6 복잡하고 정밀한 모양의 금형에 용융된 마그네슘 또는 알루미늄 등의 합금을 가압 주입하여 주물을 만드는 주조방법에 해당하는 것은?

① 셸 모울드 주조법

② 진원심 주조법

③ 다이 캐스팅 주조법

④ 인베스트먼트 주조법

ANSWER 6.③

6 다이캐스팅은 기계가공하여 제작한 금형에 용융한 알루미늄, 아연, 주석, 마그네슘 등의 합금을 가압주입하고 금형에 충진한 뒤 고압을 가하면서 냉각하고 응고시켜 제조하는 방법으로 주물을 얻는 주조법이다.
- 용점이 낮은 금속을 대량으로 생산하는 특수주조법의 일종이다.
- 분리선 주위로 소량의 플래시(flash)가 형성될 수 있다.
- 표면이 아름답고 치수도 정확하므로 후가공 작업이 줄어든다.
- 강도가 높고 치수정밀도가 높아 마무리 공정수를 줄일 수 있으며 대량생산에 주로 적용된다.
- 가압되므로 기공이 적고 치밀한 조직을 얻을 수 있으며 기포가 생길 염려가 없다.
- 쇳물은 용점이 낮은 Al, Pb, Zn, Sn합금이 적당하나 주철은 곤란하다.
- 제품의 형상에 따라 금형의 크기와 구조에 한계가 있으며 금형 제작비가 비싸다.
- 축, 나사 등을 이용한 인서트 성형이 가능하다.
- 고온챔버 공정과 저온챔버 공정으로 구분된다.
- ※ **인베스트먼트주조** … 제품과 동일한 형상의 모형을 왁스나 합성수지와 같이 용융점이 낮은 재료로 만들어 그 주위를 내화성 재료로 피복한 상태로 매몰한 다음 이를 가열하면 주형은 경화가 되고 내부의 모형은 용해된 상태로 유출이 되도록 하여 주형을 만드는 방법이다.
    - 복잡하고 세밀한 제품을 주조할 수 있다.
    - 주물의 표면이 깨끗하며 치수정밀도가 높다.
    - 기계가공이 곤란한 경질합금, 밀링커터 및 가스터빈 블레이드 등을 제작할 때 사용한다.
    - 모든 재질에 적용할 수 있고, 특수합금에 적합하다.
    - 패턴(주형)은 파라핀, 왁스와 같이 열을 가하면 녹는 재료로 만든다.
    - 패턴(주형)은 내열재로 코팅을 해야 한다.
    - 사형주조법에 비해 인건비가 많이 든다.
    - 생산성이 낮으며 제조원가가 다른 주조법에 비해 비싸다.
    - 대형주물에서는 사용이 어렵다.
- ※ **셸 몰드법** … 조개껍데기 모양의 통기성이 좋은 셸 몰드라는 주형을 사용하여 주물을 만드는 방법으로 크로우닝법이라고도 하며 주조 그대로 기계부품에 사용될 수 있다.
- ※ **주조의 분류**
    - 일반주조법 : 사형주조법
    - 정밀주조법 : 셸몰드법, 다이캐스트법, 인베스트먼트법, 폴몰드법, 석고주형법
    - 특수주조법 : 이산화탄소 주형법, 저압주조법, 금형주조법, 진공주형법, 원심주조법, 고압응고주조법, 연속주조법, 감압주조법

7 압연가공에서 압하율[%]을 구하는 식으로 가장 옳은 것은? (단, H_o : 변형 전 두께, H_1 : 변형 후 두께)

① $\dfrac{H_1 - H_0}{H_0} \times 100$ ② $\dfrac{H_0 - H_1}{H_0} \times 100$

③ $\dfrac{H_1 - H_0}{H_1} \times 100$ ④ $\dfrac{H_0 - H_1}{H_1} \times 100$

8 4사이클 6실린더 기관에서 실린더 지름 40mm, 행정 30mm일 때 총 배기량[cc]은?

① 24π ② 72π

③ 80π ④ 96π

9 직경이 10mm이며, 인장강도가 400MPa의 연강봉재에 6,280N의 축방향 인장하중이 작용할 때 이 봉재의 안전율은? (단, π =3.14로 가정한다.)

① 3   ② 5

③ 7   ④ 9

....

ANSWER 7.② 8.② 9.②

7
압하율 : $\dfrac{H_0 - H_1}{H_0} \cdot 100$ (단, H_o는 변형 전 두께, H_1은 변형 후 두께)

8
$Q = 6 \cdot A \cdot h = 6 \cdot \dfrac{\pi \cdot d^2}{4} \cdot 30 = 6 \cdot \dfrac{\pi \cdot 40^2}{4} \cdot 30 = 72,000\pi\,[mm^3] = 72\pi\,[cc]$

9
$\sigma_c = \dfrac{P}{A} = \dfrac{6,280\,[N]}{\dfrac{\pi d^2}{4}} = \dfrac{6,280\,[N]}{\dfrac{3.14 \cdot 10^2\,[mm^2]}{4}} = 80$

안전율 $= \dfrac{\sigma_{인장강도}}{\sigma_{인장응력}} = \dfrac{400}{80} = 5$

10 〈보기〉와 같이 동일 재료의 단붙이축을 탄성한도 이내의 힘 F로 양쪽에서 당겼더니, 축 A와 축 B의 변형량이 같았다. $d_B = 2d_A$일 때 L_A와 L_B의 관계로 가장 옳은 것은? (단, 단면의 변화는 고려하지 않는다.)

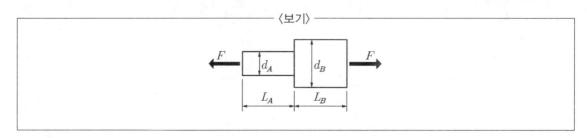

〈보기〉

① $L_B = 0.5 L_A$

② $L_B = \sqrt{2}\, L_A$

③ $L_B = 2 L_A$

④ $L_B = 4 L_A$

11 수평면에 놓인 질량 $\sqrt{2}\,$kg의 물체에 〈보기〉와 같은 방향으로 F의 일정한 힘이 작용하여 오른쪽으로 1m/s^{2}의 등가속도로 미끄러지고 있다. 수평면과 물체 사이의 운동마찰계수가 0.5이고, 중력가속도를 10m/s^{2}으로 가정할 때, 힘 F의 크기[N]는?

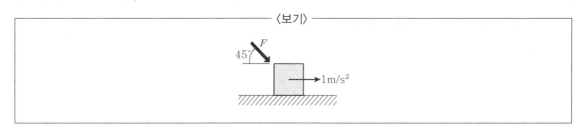

〈보기〉

① 5

② $5\sqrt{2}$

③ 12

④ 24

ANSWER 10.④ 11.④

10 $\triangle = \dfrac{PL}{AE}$ 이며 B의 단면적은 A의 단면적의 4배가 되므로, $L_B = 4L_A$의 관계가 성립한다.

11 힘 F 를 분해하면 $F_x = F\cos45^o = \dfrac{\sqrt{2}}{2}F$, $F_y = F\sin45^o = \dfrac{\sqrt{2}}{2}F$

힘의 수직성분에 대해 수직항력과 운동마찰력을 구하면 마찰력은 $f = \mu N = 0.5(\dfrac{\sqrt{2}}{2}F + 10\sqrt{2}) = \dfrac{\sqrt{2}}{4}F + 5\sqrt{2}$

수평성분에 대해 구하면 $F_x - f = ma$, $\dfrac{\sqrt{2}}{2}F - \dfrac{\sqrt{2}}{4}F - 5\sqrt{2} = \sqrt{2}\cdot 1$이므로 $F = 24[N]$

12 가솔린기관에서 노크가 발생할 때 일어나는 현상으로 가장 옳지 않은 것은?

① 연소실의 온도가 상승한다.

② 금속성 타격음이 발생한다.

③ 배기가스의 온도가 상승한다.

④ 최고 압력은 증가하나 평균유효압력은 감소한다.

ANSWER 12.③

12 노크가 발생하면 엔진에는 기계적, 열적부하가 증가하게 되며 연소가스의 진동에 의해 연소열이 연소실 벽으로 전달되므로 연소실 벽에 열이 축적되어 자기착화, 스파크플러그나 피스톤의 소손, 실린더헤드 가스켓의 파손, 크랭크축의 손상 등을 유발하며 출력이 저하된다.

※ 노크…충격파가 실린더 속을 왕복하면서 심한 진동을 일으키고 실린더와 공진하여 금속을 두드리는 소리를 낸다.

※ 노크의 발생원인
• 제동 평균 유효압력이 높을 때
• 흡기의 온도와 압력이 높을 때
• 실린더 온도가 높아지거나 적열된 열원이 있을 때
• 기관의 회전속도가 낮아 화염전파속도가 느릴 때
• 혼합비가 높을 때
• 점화시기가 빠를 때

※ 가솔린 기관의 노크 억제법
• 옥탄가가 큰 연료를 사용하는 것이 좋다.
• 제동평균 유효압력을 낮추어 준다.
• 연소실의 크기를 작게 하는 것이 좋다.
• 흡입되는 공기의 온도를 낮추는 것이 좋다.
• 혼합기가 정상연소가 이루어지도록 한다.

※가솔린기관의 노크가 엔진에 미치는 영향
• 연소실 내의 온도는 상승하고 배기가스의 온도는 낮아진다.
• 최고 압력은 상승하고 평균 유효압력은 낮아진다.
• 엔진의 과열 및 출력이 저하된다.
• 타격음이 발생하며, 엔진 각부의 응력이 증가한다.
• 노크가 발생하면 배기의 색이 황색 또는 흑색으로 변한다.
• 실린더와 피스톤의 손상 및 고착이 발생한다.

13 상온에서 비중이 작은 금속부터 순서대로 바르게 나열된 것은?

① 알루미늄-마그네슘-티타늄

② 알루미늄-티타늄-마그네슘

③ 마그네슘-알루미늄-티타늄

④ 티타늄-마그네슘-알루미늄

14 주철 조직에 관한 마우러(Maurer) 선도와 관계있는 원소는?

① Si

② Mn

③ P

④ S

13 금속의 비중을 작은 것부터 큰 순서대로 나열하면 마그네슘-알루미늄-티타늄이 된다.

※ 주요금속의 비중

Mg	Be	Al	Ti	Sn	V	Cr	Mn	Fe	Ni	Cu	Ag	Pb
1.7	1.8	2.7	4.5	5.8	6.1	7.1	7.4	7.8	8.9	8.9	10.4	11.3

14 마우러(Maurer) 선도 : 주철조직에 영향을 미치는 C와 Si 함유량의 관계도이다.

15 〈보기〉와 같이 간격이 L인 두 개의 커다란 평행 평판 사이에 점성계수 μ인 뉴턴 유체가 놓여 있다. 아래 평판은 고정되어 있으며, 면적이 A인 위 평판에 힘 F를 가해 위 평판을 일정 속도 v로 움직인다. 다음의 서술 중 가장 옳지 않은 것은?

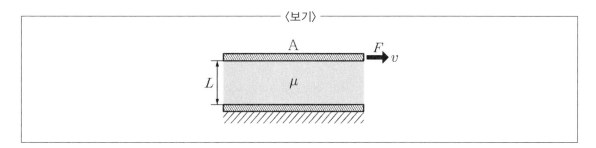

① 거리 L이 커질수록 필요한 힘 F가 커진다.
② 힘 F가 클수록 속도 v는 비례하여 커진다.
③ 평판 면적 A가 커질수록 필요한 힘 F가 커진다.
④ 점성계수 μ가 클수록 필요한 힘 F가 커진다.

16 부력에 관한 설명으로 가장 옳지 않은 것은?

① 유체 내에 잠겨 있는 물체에 작용하는 부력은 그 물체에 의해 배제된 유체의 무게와 같다.
② 유체 위에 떠 있는 물체에 작용하는 부력은 그 물체의 무게와 같다.
③ 부력은 배제된 유체의 무게중심을 통과하여 상향으로 작용한다.
④ 일정한 밀도를 갖는 유체 내에서의 부력은 자유표면으로부터 거리가 멀어질수록 증가한다.

ANSWER 15.① 16.④

15 거리 L이 커질수록 필요한 힘 F는 작아지게 된다.

16 아르키메데스의 원리에 따라 부력은 수중의 물체가 차지하고 있는 용적만큼의 유체의 무게와 같다. 따라서 자유표면으로부터 멀어진다고 하여 부력이 증가하는 것은 아니다.

17 이상기체의 교축과정(throttling process)에 대한 설명으로 가장 옳지 않은 것은?

① 엔탈피의 변화가 없다.

② 온도의 변화가 없다.

③ 압력의 변화가 없다.

④ 비가역 단열과정이다.

18 범용 선반(Lathe)의 크기를 표시하는 방법에 해당하지 않는 것은?

① 베드 위의 스윙

② 왕복대상의 스윙

③ 테이블의 최대이동거리

④ 양센터 사이의 최대이동거리

ANSWER 17.③ 18.③

17 • 교축과정에서는 압력의 변화가 발생한다.
※ **교축과정** … 밸브나 오리피스 등의 미소한 단면을 증기가 통과하면서 압력과 온도가 저하되고 외부에 일을 남기지 않으며 정상류 비가격과정으로 열전달도 없는 등엔탈피 과정이다. 완전가스의 교축과정은 등엔탈피 변화로 압력강하가 수반되며 온도는 변화하지 않으나 냉동기의 냉매로 사용되고 있는 암모니아, 탄산가스, 공기 등과 같은 실제가스의 교축변화 시에는 등엔탈피 과정으로 압력강화와 온도 저하 현상이 수반된다. 이런 현상을 줄-톰슨 효과라 한다.
• 액체의 경우는 교축되어 압력이 내려가 액체의 포화압력보다 낮아지면 액체의 일부가 증발하며(플래쉬 가스 발생), 증발에 필요한 열을 액체 자신으로부터 흡수하므로 액체의 온도는 감소하게 되며, 교축 전후의 엔탈피(=내부에너지+압력~체적의 변동에 의한 에너지)는 변화가 없다.

18 ※ **선반 크기 규격 표시법**
• 양 센터 사이의 최대이동거리
• 왕복대상의 스윙
• 베드 위의 스윙

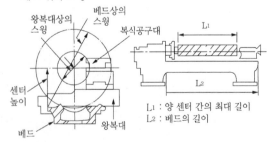

L₁ : 양 센터 간의 최대 길이
L₂ : 베드의 길이

19 아크 용접 결함인 언더컷의 주요 발생원인으로 가장 옳지 않은 것은?

① 아크 길이가 너무 길 때

② 전류가 너무 낮을 때

③ 용접봉 선택이 부적당할 때

④ 용접 속도가 너무 빠를 때

ANSWER 19.②

19 • 언더컷 : 모재가 녹아 용착금속이 채워지지 않고 홈으로 남는 부분이 생기는 현상이다. 아크의 길이가 긴 경우, 용접속도가 너무
빠른 경우, 용접전류가 너무 클 때 발생하기 쉽다. (오버랩의 발생원인과는 반대이다.)

※ 용접결함

• 블로홀 : 용융금속이 응고할 때 방출되어야 할 가스가 남아서 생긴 빈자리

• 슬래그섞임(감싸들기) : 슬래그의 일부분이 용착금속 내에 혼입된 것

• 크레이터 : 용즙 끝단에 항아리 모양으로 오목하게 파인 것

• 피시아이 : 용접작업 시 용착금속 단면에 생기는 작은 은색의 점

• 피트 : 작은 구멍이 용접부 표면에 생긴 것

• 크랙 : 용접 후 급냉되는 경우 생기는 균열

• 언더컷 : 모재가 녹아 용착금속이 채워지지 않고 홈으로 남는 부분

• 오버랩 : 용착금속과 모재가 융합되지 않고 단순히 겹쳐지는 것

• 오버형 : 상향 용접 시 용착금속이 아래로 흘러내리는 현상

• 용입불량 : 용입깊이가 불량하거나 모재와의 융합이 불량한 것

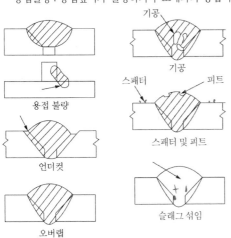

20 도면의 표제란에 기입하는 내용에 해당하는 것을 〈보기〉에서 모두 고른 것은?

┌─────────────── 〈보기〉 ───────────────┐

　ㄱ 품명　　　　　　　　　　ㄴ 수량

　ㄷ 척도　　　　　　　　　　ㄹ 각법(투상법)

　ㅁ 재질　　　　　　　　　　ㅂ 표면거칠기

└──────────────────────────────────────┘

① ㄱ, ㄴ, ㄷ

② ㄱ, ㄴ, ㄷ, ㄹ

③ ㄱ, ㄴ, ㄷ, ㄹ, ㅁ

④ ㄱ, ㄴ, ㄷ, ㄹ, ㅁ, ㅂ

ANSWER 20.③

20 일반적으로 기계도면의 표제란에는 표면거칠기를 기입하지는 않는다.

1 큰 토크를 전달할 수 있어 자동차의 속도변환기구에 주로 사용되는 것은?

① 원뿔키(cone key)

② 안장키(saddle key)

③ 평키(flat key)

④ 스플라인(spline)

ANSWER 1.④

1 • 스플라인(spline) : 축의 원주 상에 여러 개의 키 홈을 파고 여기에 맞는 보스(boss)를 끼워 회전력을 전달할 수 있도록 한 기계요소이다.
  • 원뿔 키(cone key) : 마찰력만으로 축과 보스를 고정하며 키를 축의 임의의 위치에 설치가 가능하다.
  • 안장 키(saddle key) : 축에는 가공하지 않고 축의 모양에 맞추어 키의 아랫면을 깎아서 때려 박는 키이다. 축에 기어 등을 고정시킬 때 사용되며, 큰 힘을 전달하는 곳에는 사용되지 않는다.
  • 평 키(flat key) : 축은 자리만 편평하게 다듬고 보스에 홈을 판 키로서 안장 키보다 강하다.
  • 둥근 키(round key) : 단면은 원형이고 테이퍼핀 또는 평행핀을 사용하고 핀 키(pin key)라고도 한다. 축이 손상되는 일이 적고 가공이 용이하나 큰 토크의 전달에는 부적합하다.
  • 미끄럼 키(sliding key) : 테이퍼가 없는 키이다. 보스가 축에 고정되어 있지 않고 축 위를 미끄러질 수 있는 구조로 기울기를 내지 않는다.
  • 접선 키(tangent key) : 기울기가 반대인 키를 2개 조합한 것이다. 큰 힘을 전달할 수 있다.
  • 페더 키(feather key) : 벨트풀리 등을 축과 함께 회전시키면서 동시에 축방향으로도 이동할 수 있도록 한 키이다. 따라서 키에는 기울기를 만들지 않는다.
  • 반달 키(woodruff key) : 반달 모양의 키. 축에 테이퍼가 있어도 사용할 수 있으므로 편리하다. 축에 홈을 깊이 파야 하므로 축이 약해지는 결점이 있다. 큰 힘이 걸리지 않는 곳에 사용된다.
  • 납작 키(flat key) : 축의 윗면을 편평하게 깎고, 그 면에 때려 박는 키이다. 안장키보다 큰 힘을 전달할 수 있다.
  • 묻힘 키(sunk key) : 벨트풀리 등의 보스(축에 고정시키기 위해 두껍게 된 부분)와 축에 모두 홈을 파서 때려 박는 키이다. 가장 일반적으로 사용되는 것으로, 상당히 큰 힘을 전달할 수 있다.
  • 전달력, 회전력, 토크, 동력의 크기 : 세레이션＞스플라인 키＞접선 키＞묻힘 키＞반달 키＞평 키＞안장 키＞핀 키

2 선반의 부속장치 중 관통 구멍이 있는 공작물을 고정하는 데 사용되는 것은?

① 센터(center)

② 심봉(mandrel)

③ 콜릿(collit)

④ 면판(face plate)

3 판재의 끝단을 접어서 포개어 제품의 강성을 높이고, 외관을 돋보이게 하며 날카로운 면을 없앨 수 있는 공정은?

① 플랜징(flanging)

② 헤밍(hemming)

③ 비딩(beading)

④ 딤플링(dimpling)

4 100MW급 발전소가 석탄을 연료로 하여 전기를 생산하고 있다. 보일러는 627°C에서 운전되고 응축기에서는 27°C의 폐열을 배출하고 있다면 이 발전소의 이상 효율(%)에 가장 가까운 것은?

① 4%

② 33%

③ 67%

④ 96%

---

2 • 심봉(mandrel) : 정밀한 구멍과 직각 단면을 깎을 때, 외경과 구멍이 동심원이 필요할 때 사용한다. 팽창 심봉, 단사 심봉, 원추 심봉, 단체 심봉 등이 있다.
  • 척(chuck) : 일감을 고정할 때 사용하며, 고정하는 방법에는 jaw에 의한 기계적인 방법과 전기적인 방법이 있다.
  • 콜릿(collit) : 드릴이나 엔드밀을 끼워넣고 고정시키는 공구이다.

3 ② 헤밍(hemming) : 판재의 끝단을 접어서 포개어 제품의 강성을 높이고, 외관을 돋보이게 하며 날카로운 면을 없앨 수 있는 공정이다. (헤밍의 헴[hem]은 가장자리나 테두리를 판다는 의미이다.)
  ① 플랜징(flanging) : 소재의 단부를 직각으로 굽히는 작업으로서 굽힙선의 형상에 따라 스트레이트, 스트레치, 슈링크로 분류된다.
  ③ 비딩(beading) : 편평한 판금 또는 성형된 판금에 끈 모양의 돌기를 붙이는 가공이다.
  ④ 딤플링(dimpling) : 박판에 부분적으로 오목한 모양을 만드는 포밍을 말하며 리벳 또는 볼트의 머리를 그 박판의 표면과 같은 높이로 죄게 하기 위한 가공이다.

4 $\eta = \dfrac{(627+273)-(27+273)}{(627+273)} = \dfrac{600}{900} = 0.67$

5 철강재료에 대한 설명으로 옳지 않은 것은?

① 합금강은 탄소강에 원소를 하나 이상 첨가해서 만든 강이다.

② 아공석강은 탄소함유량이 높을수록 강도와 경도가 증가한다.

③ 스테인리스강은 크롬을 첨가하여 내식성을 향상시킨 강이다.

④ 고속도강은 고탄소강을 담금질하여 강도와 경도를 현저히 향상시킨 공구강이다.

6 금속의 응고 시 나타나는 현상에 대한 설명으로 옳지 않은 것은?

① 결정립이 커질수록 항복강도가 증가한다.

② 금속이 응고되면 일반적으로 다결정을 형성한다.

③ 결정립계의 원자들은 결정립 내부의 원자에 비해 반응성이 높아 부식되기 쉽다.

④ 용융금속이 급랭이 되면 핵생성률이 증가하여 결정립의 크기가 작아진다.

ANSWER 5.④ 6.①

5 고속도강은 고탄소강과는 전혀 다른 재료이다.

  ※ 고속도강(High Speed Steel)

    금속재료를 고속도로 절삭하는 공구에 사용되는 내열성을 지닌 특수강이다. 표준조성은 텅스텐 18%, 크롬 4%, 바나듐 1% 이며, 예전의 공구강은 250℃ 이하에서 무디어졌으나, 이것은 500~600℃까지 무디어지지 않는다. 오늘날 주로 사용되는 것은 1900년에 미국인 T. 화이트가 크롬을 넣어 만든 것으로, 코발트나 몰리브덴을 첨가하기도 한다.

  ┌───┐
  │ ※ 고속도강 명칭의 유래   │
  │   금속재료를 자르거나 깎는 공구에 사용되는 강은, 옛날에는 담금질을 해서 강도를 높인 것이 사용되었으나, 이것으로는 │
  │ 절삭속도를 빠르게 하면 절삭할 때 생기는 열 때문에 공구가 가열되어 담금질에 의한 경화가 무디어지는 문제가 있었 │
  │ 다. 그리하여, 이런 일이 생기지 않는 공구재료가 만들어져, 그때보다 훨씬 고속도로 깎아도 문제가 없었다. 바로 이 새 │
  │ 로운 재료를 고속도강이라고 부르게 되었다.   │
  └───┘

6 결정립이 미세할수록 금속의 항복강도뿐만 아니라 피로강도 및 인성이 개선된다.

  결정립계가 많아질수록, 즉 결정의 입도가 작아질수록 재료의 강도는 증가한다.

7 평판 압연 공정에서 롤압력과 압하력에 대한 설명으로 옳지 않은 것은?

① 롤압력이 최대인 점은 마찰계수가 작을수록 입구점에 가까워진다.

② 압하율이 감소할수록 최대 롤압력은 작아진다.

③ 고온에서 압연함으로써 소재의 강도를 줄여 압하력을 감소시킬 수 있다.

④ 압연 중 판재에 길이 방향의 장력을 가하여 압하력을 줄일 수 있다.

8 입도가 작고 연한 연삭 입자를 공작물 표면에 접촉시킨 후 낮은 압력으로 미세한 진동을 주어 초정밀도의 표면으로 다듬질하는 가공은?

① 호닝

② 숏피닝

③ 슈퍼 피니싱

④ 와이어브러싱

ANSWER 7.① 8.③

7 롤압력이 최대인 점은 마찰계수가 클수록 입구점에서 가까워진다.

※ 압연 : 긴 소재를 롤 사이로 통과시키면서 압축력을 가해주어 소재의 단면을 감소시키거나 단면의 형상을 변화시키는 공정이다.

- 압하율 = $\dfrac{\text{롤러통과전의 두께} - \text{롤러 통과후의 두께}}{\text{롤러통과전의 두께}} \times 100$

- 압하량 : 롤러 통과 전의 재료두께와 통과 후의 재료두께의 차이를 의미한다.
- 압하력 : 압연에 요구되는 힘이다.
- 지름이 큰 롤러를 사용하고 롤러의 회전속도를 높이고 소재의 온도를 높임으로써 소재의 강도를 줄여 압하율을 증가(압연에 요구되는 압하력을 줄임)한다.
- 압연 중 판재에 길이 방향의 장력을 가하여 압하력을 줄일 수 있다.
- 롤축에 평행인 홈을 롤표면에 만들어준다.

8 ③ 슈퍼 피니싱 : 입도가 작고 연한 숫돌에 적은 압력으로 가압하면서 가공물에 이송을 주고 동시에 숫돌에 진동을 주어 표면 거칠기를 높이는 가공방법이다.

① 호닝 : 원통의 내면을 정밀다듬질 하는 것으로 보링, 라이밍, 연삭가공 등을 끝낸 것을 숫돌을 공작물에 대고 압력을 가하면서 회전운동과 왕복운동을 시켜 공작물을 정밀다듬질 하는 것이다.

② 숏 피닝 : 주철, 주강제의 작은 구상의 숏을 압축공기나 원심력을 이용하여 40~50m/sec의 고속도로 공작물의 표면에 분사하여 표면을 매끈하게 하며 동시에 0.2mm의 경화층을 얻게 되며 숏이 해머와 같은 작용을 하여 피로강도와 기계적 성질을 향상시킨다.

④ 와이어브러싱 : 브러시 또는 드릴 등을 스프링와이어 끝에 장착하고 배관 내부로 집어넣어 와이어가 회전하면서 스케일을 제거하는 공법이다.

9 그림과 같이 판재를 블랭킹할 때 필요한 최소 펀치 하중은? (단, 펀치와 판재 사이 마찰은 없고 전단이 되는 면은 판재에 수직하며, 판재의 두께는 1mm, 전단강도는 2kgf/mm²이고 π는 3으로 계산한다)

(단위 : mm)

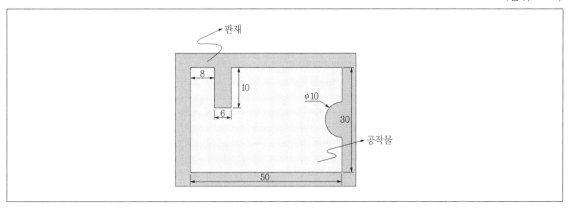

① 180kgf

② 320kgf

③ 370kgf

④ 400kgf

10 크리프(creep)에 대한 설명으로 옳지 않은 것은?

① 크리프 현상은 결정립계를 가로지르는 전위(dislocation)에 기인한다.

② 시간에 대한 변형률의 변화를 크리프 속도라고 한다.

③ 고온에서 작동하는 기계 부품 설계 및 해석에서 중요하게 고려된다.

④ 일반적으로 온도와 작용하중이 증가하면 크리프 속도가 커진다.

ANSWER 9.③ 10.①

9 면에 응력이 등분포한다고 가정을 해야 한다.

전단선의 길이는 $50 \times 2 + 30 + 10 \times 2 + 10 \times 2 + 0.5 \times 10 \times \pi = 185[mm]$

전단력에 의해 발생하는 전단응력이 전단강도보다 커야 하므로 $\dfrac{V[kg_f]}{185 \cdot 1[mm^2]} \geq 2[kg_f/mm^2]$ 이어야 한다.

따라서 $V \geq 370[kg_f]$를 만족해야 한다.

10 ※ 크리프(creep) 현상

소재에 일정한 하중이 가해진 상태에서 시간의 경과에 따라 소재의 변형이 계속되는 현상이다.

금속재료들의 고온 크리프 현상은 일반적으로 결정립계에서의 미끄럼 운동으로 설명된다.

금속재료와 열가소성 플라스틱이나 고무 같은 특정 비금속재료들은 어떤 온도에서도 크리프 현상이 생긴다.

특히, 납과 같이 녹는점이 낮은 재료는 실온에서도 현저한 크리프 변형이 발생된다.

11 자중을 무시할 수 있는 길이 L인 외팔보의 자유단에 연결된 질량 m이 그림과 같이 화살표 방향으로 진동할 때의 고유진동수가 f로 주어져 있다. 외팔보의 길이가 1/2로 줄었을 때, 고유진동수는? (단, 외팔보 단면적의 변화는 없다)

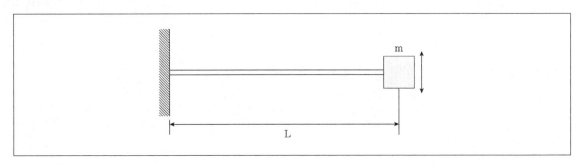

① $2\sqrt{2}\,f$

② $2f$

③ f

④ $\dfrac{1}{2}f$

ANSWER 11.①

11 캔틸레버구조의 경우 부재의 강성은 $k = \dfrac{3EI}{L^3}$ 이 된다.

부재의 길이가 절반으로 줄어들게 되면 강성은 8배가 된다.

고유진동수는 $w = \sqrt{\dfrac{K}{m}}\,(rad/sec)$ 이므로 K가 8배가 되면 고유진동수는 $2\sqrt{2}$ 배가 된다.

• 고유주기 : 물체가 갖는 고유의 진동주기이다.
• 진동수 : 단위 시간당 일어나는 사이클의 수로서 주기의 역수이다.
• 고유진동수 : 비감쇠 구조물이 외력의 작용이 없이 초기 교란에 의해 자체적으로 진동할 때 발생하는 진동수이다.

  $w = \sqrt{\dfrac{K}{m}}\,(rad/sec)$ 로 정의되며 $w = 2\pi f = 2\pi \dfrac{1}{T}$ 이다.

• 공진 : 외부에서 가해지는 하중의 진동수와 구조물의 진동수가 일치할 때 구조물의 진동진폭이 점점 커지게 되는 현상이다.

12 그림의 TTT곡선(Time-Temperature-Transformation diagram)에서 화살표를 따라 오스테나이트 강을 소성가공 후 담금질하는 열처리 방법은?

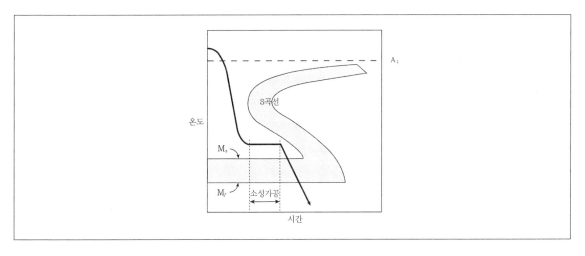

① 마르템퍼링(martempering)

② 마르퀜칭(marquenching)

③ 오스템퍼링(austempering)

④ 오스포밍(ausforming)

12 문제에서 주어진 그래프는 오스포밍(austempering) 과정이다.

• 오스템퍼링(austempering) : 오스테나이트 항온 변태처리를 오스템퍼라 한다. 하부 베이나이트 담금질이라고 부르기도 한다. 오스테나이트 상태에서 Ar'와 Ar"의 중간 염욕에 담금질하여 강인한 하부 베이나이트로 만든다. 오스템퍼링으로 열처리한 것은 뜨임 작업이 필요가 없으며, 인성이 풍부하고 담금질 균열이나 변형이 적고 연신성과 단면 수축, 충격치 등이 향상된 재료를 얻게 된다. 오스템퍼링 열처리 후 300~400℃로 장시간 가열하면 시효가 생겨 강인성이 향상되는데 이를 뜨임 베이나이트라고 한다.

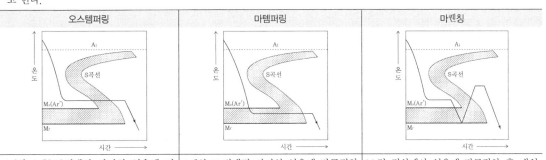

오스템퍼링	마템퍼링	마퀜칭
Ar'와 Ar"(M$_s$)변태점 사이의 염욕에 담금질하여 과냉 오스테나이트가 변태 완료할 때까지 항온 유지 후 공냉하는 담금질. 베이나이트 조직	Ar"와 M$_f$변태점 사이의 염욕에 담금질하여 과냉 오스테나이트가 변태 완료할 때까지 항온 유지 후 공냉하는 담금질. 베이나이트 조직 + 마르텐사이트	M$_s$점 직상에서 염욕에 담금질한 후 내외부가 동일 온도에 도달할 때까지 항온 유지 후 인상하여 Ar"변태를 서서히 진행. 마르텐사이트

13 기어 치형에 대한 설명으로 옳지 않은 것은?

① 사이클로이드 치형의 기어는 맞물리는 두 기어의 중심 간 거리가 변하여도 각속도비가 변하지 않는다.

② 사이클로이드 치형은 균일한 미끄럼률로 인해 마멸이 균일해져서 치형의 오차가 적다.

③ 대부분의 기어에는 인벌류트 치형이 사용된다.

④ 인벌류트 치형은 랙 커터에 의한 창성법 절삭으로 정확한 치형을 쉽게 얻을 수 있다.

ANSWER 13.①

13 사이클로이드 치형의 기어는 맞물리는 두 기어의 중심 간 거리가 변하게 되면 각속도비도 변하게 된다.

(1) 사이클로이드 치형 : 한 원의 안쪽 또는 바깥쪽을 다른 원이 미끄러지지 않고 굴러갈 때 구르는 원 위의 한 점이 그리는 곡선을 치형곡선으로 제작한 기어이다. (사이클로이드는 원을 직선 위에서 굴릴 때 원 위의 한 점이 그리는 곡선이다.)
- 압력각이 변화한다.
- 미끄럼률이 일정하고 마모가 균일하다.
- 절삭공구는 사이클로이드곡선이어야 하고 구름원에 따라 여러가지 커터가 필요하다.
- 빈 공간이라도 치수가 극히 정확해야 하고 전위절삭이 불가능하다.
- 중심거리가 정확해야 하고 조립이 어렵다.
- 언더컷이 발생하지 않는다.
- 원주피치와 구름원이 모두 같아야 한다.
- 시계, 계기류와 같은 정밀기계에 주로 사용된다.

(2) 인벌류트 치형 : 원에 감은 실을 팽팽한 상태를 유지하면서 풀 때 실 끝이 그리는 궤적곡선(인벌류트 곡선)을 이용하여 치형을 설계한 기어이다.
- 압력각이 일정하다.
- 미끄럼률이 변화가 많으며 마모가 불균일하다. (피치점에서 미끄럼률은 0이다.)
- 절삭공구는 직선(사다리꼴)로서 제작이 쉽고 값이 싸다.
- 빈 공간은 다소 치수의 오차가 있어도 된다. (전위절삭이 가능하다.)
- 중심거리는 약간의 오차가 있어도 무방하며 조립이 쉽다.
- 언더컷이 발생한다.
- 압력각과 모듈이 모두 같아야 한다.
- 전동용으로 주로 사용된다.

14 수차에 대한 설명으로 옳지 않은 것은?

① 충격수차는 대부분의 에너지를 물의 속도로부터 얻는다.
② 펠턴 수차는 저낙차에서 수량이 비교적 많은 곳에 사용하기에 적합하다.
③ 프로펠러 수차는 유체가 회전차의 축방향으로 통과하는 축류형 반동수차이다.
④ 반동수차는 회전차를 통과하는 물의 압력과 속도 감소에 대한 반동작용으로 에너지를 얻는다.

15 연삭공정에서 온도 상승이 심할 때 공작물의 표면에 나타나는 현상으로 옳지 않은 것은?

① 온도변화나 온도구배에 의하여 잔류응력이 발생한다.
② 표면에 버닝(burning) 현상이 발생한다.
③ 열응력에 의하여 셰브론 균열(chevron cracking)이 발생한다.
④ 열처리된 강 부품의 경우 템퍼링(tempering)을 일으켜 표면이 연화된다.

ANSWER 14.② 15.③

14 펠턴 수차는 저낙차에서 수량이 비교적 적은 곳에 사용하기에 적합하다.
- 펠턴수차 : 물의 속도 에너지만을 이용하는 수차로서 유수의 에너지를 이용하여 날개바퀴를 회전시켜 동력을 얻는 장치이다. 저낙차에서 수량이 비교적 적은 곳에 사용하기에 적합하다.

15 셰브론 균열은 온도에 의해 발생하는 균열이 아닌 압출 시의 내부인장응력차에 의해서 발생하는 응력이다.
- 셰브론 균열(chevron cracking) : 취성균열의 파단면에서 셰브론패턴(취성균열의 파단면에서 나타나는 산 모양(∧, ∨)을 말하며 헤링본패턴이라고도 한다.)을 나타내는 균열을 말한다.
- 압출 제품의 중심부에 발생하는 균열 : 강체영역인 중심부 형성과 표면부보다 빠른 속도의 금속유동의 경우, 중심선을 따라 정수압 인장응력상태가 발생하며 따라서 내부 균열을 생성한다.

16 주조 시 용탕의 유동성(fluidity)에 대한 설명으로 옳지 않은 것은?

① 합금의 경우 응고범위가 클수록 유동성은 저하된다.

② 과열 정도가 높아지면 유동성은 향상된다.

③ 개재물(inclusion)을 넣으면 유동성은 향상된다.

④ 표면장력이 크면 유동성은 저하된다.

17 구름 베어링에 대한 설명으로 옳지 않은 것은?

① 반지름 방향과 축방향 하중을 동시에 받을 수 없다.

② 궤도와 전동체의 틈새가 극히 작아 축심을 정확하게 유지할 수 있다.

③ 리테이너는 강구를 고르게 배치하고 강구 사이의 접촉을 방지하여 마모와 소음을 예방하는 역할을 한다.

④ 전동체의 형상에는 구, 원통, 원추 및 구면 롤러 등이 있다.

18 유체전동장치인 토크컨버터에 대한 설명으로 옳지 않은 것은?

① 속도의 전 범위에 걸쳐 무단변속이 가능하다.

② 구동축에 작용하는 비틀림 진동이나 충격을 흡수하여 동력 전달을 부드럽게 한다.

③ 부하에 의한 원동기의 정지가 없다.

④ 구동축과 출력축 사이에 토크 차가 생기지 않는다.

ANSWER 16.③ 17.① 18.④

16 개재물(inclusion)을 넣으면 용탕의 유동성은 저하된다.

17 구름베어링 중 앵귤러 볼 베어링이나 테이퍼 롤러베어링 등은 반지름 방향과 축방향 하중을 동시에 받을 수 있다.
• 구름 베어링 : 저널과 베어링 사이에 볼이나 롤러를 넣어서 구름 마찰을 하게 한 베어링으로 롤링베어링이라고도 한다.

18 토크컨버터는 이름 그대로 구동축과 출력축의 토크차가 발생한다.
※ 유체 토크 컨버터(fluid torque converter) : 구동축에서 터빈 펌프를 작동시키면 고속의 유체가 안내깃을 통하여 터빈으로 흘러 들어가 터빈을 회전시킴으로써 종동축을 구동하는 방식이다.
• 기동에서부터 속도의 전범위에 걸쳐 무단변속이 가능하다.
• 원동기의 전출력에서 부하를 시동한다.
• 부하에 의한 원동기의 정지가 없다.
• 진동 및 충격을 완충하기 때문에 기계에 무리가 없다.

19 가솔린 기관에 사용되는 피스톤 링에 대한 설명으로 옳지 않은 것은?

① 오일링은 실린더 기밀 작용과는 거의 관계가 없다.

② 피스톤 링은 피스톤 헤드가 받는 열의 대부분을 실린더 벽에 전달하는 역할을 한다.

③ 압축링의 장력이 크면 피스톤과 실린더 벽 사이의 유막이 두껍게 되어 고압 가스의 블로바이를 일으키기 쉽다.

④ 피스톤 링 이음의 간극이 작으면 열팽창으로 이음부가 접촉하여 파손되기 쉽다.

20 그림과 같은 제네바 기어(Geneva gear)에 대한 설명으로 옳지 않은 것은?

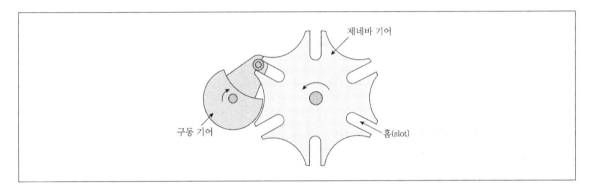

① 구동기어가 1회전하는 동안 제네바 기어는 60°만큼 회전한다.

② 간헐적 회전운동을 제공하는 캠과 같은 기능을 한다.

③ 커플러가 구름−미끄럼 조인트(roll−slide joint)로 대체된 4절 링크 장치로 볼 수 있다.

④ 제네바 기어가 회전하는 동안 제네바 기어의 각속도는 일정하다.

ANSWER 19.③ 20.④

19 블로바이(Blow−by) : 실린더와 피스톤 사이로 압축 또는 폭발 가스가 새는 현상이며 압축링이나 오일링의 장력이 작으면 발생하기 쉽다.

20 • 제네바 기어는 간헐적으로 회전운동을 하는 구동장치이다.
   • 초기에는 시계장치에 주로 사용되었으나 그 후 여러 가지 기계들에 널리 사용되었다.
   • 구동기어(제네바 크랭크)가 제네바기어의 슬롯에 걸려있을 때에만 기어가 회전을 하게 된다.
   • 제네바 기어를 설계하기 위해선 먼저 필요한 회전속도부터 계산을 해야 한다.
   • 구동기어가 1회전하는 동안 제네바 기어는 60°만큼 회전한다.
   • 커플러가 구름−미끄럼 조인트(roll−slide joint)로 대체된 4절 링크 장치로 볼 수 있다.
   • 제네바 기어가 회전하는 동안 제네바 기어의 각속도는 일정하지 않고 변화한다.

1 사형주조법에서 주형을 구성하는 요소로 옳지 않은 것은?

① 라이저(riser)
② 탕구(sprue)
③ 플래시(flash)
④ 코어(core)

2 TIG 용접에 대한 설명으로 옳지 않은 것은?

① 불활성 가스인 아르곤이나 헬륨 등을 이용한다.
② 소모성 전극을 사용하는 아크 용접법이다.
③ 텅스텐 전극을 사용한다.
④ 용제를 사용하지 않으므로 후처리가 용이하다.

ANSWER 1.③ 2.②

1

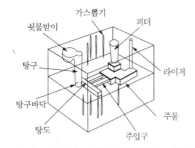

• 코어 : 구멍같은 주물의 내부형상을 만들기 위해 주형에 삽입하는 모래형상이다.

2 TIG용접 : 전극을 텅스텐봉으로 하여 불활성가스 분위기에서 별도의 융가제를 사용하는 용접법으로서 전극이 소모되지 않는다.

3 소성가공에 대한 설명으로 옳지 않은 것은?

① 열간가공은 냉간가공보다 치수 정밀도가 높고 표면상태가 우수한 가공법이다.

② 압연가공은 회전하는 롤 사이로 재료를 통과시켜 두께를 감소시키는 가공법이다.

③ 인발가공은 다이 구멍을 통해 재료를 잡아당김으로써 단면적을 줄이는 가공법이다.

④ 전조가공은 소재 또는 소재와 공구를 회전시키면서 기어, 나사 등을 만드는 가공법이다.

4 드릴 가공에서 회전당 공구 이송(feed)이 1[mm/rev], 드릴 끝 원추 높이가 5[mm], 가공할 구멍 깊이가 95[mm], 드릴의 회전 속도가 200[rpm]일 때, 가공 시간은?

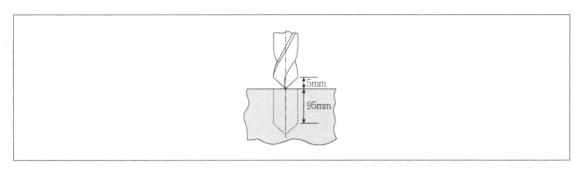

① 10초   ② 30초

③ 1분   ④ 0.5시간

ANSWER 3.① 4.②

3 냉간가공은 열간가공보다 치수 정밀도가 높고 표면상태가 우수한 가공법이다.

  ※ 열간가공의 특징
- 재질의 균일화가 이루어진다.
- 가공도가 커서 가공에 적합하다.
- 가열에 의해 산화되기 쉬워 정밀가공이 어렵다.

  ※ 냉간가공의 특징
- 가공경화로 인해 강도가 증가하고 연신율이 감소한다.
- 큰 변형응력을 요구한다.
- 제품의 치수를 정확히 할 수 있다.
- 가공면이 아름답다.
- 가공방향으로 섬유조직이 되어 방향에 따라 강도가 달라진다.

4 드릴 끝이 최종 가공깊이까지 닿으려면 100[mm]의 깊이로 가공을 해야 한다. 절삭시간은

$$T = \frac{L}{n \cdot f} = \frac{95 + 5}{200 \cdot 1} = 0.5[\min]$$

(n은 분당회전수, f는 이송속도[mm/rev], L은 가공길이[mm])

5 플라스틱 사출성형공정에서 수축에 대한 설명으로 옳지 않은 것은?

① 동일한 금형으로 성형된 사출품이라도 고분자재료의 종류에 따라 제품의 크기가 달라진다.

② 사출압력이 증가하면 수축량은 감소한다.

③ 성형온도가 높으면 수축량이 감소한다.

④ 제품의 두께가 두꺼우면 수축량이 감소한다.

6 관용나사에 대한 설명으로 옳지 않은 것은?

① 관용 테이퍼나사의 테이퍼 값은 $\dfrac{1}{16}$이다.

② 관용 평행나사와 관용 테이퍼나사가 있다.

③ 관 내부를 흐르는 유체의 누설을 방지하기 위해 사용한다.

④ 관용나사의 나사산각은 $60°$이다.

ANSWER 5.④ 6.④

5 제품의 두께가 두꺼우면 수축량이 증가하게 된다.
   ※ 사출성형
   • 플라스틱에 열을 가한 후 플라스틱수지를 금형에 주입하여 만드는 성형법으로 주로 열가소성 플라스틱제품의 대량생산에 적합하다.
   • 동일한 금형으로 성형된 사출품이라도 고분자 재료의 종류에 따라 제품의 크기가 달라진다.
   • 사출압력이 증가하면 수축량은 감소한다.
   • 성형온도가 높으면 수축량이 감소한다.

6 관용나사
   • 관(파이프)를 연결할 때 파이프 끝에 나사산을 내고 연결하면 나사산이 있는 부분의 강도가 저하되는데 이 강도저하를 적게 하기 위하여 나사산의 높이가 낮은 관용나사를 사용한다.
   • 관 내부를 흐르는 유체의 누설을 방지하기 위해서 사용한다.
   • 종류는 형상에 따라 크게 평행나사와 경사(테이퍼)나사가 있다.
   • 나사산의 각도는 $55°$이다.
   • 관용 테이퍼나사의 테이퍼 값은 1/16이다.

7 절삭가공에 대한 설명으로 옳지 않은 것은?

① 초정밀가공(ultra-precision machining)은 광학 부품 제작 시 단결정 다이아몬드 공구를 사용하여 주로 탄소강의 경면을 얻는 가공법이다.

② 경식선삭(hard turning)은 경도가 높거나 경화처리된 금속재료를 경제적으로 제거하는 가공법이다.

③ 열간절삭(thermal assisted machining)은 소재에 레이저빔, 플라즈마아크 같은 열원을 집중시켜 절삭하는 가공법이다.

④ 고속절삭(high-speed machining)은 강성과 회전정밀도가 높은 주축으로 고속 가공함으로써 공작물의 열팽창이나 변형을 줄일 수 있는 이점이 있는 가공법이다.

8 다음과 같은 수치제어 공작기계 프로그래밍의 블록 구성에서, ㉠~㉤에 들어갈 내용을 바르게 연결한 것은?

N_	G_	X_.	Y_.	Z_.	F_	S_	T_	M_	;
전개번호	㉠		좌표어		㉡	㉢	㉣	㉤	EOB

	㉠	㉡	㉢	㉣	㉤
①	준비기능	이송기능	주축기능	공구기능	보조기능
②	준비기능	주축기능	이송기능	공구기능	보조기능
③	준비기능	이송기능	주축기능	보조기능	공구기능
④	보조기능	주축기능	이송기능	공구기능	준비기능

....

ANSWER 7.① 8.①

7 초정밀가공(ultra-precision machining)은 광학 부품 제작 시 단결정 다이아몬드 공구를 사용하여 주로 비철금속의 경면을 얻는 가공법이다.

8

N_	G_	X_.	Y_.	Z_.	F_	S_	T_	M_	;
전개번호	준비기능		좌표어		이송기능	주축기능	공구기능	보조기능	EOB

9 벨트 전동의 한 종류로 벨트와 풀리(pulley)에 이(tooth)를 붙여서 이들의 접촉에 의하여 구동되는 전동장치의 일반적인 특징으로 옳지 않은 것은?

① 효과적인 윤활이 필수적으로 요구된다.

② 미끄럼이 대체로 발생하지 않는다.

③ 정확한 회전비를 얻을 수 있다.

④ 초기 장력이 작으므로 베어링에 작용하는 하중을 작게 할 수 있다.

10 다음 설명에 해당하는 스프링은?

> • 비틀었을 때 강성에 의해 원래 위치로 되돌아가려는 성질을 이용한 막대 모양의 스프링이다.
> • 가벼우면서 큰 비틀림 에너지를 축적할 수 있다.
> • 자동차와 전동차에 주로 사용된다.

① 코일 스프링(coil spring)　　　　　　② 판 스프링(leaf spring)

③ 토션 바(torsion bar)　　　　　　　　④ 공기 스프링(air spring)

ANSWER 9.① 10.③

9 벨트와 풀리에 이를 붙인 전동장치는 타이밍 벨트전동장치로 볼 수 있으며, 이는 미끄럼 없이 일정한 속도비를 얻을 수 있어 회전이 원활하게 되므로 효과적인 윤활이 필수적으로 요구되지는 않는다.

　　※ 타이밍 벨트

　　• 이붙이 벨트라고도 한다. 미끄럼을 없애기 위하여 접촉면에 치형을 붙이고 맞물림에 의하여 동력을 전달하도록 한 벨트이다.

　　• 평벨트의 내측에는 같은 피치의 사다리꼴 또는 원형모양의 돌기가 있으며 벨트풀리도 이 벨트가 물릴 수 있도록 인벌류트 치형으로 되어 있다.

　　• 정확하고 일정한 회전비를 얻을 수 있으며 초기장력이 작으므로 베어링에 작용하는 하중을 작게 할 수 있다.

10 보기의 내용은 토션 바(torsion bar)에 관한 설명들이다.

　　① 코일 스프링(coil spring) : 쇠막대를 나선형으로 둥글게 감아 만든 스프링으로서 자동차의 서스펜션으로 가장 많이 쓰이는 스프링이다.

　　② 판 스프링(leaf spring) : 길이가 각각 다른 몇 개의 철판을 겹쳐서 만든 스프링으로, 판스프링은 구조가 간단하고 링크의 구실도 하여 리어 서스펜션에 많이 사용된다. 진동에 대한 억제 작용은 크지만, 작은 진동은 흡수하지 못하여 무겁고 소음이 많아 점차 코일 스프링으로 대체되고 있다.

　　④ 공기 스프링(air spring) : 고무로 된 용기(벨로스) 안에 압축공기를 넣어 공기의 탄성을 이용한 스프링이다. 외력의 변화에 따라 스프링상수도 변하고, 용기 안의 공기량이 일정하면 스프링의 길이는 외력과 관계없이 일정하게 유지할 수 있다.

11 다음 설명에 해당하는 경도시험법은?

> • 끝에 다이아몬드가 부착된 해머를 시편의 표면에 낙하시켜 반발 높이를 측정한다.
> • 경도값은 해머의 낙하 높이와 반발 높이로 구해진다.
> • 시편에는 경미한 압입자국이 생기며, 반발 높이가 높을수록 시편의 경도가 높다.

① 누우프 시험(Knoop test)

② 쇼어 시험(Shore test)

③ 비커스 시험(Vickers test)

④ 로크웰 시험(Rockwell test)

ANSWER 11.②

11 보기의 내용은 쇼어 시험(Shore test)에 관한 설명이다.

  ※ 제품의 시험검사 종류
  • 쇼어 경도시험 : 끝에 다이아몬드가 부착된 해머를 시편의 표면에 낙하시켜 반발 높이를 측정하는 시험으로, 경도값은 해머 의 낙하 높이와 반발 높이로 구해진다. (시편에는 경미한 압입자국이 생기며, 반발 높이가 높을수록 시편의 경도가 높다.)
  • 샤르피 충격시험 : 재질의 인성을 측정하는 시험으로 보통 샤르피 V노치 충격 시험으로 알려져 있다. 이 시험은 높은 변형 률 변화율 (high strain rate, 빠른 변형 상태)에서 파단 전에 재질이 흡수하는 에너지의 양을 측정하는 표준화된 시험이 다. 이 흡수된 에너지는 재질의 노치 인성을 나타내며 온도에 따른 연성-취성 변화를 알아보는 데도 사용된다. 추를 일정 한 높이로 들어올리고 시편을 하부에 고정시킨 다음에 추를 놓아 시편이 파단되면서 추는 초기 높이보다 조금 낮아진 높이 로 올라간다. 이 높이를 측정해서 시편이 흡수한 에너지를 계산한다.(측정기에서 자동으로 표시해준다.) 연성 재질은 특정한 온도에서 취성 재질로 변하게 되는데 이러한 온도를 측정하는 데도 사용된다. 단순지지된 시편을 사용한다.
  • 아이조드 충격시험 : 일정한 무게의 추(Pendulum)을 이용한 방법으로 시편에 추를 가격하여 회전 시 돌아가는 높이로 얻어 지는 흡수에너지를 시편 노치부의 단면적으로 나누어 주어 충격강도를 얻는다. 캔틸레버 형상의 시편을 사용한다.
  • 브리넬 경도시험 : 압입자인 강구를 재료에 일정한 압력으로 누르고, 이 때 생기는 우묵한 자국의 크기로 경도를 나타낸다.
  • 비커스 경도시험 : 압입자로 눌러 생긴 자국의 표면적으로 경도값을 구한다. (주로 다이아몬드의 사각뿔을 눌러서 생긴 자국 의 표면적으로 경도를 나타낸다.)
  • 로크웰 경도시험 : 압입자인 강구에 하중을 가하여 압입자국의 깊이를 측정하여 경도를 측정한다.

12 디젤 기관에 대한 설명으로 옳지 않은 것은?

① 공기만을 흡입 압축하여 압축열에 의해 착화되는 자기착화 방식이다.

② 노크를 방지하기 위해 착화지연을 길게 해주어야 한다.

③ 가솔린 기관에 비해 압축 및 폭발압력이 높아 소음, 진동이 심하다.

④ 가솔린 기관에 비해 열효율이 높고, 연료소비율이 낮다.

ANSWER 12.②

12 노크를 방지하기 위해서는 착화지연을 작게 해주어야 한다.

	가솔린 기관	디젤 기관
점화방식	전기불꽃점화	압축착화
연료공급방식	공기와 연료의 혼합기형태로 공급	실린더 내로 압송하여 분사
연료공급장치	인젝터, 기화기	연료분사펌프, 연료분사노즐
압축비	7~10	15~22
압축압력	$8 \sim 11 kg/cm^2$	$30 \sim 45 kg/cm^2$
압축온도	120~140℃	500~550℃
압축의 목적	연료의 기화 도모 공기와 연료의 혼합도모 폭발력 증가	착화성 개선
열효율(%)	23~28	30~34
진동소음	작다	크다
연소실	구성이 간단하다	구성이 복잡하다
토크특성	회전속도에 따라 변화	회전속도에 따라 일정
배기가스	CO, 탄화수소, 질소, 산화물	스모그, 입자성물질, 이산화황
기관의 중량	가볍다	무겁다
제작비	싸다	비싸다

13 프레스 가공에 해당하지 않는 것은?

① 블랭킹(blanking)

② 전단(shearing)

③ 트리밍(trimming)

④ 리소그래피(lithography)

14 방전가공에 대한 설명으로 옳지 않은 것은?

① 소재제거율은 공작물의 경도, 강도, 인성에 따라 달라진다.

② 스파크방전에 의한 침식을 이용한 가공법이다.

③ 전도체이면 어떤 재료도 가공할 수 있다.

④ 전류밀도가 클수록 소재제거율은 커지나 표면거칠기는 나빠진다.

ANSWER 13.④ 14.①

13 프레스가공의 분류
전단가공: 블랭킹, 구멍뚫기, 전단, 트리밍, 셰이빙, 브로칭, 노칭, 분단
성형가공: 굽힘, 비딩, 딥드로잉, 커링, 시밍, 벌징, 스피닝
압축가공: 압인, 엠보싱, 스웨이징, 버니싱, 충격압출
④ 리소그래피(Lithography): 반도체 기판에 회로를 새겨 넣는 기법의 하나. 기판 위에 회로의 원형을 새긴 마스크를 올리고 그 위에서 레이저, 엑스선, 입자 빔 따위를 쪼여서 반도체 기판에 마스크 모양이 그대로 옮겨지도록 하는 것으로 전단가공과는 관련 없는 기술이다.

14 방전가공의 소재제거율은 전류밀도와 방전주파수에 따라 달라지게 된다. (공작물의 경도, 강도, 인성에 따라 달라진다고 보기는 어렵다.)
※ **방전가공**: 불꽃(스파크)방전에 의한 침식작용으로 가공물을 용해시켜 금속을 절단하거나 연마하는 가공법으로서 금속 외의 경질 비금속재료(다이아몬드 등)가공에도 사용된다.
• 방전가공은 공작물의 경도와 관계없이 전기도체이면 매우 쉽게 가공이 된다.
• 무인가공이 가능하다.
• 복잡한 표면형상이나 미세한 가공이 가능하다.
• 가공여유가 적어도 되며, 전가공이 필요 없다.
• 담금질한 강이나 초경합금의 가공이 가능하다.
• 전류밀도가 클수록 소재제거율은 커지나 표면거칠기는 나빠진다.

15 측정 대상물을 지지대에 올린 후 촉침이 부착된 이동대를 이동하면서 촉침(probe)의 좌표를 기록함으로써, 복잡한 형상을 가진 제품의 윤곽선을 측정하여 기록하는 측정기기는?

① 공구 현미경

② 윤곽 투영기

③ 삼차원 측정기

④ 마이크로미터

16 물리량과 단위의 연결로 옳지 않은 것은?

① 일률－N · m/s

② 압력－N/m^2

③ 힘－kg · m/s^2

④ 관성모멘트－kg · m/s

ANSWER 15.③ 16.④

15 • 삼차원 측정기 : 측정 대상물을 지지대에 올린 후 촉침이 부착된 이동대를 이동하면서 촉침(probe)의 좌표를 기록함으로써, 복잡한 형상을 가진 제품의 윤곽선을 측정하여 기록하는 측정기기이다.
  • 윤곽투영기 : 나사, 게이지, 기계부품 등의 피검물을 광학적으로 정확한 배율로 확대하고 투영하여 스크린에서 그 형상이나 치수, 각도 등을 측정하는 장치이다. 특히 편평한 부품 및 게이지, 공구, 기어, 나사 등의 치수를 측정하고, 윤곽의 형상을 검사하기 위하여 10~100배로 확대한 실상(像)을 스크린(대개는 불투명 유리) 위에 투영하는 광학적 측정기를 말한다.
  • 공구현미경 : 공구나 공작물을 검사, 측정하기 위해서 사용되는 현미경으로서 일반 현미경과 달라 치수나 각도 등을 정확하게 측정할 수 있는 특징이 있다. 나사, 총형 게이지, 절삭 공구 등을 현미경의 시야로 관측하면서, 그것들의 형태 · 치수를 측정하는 장치이다.

16 관성모멘트는 '질량×(회전축으로부터 점질량까지의 거리)^2'이므로 단위는 [kg · m^2]과 같이 표시된다.

17 기계제도에서 사용하는 선에 대한 설명으로 옳지 않은 것은?

① 외형선은 굵은 실선으로 표시한다. ② 지시선은 가는 실선으로 표시한다.

③ 가상선은 가는 2점 쇄선으로 표시한다. ④ 중심선은 굵은 1점 쇄선으로 표시한다.

ANSWER 17.④

17 중심선은 가는 1점 쇄선으로 표시한다.

용도에 의한 명칭	선의 종류	선의 용도
외형선	굵은 실선	대상물이 보이는 부분의 모양을 표시하는 데 쓰인다.
치수선	가는 실선	치수를 기입하기 위해 쓰인다.
치수보조선		치수를 기입하기 위하여 도형으로부터 끌어내는 데 쓰인다.
지시선		기술·기호 등을 표시하기 위하여 끌어내는 데 쓰인다.
회전단면선		도형 내에 그 부분의 끊은 곳을 90° 회전하여 표시하는 데 쓰인다.
중심선		도형의 중심선(4, 1)을 간략하게 표시하는 데 쓰인다.
수준면선		수면, 유면 등의 위치를 표시하는 데 쓰인다.
숨은선	가는 파선 굵은 파선	대상물의 보이지 않는 부분의 모양을 표시하는 데 쓰인다.
중심선	가는 1점 쇄선	(1) 도형의 중심을 표시하는 데 쓰인다. (2) 중심이 이동한 중심궤적을 표시하는 데 쓰인다.
기준선		특히 위치 결정의 근거가 된다는 것을 명시할 때 쓰인다.
피치선		되풀이하는 도형의 피치를 취하는 기준을 표시하는 데 쓰인다.
특수지정선	굵은 1점 쇄선	특수한 가공을 하는 부분 등 특별한 요구 사항을 적용할 수 있는 범위를 표시하는 데 사용한다.
가상선	가는 2점 쇄선	(1) 인접부분을 참고로 표시하는 데 사용한다. (2) 공구, 지그 등의 위치를 참고로 나타내는 데 사용한다. (3) 가동부분을 이동 중의 특정한 위치 또는 이동한계의 위치로 표시하는 데 사용한다. (4) 가공 전 또는 가공 후의 모양을 표시하는 데 사용한다. (5) 되풀이하는 것을 나타내는 데 사용한다. (6) 도시된 단면의 앞쪽에 있는 부분을 표시하는 데 사용한다.
무게중심선		단면의 무게중심을 연결한 선을 표시하는 데 사용한다.
파단선	불규칙한 파형의 가는 실선 또는 지그재그선	대상물의 일부를 파단한 경계 또는 일부를 떼어낸 경계를 표시하는 데 사용한다.
절단선	가는 1점 쇄선으로 끝부분 및 방향이 변하는 부분을 굵게 한 것	단면도를 그리는 경우, 그 절단 위치를 대응하는 그림에 표시하는 데 사용한다.
해칭	가는 실선으로 규칙적으로 줄을 늘어놓은 것	도형의 한정된 특정부분을 다른 부분과 구별하는 데 사용한다. 보기를 들면 단면도의 절단된 부분을 나타낸다.
특수용도선	가는 실선	(1) 외형선 및 숨은 선의 연장을 표시하는 데 사용된다. (2) 평면이란 것을 나타내는 데 사용한다. (3) 위치를 명시하는 데 사용한다.
	아주 굵은 실선	얇은 부분의 단면을 도시하는 데 사용된다.

18 합성 수지에 대한 설명으로 옳지 않은 것은?

① 합성 수지는 전기 절연성이 좋고 착색이 자유롭다.

② 열경화성 수지는 성형 후 재가열하면 다시 재생할 수 없으며 에폭시 수지, 요소 수지 등이 있다.

③ 열가소성 수지는 성형 후 재가열하면 용융되며 페놀 수지, 멜라민 수지 등이 있다.

④ 아크릴 수지는 투명도가 좋아 투명 부품, 조명 기구에 사용된다.

ANSWER 18.③

18 페놀수지, 멜라민수지는 열경화성수지이다.

※ **열경화성 수지** … 열과 압력을 가하면 용융되어 유동상태로 되고, 일단 고화되면 다시 열을 가하더라도 용융되지 않으므로 재사용이 불가능한 수지이다. (경화과정에서 화학적 반응으로 새로운 합성물을 형성하기 때문이다.)
  • 중합이 일어나는 동안에 분자의 반응부분이 긴 분자 간의 가교결합을 형성하고, 일단 고화가 일어나면 수지는 가열하여도 연화하지 않는다.
  • 페놀수지, 우레아수지, 에폭시수지, 멜라민수지, 알키드수지 등 있다.
  • 높은 열안정성, 크리프 및 변형에 대한 치수안정성, 높은 강성과 경도를 특징으로 한다.

※ **열가소성 수지** … 열을 가하면 용융되고 고화된 수지라 할지라도, 다시 가열하면 용융되어 재사용이 가능하며, 주로 사출성 형용 재료로 많이 사용한다.
  • 긴 분자들로 구성되어 있으며, 이 분자들은 다른 분자들과 연결되지 않는 분자군으로 되어 있다. (가교결합이 되어 있지 않다)
  • 반복해서 가열연화와 냉각경화를 시킬 수가 있다.
  • 폴리에틸렌, 폴리아세탈수지, 폴리스티렌수지, 염화비닐수지, 나일론, ABS수지, 아크릴수지 등이 있다.
  • 사출성형에 주로 사용되며, 전기 및 열의 절연성이 좋다.
  • 고온에서 사용할 수 없으며 내후성이 한계가 있다.
  • 성형하기가 쉽고 가공이 용이하며 착색이 자유로우며 외관이 아름답다.
  • 열팽창계수가 크며 연소성이 있다.

19 담금질에 의한 잔류 응력을 제거하고, 재질에 적당한 인성을 부여하기 위해 담금질 온도보다 낮은 변태점 이하의 온도에서 일정 시간을 유지하고 나서 냉각시키는 열처리 방법은?

① 불림(normalizing)

② 뜨임(tempering)

③ 풀림(annealing)

④ 표면경화(surface hardening)

20 응력−변형률 선도에 대한 설명으로 옳은 것은?

① 탄성한도 내에서 응력을 제거하면 변형된 상태가 유지된다.

② 진응력−진변형률 선도에서의 파괴강도는 공칭응력−공칭변형률 선도에서 나타나는 값보다 크다.

③ 연성재료의 경우, 공칭응력−공칭변형률 선도 상에서 파괴강도는 극한강도보다 크다.

④ 취성재료의 경우, 공칭응력−공칭변형률 선도 상에 하항복점과 상항복점이 뚜렷이 구별된다.

ANSWER 19.② 20.②

19 • 뜨임(tempering) : 담금질에 의한 잔류 응력을 제거하고, 재질에 적당한 인성을 부여하기 위해 담금질 온도보다 낮은 변태점 이하의 온도에서 일정 시간을 유지하고 나서 냉각시키는 열처리 방법으로 강의 취성 개선을 목적으로 행하며 경도와 강도는 감소되고 신장률과 수축률은 증가한다.

• 불림(소준, 노멀라이징) : 강을 표준 상태로 하기 위하여 강을 변태점 이상으로 가열한 후 공기중에서 냉각시켜 가공조직의 균일화, 결정립의 미세화를 촉진하고 항복점 강도를 향상시키는 열처리 방법이다.

• 풀림(소둔, 어닐링) : 강을 고온으로 가열한 후 노(爐)나 공기 중에서 서냉시키는 열처리 방법으로서 강 속에 있는 내부 응력을 완화시켜 강의 성질을 개선시킨다.

• 담금질(소입, 퀜칭) : 재료를 단단하게 하기 위해 가열된 재료를 급랭하여 경도를 증가시켜서 내마멸성을 향상시키는 열처리 방법이다.

• 가공경화 : 일반적으로 금속은 가공하여 변형시키면 단단해지며 그 굳기는 변형의 정도에 따라 커지지만 어느 가공도 이상에서는 일정하게 되는데 이를 가공경화라 한다.

• 표면경화법 : 강재 표면의 성능을 향상시키는 방법이다.

20 진응력은 변화된 단면적에 대한 하중의 비를 말하며 실제 응력을 나타낸다. 재료에 인장력을 가하면 재료는 축 방향으로 늘어나는 반면 직경방향으로는 줄어들게 되므로 단면의 면적이 줄어들게 된다.

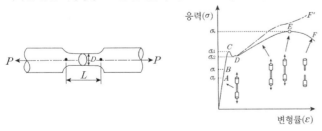

σ_P: 비례한도, σ_e: 탄성한도, σ_{y2}: 하항복점, σ_{y1}: 상항복점, σ_u: 극한강도

A : 비례한도, B : 탄성한도, C : 상항복점, D : 하항복점, E : 극한강도점, F' : 진응력파괴점, F : 공칭응력파괴점, L : 표점거리

1 x면에 작용하는 수직응력 σ_x=100MPa, y면에 작용하는 수직응력 σ_y=100MPa, x방향의 단면에서 작용하는 y방향 전단응력 τ_{xy}=20MPa일 때, 주응력 σ_1, σ_2의 값[MPa]은?

① 120MPa, 80MPa

② −100MPa, 300MPa

③ −300MPa, 500MPa

④ 220MPa, 180MPa

2 〈보기〉의 (가)와 (나)에 해당하는 것을 순서대로 바르게 나열한 것은?

─────── 〈보기〉 ───────

(가) 재료가 파단하기 전에 가질 수 있는 최대 응력

(나) 0.05%에서 0.3% 사이의 특정한 영구변형률을 발생시키는 응력

① 항복강도, 극한강도

② 극한강도, 항복강도

③ 항복강도, 탄성한도

④ 극한강도, 탄성한도

··

ANSWER 1.① 2.②

1 주응력 : 주평면상에 작용하는 수직응력이다.

　　주평면 : 전단응력이 작용하지 않고 수직응력만 존재하는 평면이다.

　　주응력의 크기 $\sigma_{max,min} = \dfrac{\sigma_x + \sigma_y}{2} \pm \sqrt{(\dfrac{\sigma_x - \sigma_y}{2})^2 + \tau_{xy}^2}$

　　　　$\sigma_{max,min} = \dfrac{100+100}{2} \pm \sqrt{(\dfrac{100-100}{2})^2 + 20^2} = 100 \pm 20 [MPa]$

2 (가) 극한강도 : 재료가 파단하기 전에 가질 수 있는 최대 응력

　　(나) 항복강도 : 0.05%에서 0.3% 사이의 특정한 영구변형률을 발생시키는 응력

3 그림과 같은 단순보(simple beam)에서 중앙 C점에서의 전단력 V와 굽힘모멘트 M의 값은? (단, 보의 자중은 무시한다.)

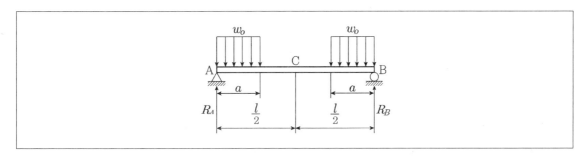

① $V=0$, $M=\dfrac{w_0 l^2}{4}$

② $V=0$, $M=\dfrac{w_0 a^2}{2}$

③ $V=w_0 a$, $M=\dfrac{w_0 a^2}{4}$

④ $V=w_0 a$, $M=\dfrac{w_0 l^2}{2}$

4 그림과 같이 상태 1에서 상태 2로 변화하는 이상 기체 상태변화의 이름과 상호 관계를 옳게 짝지은 것은?

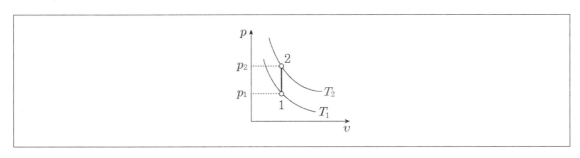

① 등온변화, $v_1 T_2 = v_2 T_1$

② 정압변화, $v_1 T_2 = v_2 T_1$

③ 정압변화, $p_1 T_2 = p_2 T_1$

④ 정적변화, $p_1 T_2 = p_2 T_1$

ANSWER 3.② 4.④

3 부재에 작용하는 하중이 중앙부를 기준으로 대칭을 이루고 있으므로 양 지점의 반력은 동일한 크기인 $w_o \times a$가 된다.
C지점에 작용하는 전단력은 $R_A - w_o a = 0$이 된다.

C지점에서 발생되는 굽힘모멘트는 $M = \dfrac{w_o a^2}{2}$이 된다.

4 부피가 일정한 상태에서 압력이 변하는 과정이므로 정적변화에 속하며, $p_1 T_2 = p_2 T_1$이 성립한다.

5 습증기의 건도는 액체와 증기의 혼합물 질량에 대한 포화증기 질량의 비로 나타낸다. 어느 1kg의 습증기의 건도가 0.6일 때, 이 습증기의 엔탈피의 값[kJ/kg]은? (단, 포화액체의 엔탈피는 500kJ/kg이며, 포화증기의 엔탈피는 2,000kJ/kg으로 계산한다.)

① 1,200kJ/kg

② 1,400kJ/kg

③ 1,700kJ/kg

④ 2,300kJ/kg

6 기압계의 수은 눈금이 750mm이고, 중력 가속도 $g=10m/s^2$인 지점에서 대기압의 값[kPa]은? (단, 수은의 온도는 10℃이고, 이 때의 밀도는 10,000kg/m³로 한다.)

① 75kPa

② 150kPa

③ 300kPa

④ 750kPa

7 아주 매끄러운 원통관에 흐르는 공기가 층류유동일 때, 레이놀드 수(Reynolds number)는 공기의 밀도, 점성계수와 어떤 관계에 있는가?

① 공기의 밀도와 점성계수 모두와 반비례 관계를 갖는다.

② 공기의 밀도와 점성계수 모두와 비례 관계를 갖는다.

③ 공기의 밀도에는 반비례하고, 점성계수에는 비례한다.

④ 공기의 밀도에는 비례하고, 점성계수에는 반비례한다.

ANSWER 5.② 6.① 7.④

5 $2000 \cdot 0.6 + 500 \cdot 0.4 = 1,400$
- 건조도 : 습증기 전체 질량에 대한 증기질량의 비
- 압축액 : 주어진 온도에서 액체가 포화압력보다 큰 압력으로 압축된 것
- 포화액 : 기체가 막 생기려는 순간의 상태
- 습증기 : 액체와 증기가 섞여있는 상태
- 건포화증기(포화증기) : 포화온도에서 증발이 완료된 상태의 증기이다. 즉, 포화액의 모든 액체가 증발하여 모두 기체로 되는 순간의 상태인 증기이다.
- 과열증기 : 주어진 온도에서 포화온도보다 높은 온도의 상태로 있는 유체

6 $P = \rho g h = 10,000 \cdot 10 \cdot 0.75 = 75,000[Pa] = 75[kPa]$

7 아주 매끄러운 원통관에 흐르는 공기가 층류유동일 때, 레이놀드 수(Reynolds number)는 공기의 밀도에는 비례하고, 점성계수에는 반비례한다.

8 압력이 600kPa, 비체적이 0.1m³/kg인 유체가 피스톤이 부착된 실린더 내에 들어 있다. 피스톤은 유체의 비체적이 0.4m³/kg이 될 때까지 움직이고, 압력은 일정하게 유지될 때 유체가 한 일의 값[kJ/kg]은? (단, 피스톤이 움직일 때 마찰은 없으며, 이 과정은 등압가역과정이라 가정한다.)

① 60kJ/kg

② 120kJ/kg

③ 180kJ/kg

④ 240kJ/kg

9 아크 용접의 이상 현상 중 용접 전류가 크고 용접 속도가 빠를 때 발생하는 현상으로 가장 옳은 것은?

① 오버랩

② 스패터

③ 용입 불량

④ 언더 컷

....

ANSWER 8.③ 9.④

8 비체적은 단위중량당 부피이다. 문제에서 주어진 조건을 보면 비체적이 4배로 늘어났으며 이는 부피가 4배 증가한 것을 의미한다. 따라서 다음의 식에 따라 산정하면
$W = P \cdot \triangle V = 600[kPa] \cdot (0.4 - 0.1) = 180[kJ/kg]$

9 아크 용접의 이상 현상 중 용접 전류가 크고 용접 속도가 빠를 때 발생하는 현상은 언더컷으로 볼 수 있다.
(오버랩은 전류가 과소일 때 발생하며, 스패터는 용접속도가 느릴 때 발생하며, 용입불량은 용접전류가 부족할 때 발생한다.)

용접결함	정의	발생원인
기공(블로우홀)	용착금속 속에 남아있는 가스로 인한 구멍	산소, 습기, 전류의 과다
균열	가열 및 냉각으로 인한 열응력, 체적변화	냉각, 용접속도 과다
슬래그섞임	용접부분이 응고될 때 슬래그가 표면까지 오르지 못한 채로 금속내부에서 응고된 것	피복재 조성불량 용접전류, 속도 불량
스패터	용융상태의 슬래그와 금속 내 가스팽창폭발로 용융금속이 비산하여 용접부 주변에 작은 방울형태로 접착된 것	전류, 아크과다 용접봉불량
오버랩	용접봉의 용융점이 모재의 용융점보다 낮거나 비드의 용융지가 작고 용입이 얕아서 비드가 정상적으로 형성되지 못하고 위로 겹치게 된 것	전류, 아크, 용접속도과소
언더컷	모재의 용접부분에 용착금속이 완전히 채워지지 않아 정상적인 비드가 형성되지 못하고 부분적으로 홈이나 오목한 부분이 생긴 것	전류, 용접속도과다, 아크길이과다

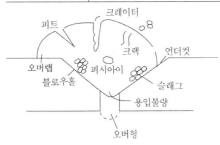

10 〈보기〉의 설명에 해당하는 용접 방법으로 가장 옳은 것은?

〈보기〉

- 원판 모양으로 된 전극 사이에 용접 재료를 끼우고, 전극을 회전시키면서 용접하는 방법이다.
- 기체의 기밀, 액체의 수밀을 요하는 관 및 용기 제작 등에 적용된다.
- 통전 방법으로 단속 통전법이 많이 쓰인다.

① 업셋 용접(upset welding)
② 프로젝션 용접(projection welding)
③ 스터드 용접(stud welding)
④ 시임 용접(seam welding)

ANSWER 10.④

10 ※ 시임 용접(seam welding)
- 원판 모양으로 된 전극 사이에 용접 재료를 끼우고, 전극을 회전시키면서 용접하는 방법이다.
- 기체의 기밀, 액체의 수밀을 요하는 관 및 용기 제작 등에 적용된다.
- 통전 방법으로 단속 통전법이 많이 쓰인다.

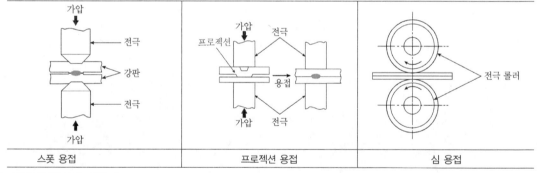

| 스폿 용접 | 프로젝션 용접 | 심 용접 |

※ 스터드 용접(stud welding)
- 볼트, 환봉, 핀 등의 금속 고정구를 철판이나 기존 금속면에 모재와 스터드 끝면을 용융시켜 스터드를 모재에 눌러 융합 시켜 용접을 하는 자동 아크 용접법이다.
- 스터드 용접은 판금에서 많이 사용되고 있고 스터드 볼트, 스터드 너트 용접에 많이 사용된다.
- 용접 시 위치를 잡기 위한 지그가 요구된다.
- 용접변형이 적은 편이며, 용접조건이 부적절한 경우에도 외관상으로는 별 문제가 없다.
- 철강재료 이외에 구리, 황동, 알루미늄, 스테인리스강에도 적용된다.
- 모재에 구멍을 뚫지 않고 볼트를 100% 용착시키므로 시간이 절약되며 미숙련공도 바로 작업할 수 있으므로 경제적이다.
- 용접봉이나 플럭스, 가스 등의 보조재료가 일절 필요 없으며 전자세에서 용접이 가능하다.

11 선반(lathe)으로 직경 50mm, 길이 200mm인 재료를 200rpm으로 가공했을 때, 주분력이 400N이었다. 이 때의 절삭동력의 값[kW]은? (단, 1kW = 1kN · m/s이고, 원주율 π = 3으로 간주한다.)

① 0.2kW

② 0.4kW

③ 0.6kW

④ 0.8kW

12 소성가공에서 직접(전방)압출과 간접(후방)압출을 구분하는 기준에 대한 설명으로 가장 옳은 것은?

① 램(ram)의 진행방향과 제품의 진행방향에 따라 구분한다.

② 램(ram)과 컨테이너(container) 사이의 마찰에 따라 구분한다.

③ 압출 다이(die)의 전후 위치에 따라 구분한다.

④ 압출 다이(die)와 컨테이너(container)의 접촉 상태에 따라 구분한다.

13 보통선반의 구조에 대한 설명으로 가장 옳지 않은 것은?

① 주축대 : 공작물을 고정하며 회전시키는 장치

② 왕복대 : 주축에서 운동을 전달 받아 이송축까지 전달하는 장치

③ 심압대 : 공작물의 한 쪽 끝을 센터로 지지하는 장치

④ 베드 : 선반의 주요 부분을 얹는 부분

ANSWER 11.① 12.① 13.②

11 절삭동력을 구하기 위해서는 절삭속도를 산정해야 한다.

직경이 50[mm]이며 200[rpm]으로 회전하므로, 절삭속도는

$$V = \frac{\pi d N}{1000} = \frac{3 \cdot 50 \cdot 200}{1000} = 30[m/\min]$$

절삭동력 $H = \frac{PV}{60}[kW] = \frac{0.4[kN] \cdot 30}{60} = 0.2[kW]$

12 소성가공에서 직접(전방)압출과 간접(후방)압출은 램(ram)과 컨테이너(container) 사이의 마찰에 따라 구분한다.

압출방법으로는 압력 작용방향으로 제품이 나오는 직접압출법(direct extrusion)과 압력 작용 반대방향으로 제품이 나오는 간접압출법(indirect extrusion)이 있다.

13 • 왕복대 : 베드 위에 있으며 바이트 및 각종 공구를 설치한 공구대를 평행하게 전후, 좌우로 이송시키며 새들과 에이프런으로 구성되어 있다.

• 심압대 : 오른쪽 베드 위에 있으며 작업내용에 따라서 좌우로 움직이도록 되어 있다.

• 주축대 : 선반의 가장 중요한 부분으로서 공작물을 지지, 회전 및 변경을 하거나 또는 동력전달을 하는 일련의 기어기구

14 원통 용기 소재를 1차 드로잉률이 0.6, 재드로잉률이 0.8이 되도록 드로잉(drawing)을 실시하여 지름이 24mm인 원통 용기를 제작하였다. 처음 소재의 지름의 값[mm]은?

① 30mm   ② 40mm

③ 50mm   ④ 60mm

15 유량이 0.5m³/s이고 유효낙차가 5m일 때 수차에 작용할 수 있는 최대동력에 가장 가까운 값[PS]은? (단, 유체의 비중량은 1,000kgf/m³이다.)

① 15PS

② 24.7PS

③ 33.3PS

④ 40PS

ANSWER 14.③ 15.③

14 1차 드로잉률과 재드로잉률을 곱한 값의 역수를 최종제작용기 지름에 곱하면 처음 소재의 값이 되므로 처음 소재의 지름은 50mm가 된다.
   • 드로잉 : 블랭킹된 소재를 펀치가 다이 속으로 끌고 들어가면서 주름, 파단 등의 결함이 없고 이음매가 없는 깨끗한 용기를 성형하는 가공법이다. (용기의 깊이가 상대적으로 깊어 2회 이상 드로잉을 요할 때 이를 딥드로잉이라고 한다.)
   • 재드로잉 : 드로잉 제품을 1회에 완성하지 못할 경우에는 2회 이상의 드로잉 공정을 거치게 되는데 2회 이후의 드로잉을 재드로잉이라고 하고, 이것은 1차 드로잉된 제품을 다시 드로잉하는 것이므로 소재 내부에 가공경화가 되어 있어 1차 드로잉에서와 같이 많은 변화를 주기는 어렵다. (재드로잉은 일반재드로잉과 역재드로잉이 있다.)
   • 아이어닝 : 드로잉된 컵은 드로잉 가공 특성으로 인하여 두께가 일정하지 않기 때문에 이를 일정하게 하기 위해 틈새를 작게 하여 측벽을 훑어주는 공정을 말한다. (아이어닝을 하면 측벽 두께가 얇고 균일하게 되며 제품 높이가 높게 성형이 된다.)

15 단위가 [PS]이므로 다음의 식에 따라 산출해야 한다.

$$L_{th} = \frac{\gamma QH}{75}[PS] = \frac{1000 \cdot 0.5 \cdot 5}{75} = 33.3[PS]$$

(γ는 유체의 비중량[kgf/m³], Q는 유량, H는 유효낙차[m])

16 〈보기〉에서 설명한 특징을 모두 만족하는 입자가공 방법으로 가장 옳은 것은?

─────────── 〈보기〉 ───────────

- 원통 내면의 다듬질 가공에 사용된다.
- 회전 운동과 축방향의 왕복 운동에 의해 접촉면을 가공하는 방법이다.
- 여러 숫돌을 스프링/유압으로 가공면에 압력을 가한 상태에서 가공한다.

① 호닝(honing)
② 전해 연마(electrolytic polishing)
③ 버핑(buffing)
④ 숏 피닝(shot peening)

ANSWER 16.①

16 주어진 보기의 사항들은 호닝의 특성에 관한 것이다.
① 호닝: 원통의 내면을 정밀다듬질 하는 것으로 보링, 라이밍, 연삭가공 등을 끝낸 것을 숫돌을 공작물에 대고 압력을 가하면서 회전운동과 왕복운동을 시켜 공작물을 정밀다듬질 하는 것이다.
② 전해연마: 공작물 표면의 작은 요철부분을 제거하는 방법으로 전기도금의 반대현상으로 가공물을 양극, 전기저항이 적은 구리, 아연을 음극으로 연결하고 전해액 속에서 $1A/cm^2$ 정도의 전기를 통하면 전류화학적 방법으로 공작물의 돌기부분이 전해액 중에 녹아 양이온이 음극으로 끌려나와 표면이 광택이 있는 면으로 되는 가공법이다.
③ 버핑: 직물, 피혁, 고무 등으로 원판(버프)를 만들고 이것들을 여러 장 붙이거나 재봉으로 누비거나 또는 나사못으로 겹쳐서 폴리싱 또는 버핑바퀴를 만들고 이것에 윤활제를 섞은 미세한 연삭 입자의 연삭작용으로 가공물의 표면을 연마하여 매끈하고 광택을 내는 가공이다.
④ 숏 피닝: 주철, 주강제의 작은 구상의 숏을 압축공기나 원심력을 이용하여 40~50m/sec의 고속도로 공작물의 표면에 분사하여 표면을 매끈하게 하며 동시에 0.2mm의 경화층을 얻게 되며 숏이 해머와 같은 작용을 하여 피로강도와 기계적 성질을 향상시킨다.

17 〈보기〉에서 구성인선(BUE : Built-Up Edge)을 억제하는 방법에 해당하는 것을 옳게 짝지은 것은?

〈보기〉

㉠ 절삭깊이를 깊게 한다.
㉡ 공구의 절삭각을 크게 한다.
㉢ 절삭속도를 빠르게 한다.
㉣ 칩과 공구 경사면상의 마찰을 작게 한다.
㉤ 절삭유제를 사용한다.
㉥ 가공재료와 서로 친화력이 있는 절삭공구를 선택한다.

---

① ㉡, ㉣, ㉤

② ㉠, ㉡, ㉢, ㉣

③ ㉠, ㉡, ㉣, ㉥

④ ㉢, ㉣, ㉤

ANSWER 17.④

17 ㉠ 구성인선을 억제하려면 절삭깊이를 줄여야 한다.
㉡ 구성인선을 억제하려면 공구의 절삭각을 작게 하는 것이 좋다.
㉥ 구성인선을 억제하려면 가공재료와 서로 친화력이 매우 적은 절삭공구를 선택해야 한다.
※ **구성인선**(built up edge) … 연강, 스테인리스강, 알루미늄처럼 바이트 재료와 친화성이 강한 재료를 절삭할 경우 절삭된 칩의 일부가 끝부분에 부착하여 대단히 굳은 퇴적물로 되어 절삭날 구실을 하는 것이다.
※ **구성인선의 장단점**
  • 치수가 잘 맞지 않으며 다듬질면을 나쁘게 한다.
  • 날 끝의 마모가 크기 때문에 공구의 수명을 단축한다.
  • 표면의 변질층이 깊어진다.
  • 날 끝을 싸서 날을 보호하며 경사각을 크게 하여 절삭열의 발생을 감소시킨다.
※ **구성인선의 발생원인**
  • 절삭속도가 느릴수록 발생하기 쉽다.
  • 경사각을 작게 할수록 발생하기 쉽다.
  • 절삭깊이가 작을수록 발생하기 쉽다.
  • 절삭공구의 날끝온도가 상승할수록 발생하기 쉽다.
※ **구성인선의 방지책**
  • 30° 이상 바이트의 전면경사각을 크게 한다.
  • 공구의 절삭각을 작게 한다.
  • 120m/min 이상 절삭속도를 크게 한다.
  • 윤활성이 좋은 윤활제를 사용한다.
  • 절삭각과 절삭 깊이를 줄인다.
  • 이송 속도를 줄인다.

18 펌프 내 발생하는 공동현상을 방지하기 위한 설명으로 가장 옳지 않은 것은?

① 펌프의 설치 위치를 낮춘다.

② 펌프의 회전수를 증가시킨다.

③ 단흡입 펌프를 양흡입 펌프로 만든다.

④ 흡입관의 직경을 크게 한다.

ANSWER 18.②

18　공동현상을 방지하려면 펌프의 회전수를 적게 하는 것이 좋다.

※ **공동현상(캐비테이션) 발생원인**
- 흡수면이 펌프의 아래에 있고 펌프와 흡수면 사이의 수직거리가 부적당하게 너무 긴 경우
- 펌프의 흡입측 수두, 펌프속도, 마찰손실이 큰 경우
- 펌프의 흡입관경이 작은 경우
- 펌프 흡입압력이 유체증기압보다 낮은 경우

※ **캐비테이션 방지대책**
- 펌프의 설치위치를 낮추어 흡입양정을 짧게 한다.
- 입축펌프를 사용하고 회전차를 수중에 완전히 잠기게 한다.
- 펌프의 회전수를 적게 한다.
- 양 흡입 펌프를 사용한다.
- 두 대 이상의 펌프를 사용한다.
- 펌프의 위치를 흡수면에 가깝게 하여 실 흡입양정을 적게 한다.
- 흡입측 스트레너의 통수 면적을 크게 한다.
- 정격 토출량 이상의 양수량으로 운전하지 말아야 한다.
- 정격 양정보다 무리하게 적은 양정으로 운전하지 말아야 한다.
- 흡입관 관경을 크게 하여 관로저항을 작게 한다.
- 펌프 흡입관의 직경을 크게 한다. (흡수관의 직경을 펌프의 구경보다 크게 한다.)
- 흡입관 내면에 마찰저항을 가능한 적게 한다.
- 스트레이너의 통수면적이 큰 것을 사용한다.(구멍 막힘을 방지하기 위해)
- 흡입관 배관은 가급적 간단한 설계가 되도록 한다.

19 〈보기〉에서 가는 2점 쇄선이 사용되는 경우에 해당하는 것을 옳게 짝지은 것은?

〈보기〉

⊙ 도시된 단면의 앞쪽에 있는 부분을 표시하는 데 사용한다.
ⓛ 인접 부분을 참고로 표시하는 데 사용한다.
ⓒ 대상물의 일부를 파단한 경계 또는 일부를 떼어낸 경계를 표시하는 데 사용한다.
② 도면에서 어떤 부위가 평면이라는 것을 나타낼 때 사용한다.
⑩ 가공 전 또는 가공 후의 모양을 표시하는 데 사용한다.

① ⓛ, ⓒ, ⑩　　　　　　　② ⊙, ⓒ, ②
③ ⊙, ⓛ, ⑩　　　　　　　④ ⓛ, ⓒ, ②

ANSWER 19.③

19 ㉢ 대상물의 일부를 파단한 경계 또는 일부를 떼어낸 경계를 표시하는 데 사용한다. => 파단선
　　 ㉣ 도면에서 어떤 부위가 평면이라는 것을 나타낼 때 사용한다. => 가는 실선

용도에 의한 명칭	선의 종류	선의 용도
외형선	굵은 실선	대상물이 보이는 부분의 모양을 표시하는 데 쓰인다.
치수선	가는 실선	치수를 기입하기 위해 쓰인다.
치수보조선		치수를 기입하기 위하여 도형으로부터 끌어내는 데 쓰인다.
지시선		기술·기호 등을 표시하기 위하여 끌어내는 데 쓰인다.
회전단면선		도형 내에 그 부분의 끊은 곳을 90°회전하여 표시하는 데 쓰인다.
중심선		도형의 중심선(4, 1)을 간략하게 표시하는 데 쓰인다.
수준면선		수면, 유면 등의 위치를 표시하는 데 쓰인다.
숨은선	가는 파선 굵은 파선	대상물의 보이지 않는 부분의 모양을 표시하는 데 쓰인다.
중심선	가는 1점 쇄선	(1) 도형의 중심을 표시하는 데 쓰인다. (2) 중심이 이동한 중심궤적을 표시하는 데 쓰인다.
기준선		특히 위치 결정의 근거가 된다는 것을 명시할 때 쓰인다.
피치선		되풀이하는 도형의 피치를 취하는 기준을 표시하는 데 쓰인다.
특수지정선	굵은 1점 쇄선	특수한 가공을 하는 부분 등 특별한 요구 사항을 적용할 수 있는 범위를 표시하는 데 사용한다.
가상선	가는 2점 쇄선	(1) 인접부분을 참고로 표시하는 데 사용한다. (2) 공구, 지그 등의 위치를 참고로 나타내는 데 사용한다. (3) 가동부분을 이동 중의 특정한 위치 또는 이동한계의 위치로 표시하는 데 사용한다. (4) 가공 전 또는 가공 후의 모양을 표시하는 데 사용한다. (5) 되풀이하는 것을 나타내는 데 사용한다. (6) 도시된 단면의 앞쪽에 있는 부분을 표시하는 데 사용한다.
무게중심선		단면의 무게중심을 연결한 선을 표시하는 데 사용한다.
파단선	불규칙한 파형의 가는 실선 또는 지그재그선	대상물의 일부를 판단한 경계 또는 일부를 떼어낸 경계를 표시하는 데 사용한다.
절단선	가는 1점 쇄선으로 끝부분 및 방향이 변하는 부분을 굵게 한 것	단면도를 그리는 경우, 그 절단 위치를 대응하는 그림에 표시하는 데 사용한다.
해칭	가는 실선으로 규칙적으로 줄을 늘어 놓은 것	도형의 한정된 특정부분을 다른 부분과 구별하는 데 사용한다. 보기를 들면 단면도의 절단된 부분을 나타낸다.
특수용도선	가는 실선	(1) 외형선 및 숨은 선의 연장을 표시하는 데 사용된다. (2) 평면이란 것을 나타내는 데 사용한다. (3) 위치를 명시하는 데 사용한다.
	아주 굵은 실선	얇은 부분의 단면을 도시하는 데 사용된다.

20 기하공차의 종류와 그 기호가 바르게 연결되지 않은 것은?

① 진원도 – $\oplus$

② 원통도 – $\diagup\!\!\bigcirc\!\!\diagup$

③ 동심도 – $\bigcirc\!\!\!\!\bigcirc$

④ 온흔들림 – $\diagup\!\!\diagup\!\!\nearrow$

ANSWER 20.①

20 진원도는 원만 그려진 그림으로 표기된다.
(보기 ①의 그림은 위치도공차를 나타낸다.)

공차의 명칭	기호
진직도 공차	▬
평면도 공차	$\diagup\!\!\square$
진원도 공차	$\bigcirc$
원통도 공차	$\diagup\!\!\bigcirc\!\!\diagup$
선의 윤곽도 공차	$\frown$
면의 윤곽도 공차	$\sqcap$
평행도 공차	$\diagup\!\!\diagup$
직각도 공차	$\perp$
경사도 공차	$\angle$
위치도 공차	$\oplus$
동축도 공차 또는 동심도 공차	$\bigcirc\!\!\!\!\bigcirc$
대칭도 공차	$=$
원주 흔들림 공차	$\nearrow$
온 흔들림 공차	$\diagup\!\!\diagup\!\!\nearrow$

1 최소 측정 단위가 0.05mm인 버니어 캘리퍼스를 이용한 측정 결과가 그림과 같을 때 측정값[mm]은?
(단, 아들자와 어미자 눈금이 일직선으로 만나는 화살표 부분의 아들자 눈금은 4이다)

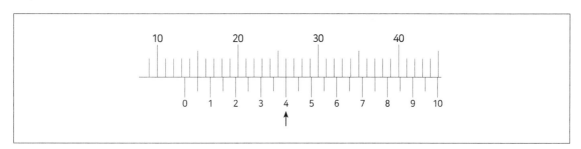

① 13.2

② 13.4

③ 26.2

④ 26.4

ANSWER 1.②

1

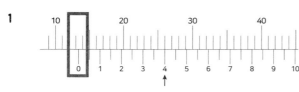

아래의 지침표시에서 0점이 위치한 곳은 13mm와 14mm 사이 구간이며 위쪽 지침선과 아래쪽 지침선이 일치하는 곳이 아래쪽
지침의 4에 해당되므로 이는 13+0.4=13.4mm가 된다.

2 한쪽 방향으로만 힘을 받는 바이스(Vice)의 이송나사로 가장 적합한 것은?

① 삼각 나사

② 사각 나사

③ 톱니 나사

④ 관용 나사

ANSWER 2.③

2 • **톱니나사** : 축선의 한쪽에만 힘을 받는 곳에 사용한다. 힘을 받는 면은 축에 직각이고, 받지 않는 면은 30°로 경사를 준다. 큰 하중이 한쪽 방향으로만 작용되는 경우에 적합하다. 따라서 한쪽 방향으로만 힘을 받는 바이스(Vice)의 이송나사로 적합한 나사이다.

  ※ 나사의 종류
  • **삼각나사** : 체결용 나사로 많이 사용하며 미터나사와 유니파이나사(미국, 영국, 캐나다의 협정에 의해 만든 것으로 ABC나사라고도 한다)가 있다. 미터나사의 단위는 mm, 유니파이나사의 단위는 inch이며 나사산의 각도는 모두 60°이다.
  • **사각나사** : 나사산의 모양이 사각인 나사로서 삼각나사에 비하여 풀어지긴 쉬우나 저항이 적은 이적으로 동력전달용 잭, 나사프레스, 선반의 피드에 사용한다.
  • **사다리꼴나사** : 애크미나사 또는 재형나사라고도 하며 사각나사보다 강력한 동력 전달용에 사용한다.(산의 각도 미터계열 : 30°, 휘트워드계열 : 29°)
  • **톱니나사** : 축선의 한쪽에만 힘을 받는 곳에 사용한다. 힘을 받는 면은 축에 직각이고, 받지 않는 면은 30°로 경사를 준다. 큰 하중이 한쪽 방향으로만 작용되는 경우에 적합하다.
  • **둥근나사** : 너클나사, 나사산과 골이 둥글기 때문에 먼지, 모래가 끼기 쉬운 전구, 호스연결부에 사용한다.
  • **볼나사** : 수나사와 암나사의 홈에 강구가 들어 있어 마찰계수가 작고 운동전달이 가볍기 때문에 NC공작기계나 자동차용 스테어링 장치에 사용한다. 볼의 구름 접촉을 통해 나사 운동을 시키는 나사이다. 백래시가 적으므로 정밀 이송장치에 사용된다.
  • **셀러나사** : 아메리카나사 또는 US표준나사라고 한다. 나사산의 각도는 60°, 피치는 1인치에 대한 나사산의 수로 표시한다.
  • **기계조립(체결용)나사** : 미터나사, 유니파이나사, 관용나사
  • **동력전달용(운동용)나사** : 사각나사, 사다리꼴나사, 톱니나사, 둥근나사, 볼나사

3 물체에 가한 힘을 제거해도 원래 형태로 돌아가지 않고 변형된 상태로 남는 성질은?

① 탄성(Elasticity)

② 소성(Plasticity)

③ 항복점(Yield point)

④ 상변태(Phase transformation)

4 연삭 작업 중 공작물과 연삭숫돌 간의 마찰열로 인하여 공작물의 다듬질면이 타서 색깔을 띠게 되는 연삭 버닝의 발생 조건이 아닌 것은?

① 숫돌입자의 자생 작용이 일어날 때

② 매우 연한 공작물을 연삭할 때

③ 공작물과 연삭숫돌 간에 과도한 압력이 가해질 때

④ 연삭액을 사용하지 않거나 부적합하게 사용할 때

ANSWER 3.② 4.①

3 소성(Plasticity) : 물체에 가한 힘을 제거해도 원래 형태로 돌아가지 않고 변형된 상태로 남는 성질

4 숫돌입자의 자생작용이 일어나고 있음은 연삭버닝이 발생하고 있지 않은 상태임을 의미한다.

※ **연삭버닝** : 연삭 작업 중 연삭량이 과대하여 공작물과 연삭숫돌 간의 마찰열로 인해 공작물 표면층이 순간적으로 산화되어 타버려서 검은무늬모양이 나타나는 현상이다. 다음과 같은 경우 연삭버닝이 일어나기 쉽다.
  • 매우 연한 공작물을 연삭할 때
  • 공작물과 연삭숫돌 간에 과도한 압력이 가해질 때
  • 연삭액을 사용하지 않거나 부적합하게 사용할 때

5 선삭의 외경절삭 공정 시 공구의 온도가 최대가 되는 영역에서 발생하는 공구 마모는?

① 플랭크 마모(Flank wear)

② 노즈반경 마모(Nose radius wear)

③ 크레이터 마모(Crater wear)

④ 노치 마모(Notch wear)

....

ANSWER 5.③

5   ① 플랭크 마모(Flank wear) : 공구 여유면에 형성되어 새롭게 생성된 공작물표면과 절삭날 근처의 여유면의 마찰로 발생하는 마모이다.
   ② 노즈반경 마모(Nose radius wear) : 노즈반경은 인선의 강도와 사상면 조도에 매우 큰 영향을 주는데 노즈반경에 따라 발생하는 마모를 말한다.
   ③ 크레이터 마모(Crater wear) : 공구 경사면에 대해 칩의 미끄럼 운동으로 오목하게 형성되면서 성장하는 마모로서 선삭의 외경절삭 공정 시 공구의 온도가 최대가 되는 영역에서 발생한다.
   ④ 노치 마모(Notch wear) : 공작물이 가공경화된 상태이거나 주조에서 표면에 모래입자가 남은 경우 공작물의 표면경도가 증가함에 따라 절삭날의 마모가 가속화된 것이다.

날 손상의 분류	날의 선단에서 본 그림	날 손상으로 생기는 현상
날의 결손(치핑)		바이트와 일감과의 마찰증가로 다음 현상이 발생한다. • 절삭면의 불량현상이 생긴다. • 다듬면 치수가 변한다.(마모, 압력에 의해)
여유면 마모 (플랭크마모)		• 소리가 나며 진동이 생길 수 있다. • 불꽃이 생긴다. • 절삭동력이 증가한다.
경사면 마모 (크레이터마모)		처음에는 바이트의 절삭느낌이 좋지만 그 후 시간이 경과함에 따라 손상이 심해진다. • 칩의 꼬임이 작아져서 나중에는 가늘게 비산한다. • 칩의 색이 변하고 불꽃이 생긴다. • 시간이 경과하면 날의 결손이 된다.

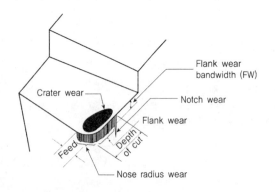

6 보통의 주철 쇳물을 금형에 넣어 표면만 급랭시켜 내열성과 내마모성을 향상시킨 것은?

① 회주철

② 가단주철

③ 칠드주철

④ 구상흑연주철

ANSWER 6.③

6 주철의 종류
- **가단주철** : 백선철을 열처리해서 가단성을 부여한 것으로 백심가단주철과 흑심가단주철로 나뉘며, 인장강도와 연율이 연강에 가깝고 주철의 주조성을 갖고 있어 주조가 용이하므로 자동차 부품, 관이음 등에 많이 사용된다.
- **회주철** : 주철 중의 탄소의 일부가 유리되어 흑연화되어 있는 것을 말하며, 인장강도를 크게 하기 위하여 강 스크랩을 첨가하여 C와 Si를 감소시켜 백선화되는 것을 방지한 것이다.
- **구상흑연주철** : 보통주철 중의 편상흑연을 구상화한 조직을 갖는 주철로 흑연을 구상화하기 위해서 Mg를 첨가한 것으로 펄라이트형과 페라이트형, 시멘타이트형이 있다.
- **칠드주철** : 용융상태에서 금형에 주입하여 접촉면을 급랭시켜 내열성과 내마모성을 갖는 백주철로 만드는 것으로, 주로 기차의 바퀴나 롤러를 제작하는 데 사용된다.

7 양쪽 끝에 플랜지(Flange)가 있는 대형 곡관을 주조할 때 사용하는 모형은?

① 회전 모형

② 분할 모형

③ 단체 모형

④ 골격 모형

ANSWER 7.④

7 • **골격(골조) 모형** : 목재비를 절약하기 위하여 아래 그림과 같이 중요부의 골조를 만들고 공간은 점토 등을 채워 현형의 대용이 되는 모형을 골조모형 또는 골격모형이라 한다. 모형이 손상되지 않도록 취급에 주의를 요하며, 주물 수량이 많을 때는 모형 제작과 주형제작에 많은 시간이 소요된다는 단점이 있다. 양쪽 끝에 플랜지(Flange)가 있는 대형 곡관을 주조할 때 사용하는 모형이다.

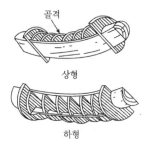

골격

상형

하형

• **회전 모형** : 주물의 형상이 어느 축에 대하여 회전대칭일 경우 축을 통한 단면의 반쪽판을 축 주위로 회전시켜 주형사를 긁어 내어 주형을 제작할 수 있는데 이 회전판을 회전모형이라 한다.

• **분할(부분) 모형** : 형상의 일부분이 연속되어 전체를 이룰 때 그 일부분에 해당하는 모형을 만들어 주형을 제작할 수 있으며 이 모형부분을 부분모형이라고 한다. 큰 주물의 주조에서 모형재료와 가공비가 적게 들어 모형제작비가 절약되나 주물수량이 많을 때는 주형제작에 많은 시간이 소요된다.

• **현황**(Solid Pattern) : 주물의 형상을 갖고 주물치수에 수축여유 및 가공여유를 부여하고 필요에 따라 코어프린트까지 붙인 모형을 말한다. 단일체인 경우 단체모형이라 하고 2편이 조합되어 모형을 이루는 경우 분할모형, 3편 이상이 조합된 모형을 조립모형이라고 한다.

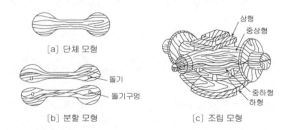

[a] 단체 모형

돌기
돌기구멍

[b] 분할 모형

상형
중상형
중하형
하형

[c] 조립 모형

8 주로 대형 공작물의 길이방향 홈이나 노치 가공에 사용되는 공정으로, 고정된 공구를 이용하여 공작물의 직선운동에 따라 절삭행정과 귀환행정이 반복되는 가공법은?

① 브로칭(Broaching) ② 평삭(Planning)

③ 형삭(Shaping) ④ 보링(Boring)

9 마찰이 없는 관속 유동에서 베르누이(Bernoulli) 방정식에 대한 설명으로 옳은 것은?

① 압력수두, 속도수두, 온도수두로 구성된다.

② 벤추리미터(Venturimeter)를 이용한 유량 측정에 사용되는 식이다.

③ 가열부 또는 냉각부 등 온도 변화가 큰 압축성 유체에도 적용할 수 있다.

④ 각 항은 무차원 수이다.

....

ANSWER 8.② 9.②

8 평삭(Planning) : 주로 대형 공작물의 길이방향 홈이나 노치 가공에 사용되는 공정으로, 고정된 공구를 이용하여 공작물의 직선운동에 따라 절삭행정과 귀환행정이 반복되는 가공법이다.

9 ① 압력수두, 속도수두, 위치수두로 구성된다.

③ 가열부 또는 냉각부 등 온도 변화가 큰 압축성 유체에는 적용할 수 없다. (베르누이 방정식 유도 시 기본가정은 비압축성 유체이다.)

④ 각 항은 수두값으로서 '길이'의 단위를 갖는다.

벤추리미터는 유체를 좁은 관에 통과시켜 유속과 유량을 측정하는 기구로서 다음과 같은 베르누이의 법칙을 적용한다.

※ 베르누이의 법칙

$$\frac{P_1}{w} + \frac{V_1^2}{2g} + z_1 = \frac{P_2}{w} + \frac{V_2^2}{2g} + z_2 = 일정$$

$$\frac{P}{w}는 압력수두, \quad \frac{V^2}{2g}는 속도수두, \quad z는 위치수두이다.$$

※ 베르누이 방정식 유도 시 기본가정

• 유체입자는 유선을 따라 흐른다.

• 유체의 흐름은 정상류이다.

• 비점성(유체마찰무시) 유체의 흐름이다.

• 비압축성 유체이다.

• 정지 유체 내부에서 압력은 항상 임의의 면에 수직 방향으로만 작용한다.

• 밀폐된 용기 내에서 유체의 한 방향에 가해진 압력은 모든 방향에 같은 크기로 전달된다.

• 유동하는 유체에서의 압력은 임의의 면에 수직 방향으로만 작용한다.

• 정지 유체의 한 점에 작용하는 압력은 방향에 관계없이 같은 크기로 작용한다.

• 정상상태 흐름에 대하여 적용한다.

• 동일한 유선 상에서 적용된다.

• 흐름유체의 마찰효과는 무시한다.

• 압력수두, 속도수두, 위치수두의 합이 일정함을 표시한다.

10 형단조(Impression die forging)의 예비성형 공정에서 오목면을 가지는 금형을 이용하여 최종 제품의 부피가 큰 영역으로 재료를 모으는 단계는?

① 트리밍(Trimming)

② 풀러링(Fullering)

③ 에징(Edging)

④ 블로킹(Blocking)

11 프란츠 뢸로(Franz Reuleaux)가 정의한 기계의 구비 조건에 해당하지 않는 것은?

① 물체의 조합으로 구성되어 있을 것

② 각 부분의 운동은 한정되어 있을 것

③ 구성된 조립체는 저항력이 없을 것

④ 에너지를 공급받아서 유효한 기계적 일을 할 것

ANSWER 10.③ 11.③

10 • 에징(Edging) : 형단조(Impression die forging)의 예비성형 공정에서 오목면을 가지는 금형을 이용하여 최종 제품의 부피가 큰 영역으로 재료를 모으는 단계이다.

• 풀러링(Fullering) : 기밀성을 더욱 완벽하게 하기 위하여 강판과 같은 두께의 공구로 때려 붙이는 작업이다.

11 ※ 기계

저항성이 있는 몇 개의 물체의 조합으로 외부에서 에너지를 공급받아 한정된 운동을 하며 유효한 기계적 일을 생산하는 것으로서 다음의 4가지 부분으로 구성된다.

1. 외부로부터 에너지를 받아들이는 부분

2. 받아들인 에너지를 전달 또는 변형하는 부분

3. 유효한 일을 하는 부분

4. 위 세 부분을 지지할 수 있는 부분

※ 기구

2개 또는 2개 이상의 저항성이 있는 물체의 조합으로 그 중 한 개를 고정시켰을 때 다른 물체가 이것에 대한 한정운동만을 하는 것으로서 힘이나 일은 다루지 않고 상대운동만을 고려한다.

※ 기기

인간을 보조하는 역할을 하는 물건의 총칭으로서 자체적으로 일을 하는 것이 목적이 아닌 인간을 보조하는 것이 목적이다.

12 결합용 기계요소인 나사에 대한 설명으로 옳은 것은?

① 미터보통나사의 수나사 호칭 지름은 바깥지름을 기준으로 한다.

② 원기둥의 바깥 표면에 나사산이 있는 것을 암나사라고 한다.

③ 오른나사는 반시계방향으로 돌리면 죄어지며, 왼나사는 시계방향으로 돌리면 죄어진다.

④ 한줄나사는 빨리 풀거나 죌 때 편리하나, 풀어지기 쉬우므로 죔나사로 적합하지 않다.

13 가공공정에 대한 설명으로 옳지 않은 것은?

① 리밍(Reaming)은 구멍을 조금 확장하여, 치수 정확도를 향상할 때 사용한다.

② 드릴 작업 시 손 부상을 방지하기 위하여 장갑을 끼고 작업한다.

③ 카운터 싱킹(Counter sinking)은 원뿔 형상의 단이 진 구멍을 만들 때 사용한다.

④ 탭핑(Tapping)은 구멍의 내면에 나사산을 만들 때 사용한다.

14 실린더 행정과 안지름이 각 10cm이고, 연소실 체적이 $250cm^3$인 4행정 가솔린 엔진의 압축비는? (단, $\pi = 3$으로 계산한다.)

① 4/3

② 2

③ 3

④ 4

ANSWER 12.① 13.② 14.④

12 ② 원통 또는 원기둥의 바깥 표면에 나사산이 있는 것을 "수나사", 안쪽 표면에 나사산이 있는 것을 "암나사(너트)"라고 한다.
③ 오른나사는 시계방향으로 돌리면 죄어지며, 왼나사는 시반계방향으로 돌리면 죄어진다.
④ 한줄나사는 1피치마다 나사산이 1개인 나사를 말하며 죔나사로 사용된다. (다줄나사는 여러 개의 나사곡선을 가진 나사로서 리드가 크고 풀어지기 쉬우므로 죔용으로는 부적합하다.)

13 드릴 작업 시 손 부상을 방지하기 위해서는 장갑을 벗고 작업해야 한다. (장갑을 끼고 할 경우 장갑이 드릴천공부에 말려들어 가게 될 수 있다.)

14 압축비 $\varepsilon = \dfrac{실린더체적}{연소실체적} = \dfrac{연소실체적 + 행정체적}{연소실체적} = \dfrac{250 + 250 \cdot 3}{250} = 4$

압축비(compression ratio) : 압축 전의 용적과 압축 후의 용적비를 말한다. 실린더의 체적을 연소실(간극)의 체적으로 나눈 값이다.

15 카르노(Carnot) 사이클의 P－v 선도에서 각 사이클 과정에 대한 설명으로 옳은 것은? (단, q_1 및 q_2는 열량이다)

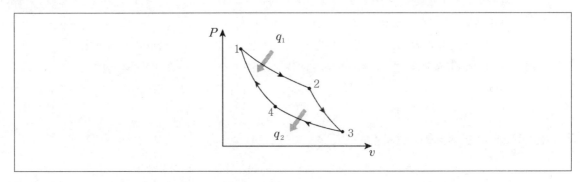

① 상태 1→상태 2 : 가역단열팽창과정
② 상태 2→상태 3 : 등온팽창과정
③ 상태 3→상태 4 : 등온팽창과정
④ 상태 4→상태 1 : 가역단열압축과정

ANSWER 15.④

15 ① 상태 1→상태 2 : 등온팽창과정
② 상태 2→상태 3 : 단열팽창과정
③ 상태 3→상태 4 : 등온압축과정

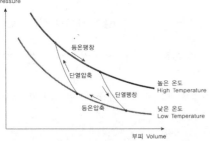

• 카르노 사이클 : 2개의 단열과정과 2개의 등온과정으로 구성, 카르노 싸이클은 등온팽창 – 단열팽창 – 등온압축 – 단열압축으로 이루어진다. 즉, 2개의 등온, 2개의 단열과정이다. 이상적인 사이클이나 실제로 운전이 불가능하다. 동작유체와 관련이 없으나 절대온도와는 밀접한 관계가 있다.

16 일반적으로 CAD에 사용되는 모델링 가운데 솔리드 모델링(Solid modeling)의 특징이 아닌 것은?

① 숨은선 제거와 복잡한 형상 표현이 가능하다.
② 표면적, 부피 및 관성모멘트 등을 계산할 수 있다.
③ 실물과 근접한 3차원 형상의 모델을 만들 수 있다.
④ 간단한 자료구조를 갖추고 있어 처리해야 할 데이터 양이 적다.

17 다음은 탄소강에 포함된 원소의 영향에 대한 설명이다. 이에 해당하는 원소는?

> 고온에서 결정 성장을 방지하고 강의 점성을 증가시켜 주조성과 고온 가공성을 향상시킨다. 탄소강의 인성을 증가시키고, 열처리에 의한 변형을 감소시키며, 적열 취성을 방지한다.

① 인(P)   ② 황(S)
③ 규소(Si)   ④ 망간(Mn)

....

ANSWER 16.④ 17.④

16 솔리드모델링은 처리해야 할 데이터의 양이 많다.
솔리드 (solid) 서피스 내부에 대한 정보를 가지고 있어 물성치(중량, 부피, 표면적, 관성 모멘트…)를 구할 수 있고, 간섭 검사 등을 할 수 있다.
• 숨은선 제거와 복잡한 형상 표현이 가능하다.
• 표면적, 부피 및 관성모멘트 등을 계산할 수 있다.
• 실물과 근접한 3차원 형상의 모델을 만들 수 있다.
• 부품 간 간섭 검사를 할 수 있다.
• 서피스 모델러와 마찬가지로 가상적인 목업을 생성하고 실사화 할 수 있다.
• 많은 정보를 가지고 있고, 논리적으로 완전히 채워진 모델만 허용한다.(많은 정보를 가지고 있는 경우, 가상 메모리, 파일 크기, 속도 등에서 한계를 드러내는 경우가 많다.)

17 망간(Mn) : 고온에서 결정 성장을 방지하고 강의 점성을 증가시켜 주조성과 고온 가공성을 향상시킨다. 탄소강의 인성을 증가시키고, 열처리에 의한 변형을 감소시키며, 적열 취성을 방지한다.
※ 탄소강 중의 탄소 외의 원소의 영향
• 규소 강의 경도, 탄성한계, 인장강도를 증가시키며 연신율, 충격값, 전성, 가공성은 감소시키고 단접성을 해치고 주조성 (유동성)을 좋게 하며 결정입자의 크기를 증대시켜 거칠어진다.
• 망간 : 황과 화합하여 적열 취성을 방지하며 황의 해를 제거하고 고온가공을 용이하게 한다. 강도, 경도, 인성을 증가시키며 고온에 있어서는 결정입자의 성장을 방해한다. 소성을 증가시키고 주조성을 좋게 한다. 담금질효과를 크게 하여 탈산제로도 사용된다.
• 인 : 경도와 강도를 증가시키고 연신율이 감소되며 가공 시 편석 및 균열을 일으킨다. 상온 메짐성의 원인이 된다. 기포가 없는 주물을 만들 수 있고 절삭성이 좋아진다.
• 황 : 적열 상태에서는 메짐성이 커 적열 취성의 원인이 되며, 인장강도, 연신율, 충격값을 감소시킨다. 강의 용접성을 나쁘게 하며 강의 유동성을 해치고 기포를 발생시킨다. 망간과 화합하여 절삭성이 좋아진다.
• 구리 : 인장강도, 탄성한도를 증가시키고 내식성을 증가시킨다. 압연 시 균열의 원인이 된다.
• 가스 : 산소는 적열 메짐성의 원인이 되며 질소는 경도와 강도를 증가시키고 수소는 백점이나 헤어 크랙의 원인이 된다.

18 실온에서 탄성계수가 가장 작은 재료는?

① 납(Lead)

② 구리(Copper)

③ 알루미늄(Aluminum)

④ 마그네슘(Magnesium)

ANSWER 18.①

18 납의 늘어지는 특성만 알고 있으면 ①번이 답임을 바로 알 수 있다.

① 납(Lead) 0.17

② 구리(Copper) 1.25

③ 알루미늄(Aluminum) 0.72

④ 마그네슘(Magnesium) 0.45

재료	E	G	K	1/m = μ
	(kg/cm²×106)	(kg/cm²×106)	(kg/cm²×106)	(프와송 비)
철	2.15	0.83	1.75	0.28~0.3
연강(C 0.12~0.2%)	2.12	0.84	1.48	0.28~0.3
경강(C 0.4~0.5%)	2.09	0.84	1.36	0.28~0.3
주강	2.15	0.83	1.75	0.28~0.3
주철	0.75~1.30	0.29~0.40	0.6~1.73	0.2~0.3
니켈강(Ni 2~3%)	2.1	0.84	1.4	0.3
니켈	2.1	0.73	1.54	0.31
텅스텐	3.7	1.6	3.33	0.17
구리	1.25	0.47	1.22	0.34
인청동	1.34	0.43	3.84	
포금	0.95	0.4	0.51	0.187
황 동(7.3)	0.98	0.42	0.49	
알루미늄	0.72	0.27	0.72	0.34
듀랄루민	0.7	0.27	0.57	0.34
주석	0.55	0.28	0.18	0.33
납	0.17	0.078	0.07	0.45
아연	1	0.3	1	0.2~0.3
금	0.81	0.28	2.52	0.42
은	0.81	0.29	1.31	0.48
백금	1.7	0.62	2.2	0.39

19 구름 베어링의 호칭번호가 6208 C1 P2일 때, 옳은 것은?

① 안지름이 8mm이다.

② 단열 앵귤러 콘택트 볼베어링이다.

③ 정밀도 2급으로 매우 우수한 정밀도를 가진다.

④ 내륜과 외륜 사이의 내부 틈새는 가장 큰 것을 의미한다.

19 ① 안지름이 15mm이다.

② 형식기호가 6이면 단열 깊은 홈 볼베어링이다. (단열 앵귤러형 볼베어링의 형식기호는 7이다.)

④ C는 내부틈새를 나타내는 기호로서 C5, C4, C3, CN, C2, C1순으로 점점 틈새가 작아진다.

예를 들어 베어링번호가 "6902 ZZ"인 경우,

－첫째자리 : 베어링종류 / 6 → 단열 깊은 볼베어링

－둘째자리 : 치수기호(폭기호+직경기호) 0,1 : 특별 경하중용 2 : 경하중용 3 : 중간형

－셋째, 넷째자리 : 내경

－다음자리 : 보조기호 / ZZ → 양쪽면 쉴드 붙임

※ 베어링 종류번호
- 깊은 홈 볼베어링(단열) : 6
- 깊은 홈 볼베어링(복렬) : 4
- 스러스트 볼베어링(단식) : 5
- 스러스트 볼베어링(복식) : 5
- 스러스트 롤러베어링(원통롤러) : 8
- 스러스트 롤러베어링(자동조심롤러) : 2

※ 베어링 내경번호

내경이 10mm 미만인 것은 안지름치수를 안지름번호로 하며 내경이 20mm 이상 50mm 미만인 것은 5로 나눈 수를 안지름번호(2자리)로 한다.

번호	6	8	9	00	01	02	03	04
내경	6	8	9	10	12	15	17	20

- **6008C2P6**

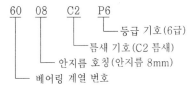

- **6012ZNR**

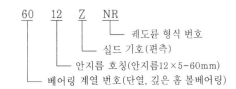

C는 내부틈새를 나타내는 기호로서 C5, C4, C3, CN, C2, C1순으로 점점 틈새가 작아진다.

P는 정밀도(공차등급)을 나타내며 0급, 6급, 5급, 4급, 2급이 있고 이 순서대로 점점 정밀도가 높아지며 이 중 2급이 가장 우수하다.

20 반도체 제조공정에서 기판 표면에 코팅된 양성 포토레지스트(Positive photoresist)에 마스크(Mask)를 이용하여 노광공정(Exposing)을 수행한 후, 자외선이 조사된 영역의 포토레지스트만 선택적으로 제거하는 공정은?

① 현상(Developing)

② 식각(Etching)

③ 에싱(Ashing)

④ 스트립핑(Stripping)

ANSWER 20.①

20 • 웨이퍼 가공 공정: 웨이퍼 산화(oxidation) → 감광액 도포(photoresist application) → 노광(photo exposure) → 현상 (developing) → 식각(etching) → 스트리핑(stripping) → 이온주입(ion implantation) → 박막증착(thin film) → 금속증착 (metallization) 등
  • 현상(Developing): 반도체 제조공정에서 기판 표면에 코팅된 양성 포토레지스트(Positive photoresist)에 마스크(Mask)를 이용하여 노광공정(Exposing)을 수행한 후, 자외선이 조사된 영역의 포토레지스트만 선택적으로 제거하는 공정
  • 식각(Etching): 웨이퍼에 그려진 회로패턴을 정밀하게 완성하는 공정이다. 식각이란 파낸다는 뜻인데 좀 더 자세히 설명하면 실리콘 산화막을 부식시켜서 파내는 것을 말한다. 산화막으로 코팅된 실리콘 웨이퍼는 다른 물질을 주입하거나 증착하기 위하여 필요한 부분만 선택적으로 산화막을 제거하여야 한다). 이와 같이 웨이퍼 표면의 물질 전체 또는 특정부위를 제거하는 공정을 식각 공정이라고 한다. 식각 공정은 크게 습식과 건식(플라스마 식각)으로 나뉜다.
  • 스트립핑(Stripping): 산화막 위에 남아 있는 PR층을 제거하는 공정으로 습식 및 건식 방식이 있다. 습식법은 일반적으로 유기산, 페놀(phenol), 염화탄화수소 화합물, 클로로벤젠(chlorobenzene) 등의 혼합물을 사용한다.
  • 에싱(Ashing): 혼합가스를 플라즈마로 발생시켜 포토레지스트를 제거하는 공정이다.

1 대표적인 구리합금 중 황동(brass)의 주성분은?

① Cu, Pb   ② Cu, Sn

③ Cu, Al   ④ Cu, Zn

2 2개 이상의 기계 부품을 결합할 수 있는 체결용 기계요소에 해당하지 않는 것은?

① 볼트(bolt) 및 너트(nut)

② 리벳(rivet)

③ 스프링(spring)

④ 키(key)

ANSWER 1.④ 2.③

1 황동의 주성분은 구리(Cu)와 아연(Zn)이며 청동의 주성분은 구리(Cu)와 주석(Sn)이다.

2 스프링은 제어용 기계요소이다.
- 결합(체결)용 기계요소 : 두 개 이상의 기계 부품을 결합하거나 고정할 때 사용하는 기계요소로 나사, 핀, 키 등이 있다.
- 전동용 기계요소 : 동력이나 운동을 전달할 때 사용하는 기계요소로, 마찰차, 기어, 벨트와 벨트 풀리, 체인과 스프로킷 등이 있다.
- 축용 기계요소 : 회전체의 중심을 고정하거나 축을 받쳐줄 때 사용하는 기계요소로, 축, 베어링, 클러치 등이 있다.
- 제어용 기계요소 : 기계의 제동 또는 진동의 완충에 사용하는 기계요소로, 브레이크, 스프링 등이 있다.
- 관용 기계요소 : 기체나 액체를 수송할 때 사용하는 기계요소로 관, 밸브 등이 있다.

3 드로잉된 컵의 벽 두께를 줄이고, 더욱 균일하게 만들기 위해 사용되는 금속성형공정은?

① 블랭킹(blanking)

② 엠보싱(embossing)

③ 아이어닝(ironing)

④ 랜싱(lancing)

4 내연기관의 주요 용어에 대한 설명으로 옳지 않은 것은?

① 행정 : 상사점과 크랭크축 사이의 거리

② 상사점 : 피스톤이 크랭크축으로부터 가장 멀리 위치하여 실린더 체적이 최소가 되는 위치

③ 행정체적 : 1행정 시 피스톤이 밀어낸 체적

④ 간극체적 : 피스톤이 상사점에 있을 때 실린더의 체적

3
- **아이어닝(ironing)** : 드로잉된 컵의 벽 두께를 줄이고, 더욱 균일하게 만들기 위해 사용되는 금속성형공정이다. 가공용기의 바깥지름보다 조금 작은 안지름을 가진 다이 속에 펀치로 가공품을 밀어 넣어서 밑바닥이 달린 원통용기의 벽두께를 얇고 고르게 하여 원통도를 향상시키고 그 표면을 매끄럽게 하는 가공법이다.
- **블랭킹(blanking)** : 프레스작업에서 다이 구멍 속으로 떨어지는 쪽이 제품이 되고, 남아있는 부분이 스크랩이 되는 가공 방법이다.
- **엠보싱(embossing)** : 재료의 두께에 변화를 주지 않고 비교적 얇은 새김이나 두드러지게 만드는 가공방법
- **랜싱(lancing)** : 산소 제강 등에서 용강중에 산소를 불어넣는 방법으로, 관의 노즐을 통해서 취입하는 조작이다.

4 행정은 실린더 내부에서 피스톤의 이동거리를 의미한다.

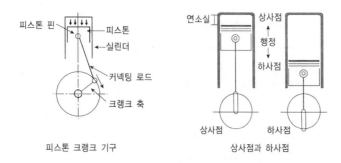

피스톤 크랭크 기구 상사점과 하사점

5 금속시편의 체적은 소성영역에서 일정하게 유지된다. 원기둥 형태의 최초 시편은 길이 l_0, 단면적 A_0, 직경 D_0를 갖고 있으며, 균일변형 중 시편의 길이가 l, 단면적이 A, 직경이 D일 때, 진변형률 식으로 옳지 않은 것은?

① $\ln\left(\dfrac{l}{l_0}\right)$

② $\ln\left(\dfrac{A_0}{A}\right)$

③ $2\ln\left(\dfrac{D_0}{D}\right)$

④ $\ln\left(\dfrac{D}{D_0}\right)$

6 금속의 열처리에 대한 설명으로 옳지 않은 것은?

① 풀림(annealing)은 금속을 적정 온도로 가열하고 일정시간 유지한 후 서서히 냉각함으로써 냉간가공되었거나 열처리된 재료를 원래 성질로 되돌리고, 잔류응력을 해소하기 위한 열처리 공정이다.

② 뜨임(tempering)은 경화된 강의 취성을 감소시키고 연성과 인성을 개선시켜 마르텐사이트(martensite) 조직의 응력을 완화하기 위한 열처리 공정이다.

③ 불림(normalizing)은 풀림과 유사한 가열, 유지조건에서 실시하지만, 과도한 연화를 막기 위해 공기 중에서 냉각하여 미세한 균질 조직을 얻음으로써 기계적 성질을 향상하는 열처리 공정이다.

④ 담금질(quenching)은 강을 가열하여 오스테나이트(austenite)로 상변화시킨 후 급냉하여 페라이트(ferrite) 조직으로 변태시켜 강을 강화하는 열처리 공정이다.

ANSWER 5.④ 6.④

5 진변형률을 나타내는 가장 기본적인 식은 $\ln\left(\dfrac{l}{l_0}\right)$이며 이 값은 $\ln\left(\dfrac{A_0}{A}\right)$, $2\ln\left(\dfrac{D_0}{D}\right)$과 같다.

진변형률은 대수변형률, 혹은 자연변형률이라고도 하며 정확한 뜻은 변형 중 발생한 미소한 변형률을 누적(적분)한 값을 의미한다. 이를 식으로 나타내면

$$\varepsilon = \int d\varepsilon = \int_0^l \frac{dL}{L} = [\ln L]_0^l = \ln L_l - \ln L_0 = \ln\frac{L_l}{L_0} = \ln\frac{A_0}{A_l} = 2\ln\frac{D_0}{D}$$

6 담금질(quenching)은 강을 고온가열하여 오스테나이트 상태로 만든 후 물이나 기름으로 급냉시켜 마르텐사이트 조직으로 변태시키는 공정이다. 이 처리를 통해 경도, 내마모성이 증가되고 신장률, 수축률은 감소한다.

7 미끄럼 베어링과 구름 베어링에 대한 설명으로 옳은 것은?

① 미끄럼 베어링 중에는 축 방향 하중과 반경 방향 하중을 동시에 지지할 수 있는 것이 있지만, 구름 베어링 중에는 없다.

② 구름 베어링은 진동 및 소음이 발생하기 쉬우나, 미끄럼 베어링은 잘 발생하지 않는다.

③ 미끄럼 베어링은 윤활에 주의할 필요가 없으나, 구름 베어링은 윤활에 주의할 필요가 있다.

④ 구름 베어링은 충격하중을 받는 곳에 주로 사용하고, 미끄럼 베어링은 정적인 회전부에 주로 사용한다.

8 일회용 플라스틱 병 또는 이와 유사한 용기와 같이 두께가 얇은 중공 플라스틱 제품 생산에 가장 널리 사용되는 방법은?

① 블로우성형(blow molding)

② 반응사출성형(reaction injection molding)

③ 캘린더링(calendering)

④ 수지전이성형(resin transfer molding)

7 ① 구름베어링 중에는 레이디얼 베어링 등 축방향하중과 반경방향 하중을 동시에 지지할 수 있는 베어링들이 있다.

③ 미끄럼 베어링은 윤활에 주의해야 하며 구름 베어링도 윤활에 신경을 써야 한다.

④ 구름 베어링은 충격에 약하며 저속회전에 적합하고 미끄럼 베어링은 충격에 강하다.

구분	구름 베어링	미끄럼 베어링
회전상태	고속회전에 부적당하고 저속회전에 적당하다.	고속회전에 유리하고 저속회전에 부적당하다.
구조	축과 베어링 하우징에 내외륜이 끼워지기 때문에 끼워맞춤에 주의해야 한다.	구조가 간단하다.
내충격성	충격에 약하다.	충격에 강하다.
소음 및 진동	볼과 궤도면의 정밀도에 따라 발생하기 쉽다.	유막상태가 좋아 발생이 적다.
마찰특성	마찰이 작다.	마찰이 크다.

8
• 블로우성형(blow molding) : 공기를 불어넣어(blow) 성형하는 방식으로서 중공성형, 취입성형이라고도 불린다. 두께가 얇은 용기나 속이 비어 있는 형상의 제작물을 만드는 데 적용된다. 압출블로우성형, 사출블로우성형, 사출스트레치 블로우성형 등이 있다.

• 반응사출성형(reaction injection molding) : 일반 사출성형공정이 단량체로부터 중합된 고분자를 다시 녹여 사출성형하는 방법으로 제품을 제조한다면 반응사출성형은 금형 내에서 단량체로부터 고분자로의 중합과 동시에 성형이 이루어지는 특수한 사출성형법이다.

• 캘린더링(calendering) : 캘린더는 금속으로 된 커다란 롤러를 말하며 롤러의 표면이 평활하면 직물의 표면도 평활하여지고 광택이 나타나게 된다. 또한 롤러의 표면에 무늬가 있으면 그것과 같은 무늬가 직물의 표면에도 압착되어 각인이 되는 효과를 낼 수 있다.

9 금속재료의 인장시험을 통해 얻어지는 응력−변형률 선도에 대한 설명으로 옳지 않은 것은?

① 공칭응력−공칭변형률 선도의 비례한도 내에서 응력과 변형률 사이의 관계는 선형적이며 직선의 기울기 값이 탄성계수이다.

② 변형경화가 발생하는 소재의 진응력−진변형률 선도에서 소성영역 부분을 log−log 척도로 나타내면 네킹(necking)이 발생할 때까지 선형적이다.

③ 재료의 연신율은 네킹이 일어난 시점에서의 공칭변형률과 같다.

④ 항복점은 응력−변형률 선도에서 확인이 어려울 경우 선형탄성직선에 평행하면서 0.2%의 변형률만큼 이동한 직선과 만나는 곳의 응력을 의미한다.

10 축의 가운데 지점에 한 개의 회전체가 결합되어 있다. 이 축이 회전할 때, 축의 진동에 따른 위험속도(1차 고유진동수)를 증가시키는 방법으로 가장 적절한 것은?

① 축의 길이를 증가시킨다.

② 회전체의 질량을 증가시킨다.

③ 축의 지름을 증가시킨다.

④ 탄성계수가 작은 소재로 축을 제작한다.

11 모듈이 2이고 압력각이 20°이며 잇수가 각각 40, 80인 한 쌍의 표준 평기어가 맞물려 있을 때, 축간 거리[mm]는?

① 40

② 80

③ 120

④ 240

··

ANSWER 9.③ 10.③ 11.③

9 재료의 연신율은 네킹이 일어난 시점에서의 공칭변형률보다 작은데 이는 네킹이 일어나면 단면적이 줄어들게 되어 동일한 하중에 대해 보다 큰 인장응력이 발생하게 되어 변형률이 증가하기 때문이다.

10 ① 축의 길이를 증가시키면 위험속도가 낮아지게 된다.
② 회전체의 질량을 증가시키면 위험속도가 낮아지게 된다.
④ 탄성계수가 작은 소재의 축을 사용하면 위험속도가 낮아지게 된다.

11 모듈은 피치원의 지름을 잇수로 나눈 값이다.

외접의 경우 중심거리(축간거리) $C = \dfrac{D_A + D_B}{2}$, 내접의 경우 $C = \dfrac{D_A - D_B}{2}$

외접의 경우이므로 $C = \dfrac{D_A + D_B}{2} = \dfrac{m(Z_A + Z_B)}{2} = \dfrac{2(40 + 80)}{2} = 120$

12 V벨트 전동 장치에 대한 설명으로 옳은 것만을 모두 고르면?

> ㉠ 운전이 조용하고 고속 운전이 가능하다.
> ㉡ 미끄럼이 적고 큰 회전 속도비를 얻을 수 있다.
> ㉢ 접촉 면적이 커서 큰 동력을 전달할 수 있다.
> ㉣ 엇걸기를 통하여 전달 동력을 증가시킬 수 있다.

① ㉠

② ㉠, ㉡

③ ㉠, ㉡, ㉢

④ ㉠, ㉡, ㉢, ㉣

13 버니어 캘리퍼스(vernier calipers)로 측정하는 것이 적절하지 않은 것은?

① 두께 15mm의 철판 두께

② M10 나사의 유효 지름

③ 지름 18mm인 환봉의 외경

④ 지름 30mm인 파이프 내경

ANSWER 12.③ 13.②

12 ㉣ V벨트 장치는 구조상 엇걸기를 할 수 없다.

※ V벨트 전동 장치
  • 운전이 조용하고 고속 운전이 가능하다.
  • 미끄럼이 적고 큰 회전 속도비를 얻을 수 있다.
  • 접촉 면적이 커서 큰 동력을 전달할 수 있다.
  • 운전이 원활하고 정숙하며 충격이 적다.
  • 끊어졌을 때 접합이 불가능하다.
  • 짧은 거리의 운전이 가능하며 2~5m까지 전동이 가능하다.
  • 벨트의 단면형상은 M, A, B, C, D, E형의 6종류가 있다.
  • 평벨트보다 전달하는 동력이 크다.
  • 사다리꼴 단면의 중앙을 통과하는 원둘레의 길이를 유효길이라고 한다.
  • 중심거리 조정장치를 이용하여 초기장력을 준다.

13 나사의 유효지름은 버니어캘리퍼스의 구조상 측정하기에 많은 무리가 따른다. 나사의 지름은 게이지계통의 측정기(표준게이지, 한계게이지, 센터게이지 등)를 주로 사용하여 측정한다.

※ 버니어 캘리퍼스
  계산자와 비슷하게, 고정된 어미자와 움직이는 아들자로 구성되어 아들자를 움직여 움직인 길이를 측정한다. 일반적인 길이 측정뿐 아니라 철판의 두께, 또는 틈 사이의 간격이나 파이프의 직경이나 내경, 파인 구멍의 깊이 따위도 측정할 수 있다. 재질은 스테인리스 재질이 대부분이고 길이는 주로 최대 측정 가능 치수가 150, 200, 300mm짜리이다.

14 Taylor 공구수명식[$VT^n = C$]에서 $n = 0.5$, $C = 400$인 경우, 절삭속도를 50% 감소시킬 때 공구수명의 증가율[%]은?

① 50

② 100

③ 200

④ 300

15 유압시스템에 사용되는 작동유의 점도가 너무 높을 때 발생하는 현상으로 옳지 않은 것은?

① 마찰에 의하여 동력 손실이 증가한다.

② 오일 누설이 증가한다.

③ 관내 저항에 의해 압력이 상승한다.

④ 작동유의 비활성화로 인해 응답성이 저하된다.

....

ANSWER 14.④ 15.②

14 문제에서 주어진 조건을 식에 대입하면 $VT^{1/2} = 400$

여기에 V 대신 0.5V를 대입하면 $(0.5V)T_{0.5V}^{1/2} = 400$을 만족시키는

$T_V^{1/2} = \dfrac{400}{V}$ 이며 $T_{0.5V}^{1/2} = \dfrac{400}{0.5V} = \dfrac{800}{V}$ 이므로

$T_{0.5V}^{1/2} = 2T_V^{1/2}$ 가 되며 양변을 제곱하면

$T_{0.5V} = 4T_V$ 가 되므로 V일 때의 공구수명의 4배가 되므로 본래의 공구수명에서 300%가 더 증가하므로 공구수명의 증가율은 300%가 된다.

15 오일누설의 증가는 작동유의 점도가 낮을 때 발생한다.
- 작동유의 점도가 높은 경우 : 내부마찰의 증가, 온도의 상승, 작동유의 비활성화로 인해 응답성이 저하됨, 유압계통 내의 압력 손실이 증가됨, 동력소비량이 증가됨
- 작동유의 점도가 낮은 경우 : 내외부로의 누설이 증가됨, 펌프의 소음이 증가함, 공동현상이 발생할 수 있음, 윤활개소의 마모가 증대됨

16 방전와이어컷팅에 대한 설명으로 옳지 않은 것은?

① 와이어 재료로는 황동 혹은 텅스텐 등이 사용된다.

② 방전가공과 달리 방전와이어컷팅에는 절연액이 필요하지 않다.

③ 전극와이어와 피가공물 사이의 전기방전 시 나오는 열에너지에 의해 절단이 이루어진다.

④ 재료가 전기도체이면 경도와 관계없이 가공이 가능하고 복잡한 형상의 가공도 가능하다.

17 연삭숫돌에 대한 설명으로 옳지 않은 것은?

① 연삭숫돌의 연마재 입자크기가 크면 표면거칠기가 좋아지고, 소재제거율이 커진다.

② 연삭숫돌 표면의 마모된 입자들을 조정하여 날카로운 입자들로 새롭게 생성하기 위한 공정을 드레싱 (dressing)이라고 한다.

③ 연삭숫돌을 날카롭게 할 뿐만 아니라 숫돌의 원형 형상과 직선 원주면을 복원하는 공정을 트루잉 (truing)이라고 한다.

④ 연삭숫돌의 결합제는 연마입자들을 결합시켜 연삭숫돌의 형상과 조직을 형성한다.

ANSWER 16.② 17.①

16 방전와이어컷팅은 방전가공의 전극을 단지 와이어로 바꾼 것이므로 절연액이 반드시 필요하다.

17 연삭숫돌의 연마재 입자크기가 크면 소재제거율은 증가하나 표면거칠기는 나빠지게 된다.

18 인베스트먼트 주조에 대한 설명으로 옳지 않은 것은?

① 왁스로 만들어진 모형 패턴은 주형을 만들기 위해 내열재로 코팅된다.

② 용융금속이 주입되어 왁스와 접촉하는 순간 왁스 모형 패턴은 녹아 없어진다.

③ 로스트왁스공정이라고도 하며 소모성주형 주조공정이다.

④ 정밀하고 세밀한 주물을 만들 수 있는 정밀주조공정이다.

ANSWER 18.②

18 왁스는 주형재를 부착시켜 굳인 후 가열하여 제거하며 이후 쇳물을 주입한다. 따라서 용융금속을 주입할 때는 이미 왁스가 제거된 이후이다.

※ 인베스트먼트 주조법

왁스와 같은 재료로 모형을 만들고, 여기에 주형재를 부착시켜 굳힌 후 가열하여 왁스를 녹여서 제거하고, 여기에 쇳물을 주입하여 주물을 만드는 방법으로서 주물의 치수가 정확하고 표면이 깨끗하여 복잡한 형상을 만드는 데 사용하는 주조법이다.

• 복잡하고 세밀한 제품을 주조할 수 있다.
• 주물의 표면이 깨끗하며 치수정밀도가 높다.
• 기계가공이 곤란한 경질합금, 밀링커터 및 가스터빈 블레이드 등을 제작할 때 사용한다 .
• 모든 재질에 적용할 수 있고, 특수합금에 적합하다.
• 패턴(주형)은 파라핀, 왁스와 같이 열을 가하면 녹는 재료로 만든다.
• 패턴(주형)은 내열재로 코팅을 해야 한다.
• 사형주조법에 비해 인건비가 많이 든다.
• 생산성이 낮으며 제조원가가 다른 주조법에 비해 비싸다.
• 대형주물에서는 사용이 어렵다.

19 냉동기 주요 장치들의 역할을 순환 순서대로 바르게 나열한 것은?

> ㉠ 토출된 고온, 고압 냉매 가스의 열을 상온의 공기 중에 방출하여 냉매액으로 응축시킴
> ㉡ 증발한 저온, 저압의 기체 냉매를 흡입 · 압축하여 압력을 상승시킴
> ㉢ 저온, 저압의 습증기(액체+증기)를 증기 상태로 증발시킴
> ㉣ 고온, 고압의 액체를 좁은 통로를 통해서 팽창시켜 저온, 저압의 냉매액과 증기의 혼합 매체를 만듦

① ㉠→㉡→㉣→㉢ ② ㉡→㉠→㉣→㉢
③ ㉢→㉠→㉡→㉣ ④ ㉣→㉡→㉠→㉢

20 쾌속조형(RP, rapid prototyping)공정에 대한 설명으로 옳지 않은 것은?

① STL(stereolithography)은 광경화성 액체 고분자 재료에 레이저 빔을 직접 주사하여 고체 고분자로 각 층을 경화시켜 플라스틱 부품을 제작하는 공정이다.
② FDM(fused-deposition modeling)은 가열된 압출헤드를 통해 왁스 또는 폴리머 재료의 필라멘트를 필요한 위치에 녹여 공급하는 방법으로 모델의 각 층을 완성하는 공정이다.
③ SLS(selective laser sintering)는 이동하는 레이저 빔을 이용하여 열 용융성 분말을 소결시키는 형태로 한 층을 형성하고 이를 적층하여 고형의 제품을 만드는 공정이다.
④ EBM(electron-beam melting)은 층으로 슬라이싱된 CAD 모델의 단면 형상대로 외곽선을 잘라 낸 시트 소재를 층층이 쌓아 올려 물리적 모델을 제작하는 공정이다.

ANSWER 19.② 20.④

19 냉동기의 사이클은 '압축→응축→팽창→증발'이므로 ㉡→㉠→㉣→㉢이 된다.
- 압축기 : 증발한 저온, 저압의 기체 냉매를 흡입 · 압축하여 압력을 상승시킴(㉡)
- 응축기 : 토출된 고온, 고압 냉매 가스의 열을 상온의 공기 중에 방출하여 냉매액으로 응축시킴(㉠)
- 팽창기 : 고온, 고압의 액체를 좁은 통로를 통해서 팽창시켜 저온, 저압의 냉매액과 증기의 혼합 매체를 만듦(㉣)
- 증발기 : 저온, 저압의 습증기(액체 + 증기)를 증기 상태로 증발시킴(㉢)

20 전자빔 용융방식 EBM(electron-beam melting)은 SLS(selective laser sintering)와 유사한 방식으로서 레이저 대신 전자빔을 쏘아서 티타늄이나 코발트크롬 분말을 녹여 금속 제품을 만드는 방법으로, 스테인리스강이나 알루미늄 합금 등에도 적용이 시도되고 있다.
층으로 슬라이싱된 CAD 모델의 단면 형상대로 외곽선을 잘라 낸 시트 소재를 층층이 쌓아 올려 물리적 모델을 제작하는 공정은 LOM(Laminated Object Manufacturing)방식이다.

1 용접기나 공작기계를 이용한 작업 시, 안전 주의사항에 대한 설명으로 옳은 것은?

① 선반 작업 : 절삭 작업 중에 장갑을 착용해서는 안 된다.

② 연삭 작업 : 회전하는 숫돌을 쇠망치로 강하게 타격하여 숫돌의 파손 여부를 확인한다.

③ 밀링 작업 : 주축 회전수 변환은 주축의 이송 중에 수행한다.

④ 아크 용접 작업 : 밀폐된 작업 공간에서는 KF94 마스크를 착용한다.

2 기하공차와 기호의 연결이 옳지 않은 것은?

① 온 흔들림 – ⟋⟋↗   ② 원통도 – ⌀

③ 동심도 – ◎   ④ 대칭도 – //

....

ANSWER 1.① 2.④

1 절삭 작업 중 장갑을 착용하면 장갑이 기계에 말려들어갈 때 손을 뺄 수 없는 위험이 있으며 미끄럼이 발생할 우려도 있으므로 착용을 금한다.

2

형체	공차의 종류	공차의 종류	기호	형체	공차의 종류	공차의 종류	기호
단독 형체	모양공차	진직도 공차	▬	관련 형체	자세공차	평행도 공차	⟋⟋
		평면도 공차	▱			직각도 공차	⊥
		진원도 공차	○			경사도 공차	∠
		원통도 공차	⌀		위치공차	위치도 공차	⊕
		선의 윤곽도 공차	⌒			동축도 공차 또는 동심도 공차	◎
		면의 윤곽도 공차	⌓			대칭도 공차	═
					흔들림공차	원주 흔들림 공차	↗
						온 흔들림 공차	⟋⟋↗

3 산업용 로봇에서 링크, 기어, 조인트 등을 사용하여 인간의 팔과 손목 움직임을 구현하는 것은?

① 엔드 이펙터(end effector)

② 머니퓰레이터(manipulator)

③ 동력원(power source)

④ 제어시스템(control system)

4 일반적으로 압전 세라믹 소재가 적용된 부품이 아닌 것은?

① 광섬유

② 음향 마이크

③ 스트레인 게이지

④ 수중 음파 탐지기

ANSWER 3.② 4.①

3 산업용 로봇을 구성하는 세 가지 기본 요소는 기계적 동작을 하는 머니퓰레이터 (Manipulator), 세어장치(Controller), 전원부 (Power Supply)이다. 이 중 머니퓰레이터는 산업용 로봇에서 링크, 기어, 조인트 등을 사용하여 인간의 팔과 손목 움직임을 구현하는 부분이다.

머니퓰레이터를 구성하는 부분 중 손(Hand)은 작업 대상물을 잡거나 주어진 작업을 실제로 수행하는 역할을 한다. 손은 기능에 따라 그리퍼(Gripper), 엔드이펙터(End-Effector)로 구분하기도 한다. 그리퍼는 손가락 또는 손 전체로 물건을 잡는 일을 할 경우에 사용되는 집게 모양의 로봇손을 말하고, 엔드이펙터는 그리퍼를 포함한 각종 공구를 로봇손의 위치에 부착하여 손 대신 사용하는 경우에 일컫는다.

4 광섬유는 압력이 가해진다고 하여 전기를 발생시키지 않으며 주로 빛의 속도로 신호를 전달하기 위한 광선로에 사용된다.

※ 압전세라믹소자 … 압전성을 띤 세라믹 물질. 특히 지르콘 티탄산 납 계통의 세라믹이나 투광성 세라믹스 따위를 사용한 물질이다. 압전 착화 소자, 초음파 진동자, 기계적 진동자, 음향 마이크, 스트레인 게이지, 수중 음파탐지기 등에 사용된다.

5 내열성이 좋으며 고온강도가 커서, 내연기관의 실린더나 피스톤 등에 많이 사용되는 것은?

① 인바

② Y 합금

③ 6 : 4 황동

④ 두랄루민

6 스테인리스강에 대한 설명으로 옳지 않은 것은?

① 크롬계와 크롬−니켈계 등이 있다.

② 석출경화형계는 성형성이 향상되나 고온강도는 저하된다.

③ 크롬을 첨가하면 내부식성이 우수해진다.

④ 나이프, 숟가락 등의 일상용품과 화학공업용 기계설비 재료로 사용된다.

5   ② Y합금 : Cu 4%, Ni 2%, Mg 1.5% 정도이고 나머지가 Al인 합금. 내열용(耐熱用) 합금으로서 뛰어나고, 단조, 주조 양쪽에 사용된다. 주로 쓰이는 용도는 내연 기관용 피스톤이나 실린더 헤드 등이다.

① 인바 : 니켈(Ni) 36%, 탄소(C) 0.02% 이하, 망간(Mn) 0.4% 정도를 함유하는 Fe-Ni 합금으로서 상온에서 열팽창계수가 매우 적고 내식성이 대단히 좋으므로 줄자, 정밀 기계부품, 시계추, 바이메탈 등에 사용된다.

③ 6 : 4황동 : 문쯔메탈이라고도 하며 알파 고용체와 베타 고용체가 합쳐진 것으로 인장 강도가 높아 기계부품 소재로 사용되나 전연성이 낮고 상온가공성이 좋지 않다.

④ 두랄루민 : 대표적인 단조용 알루미늄 합금으로서 Al-Cu-Mg-Mn계 합금으로서 고강도 재료이며 항공기 등에 주로 사용된다.

6   석출경화형 스테인리스강은 오스테나이트계와 마텐자이트계의 결점을 없애고 이들의 장점을 겸비하게 만든 강이다.

7 강의 공석변태와 조직에 대한 설명으로 옳지 않은 것은?

① 시멘타이트의 탄소 함유량은 6.67 %이다.

② 페라이트와 시멘타이트의 혼합 조직은 마르텐사이트다.

③ 공석 반응점에서 오스테나이트가 페라이트와 시멘타이트로 변한다.

④ 0.77 % 탄소강을 A_1 변태온도 이하로 냉각하면 발생한다.

8 잔류응력(residual stress)에 대한 설명으로 옳지 않은 것은?

① 소재의 불균일 변형으로 발생한다.

② 추가적인 소성변형을 통하여 제거하거나 감소시킬 수 있다.

③ 외력이 제거된 상태에서 내력의 정적 평형조건이 만족하도록 분포된다.

④ 표면의 압축 잔류응력은 소재의 피로수명과 파괴강도를 저하시킨다.

ANSWER 7.② 8.④

7 마르텐사이트는 펄라이트(pearlite) 상태의 강을 오스테나이트(austenite) 상태까지 가열하여 급랭할 경우 발생하는, 페라이트와 시멘타이트가 층을 이루는 조직이다.

※ 펄라이트 … 탄소 함유량이 0.77%인 강을 오스테나이트 구역으로 가열한 후 공석변태온도 이하로 냉각시킬 때, 페라이트와 시멘타이트의 조직이 층상으로 나타나는 조직이다.

※ 마르텐사이트
 • 오스테나이트화된 철-탄소 합금이 비교적 낮은 온도까지(상온부근)까지 급랭될 때 형성된다.
 • 담금질할 때 생기는 준안정한 상태이다.
 • 강도가 매우 높으며 경도가 열처리 조직 중 최고이나 취성이 있다.
 • 강자성체이며 내식성이 크다.

8 표면의 압축 잔류응력은 소재의 피로수명과 파괴강도를 증가시키는데 이는 외부에서 가해지는 인장력에 대하여 저항하기 때문이다.

9 용적식 펌프로 분류되지 않는 것은?

① 터빈 펌프

② 기어 펌프

③ 베인 펌프

④ 피스톤 펌프

10 적시 생산방식(just-in-time production)의 특징이 아닌 것은?

① 주문이 있을 때 부품과 제품을 생산하는 수요시스템(pull system)이다.

② 무재고 생산 또는 반복되는 대량생산 공정에 효과적이다.

③ 재고 운반 비용은 늘어나지만 부품검사와 재작업 필요성은 감소한다.

④ 생산을 허가하는 생산카드와 다른 작업장으로 운반을 허가하는 이송카드를 사용한다.

11 축의 치수가 $\phi100^{+0.15}_{+0.1}$ mm이고 구멍의 치수가 $\phi100^{+0.07}_{0}$ mm인, 축과 구멍의 끼워맞춤 종류는?

① 헐거운끼워맞춤

② 중간끼워맞춤

③ 억지끼워맞춤

④ IT끼워맞춤

ANSWER 9.① 10.③ 11.③

9 터빈펌프는 터보형 원심력식 펌프에 속한다.

형식	작동방식	종류
터보형	원심력식	원심펌프 – 볼류트 펌프(volute pump), 터빈 펌프(디퓨저 펌프)
		축류 펌프, 사류 펌프
		마찰펌프
용적형	왕복동식	피스톤 펌프, 플런저 펌프, 다이어프램 펌프
	회전식	기어 펌프, 나사 펌프, 루츠 펌프, 베인 펌프, 캠 펌프
특수형		기포 펌프, 제트 펌프, 수격 펌프, 와류 펌프, 진공 펌프, 점성 펌프, 전자 펌프

10 적시생산방식은 재고가 줄어들게 되므로 운반비용이 감소하게 된다.

11 축의 치수가 구멍의 치수보다 최소, 최댓값이 더 크므로 억지끼워맞춤이 된다.

• **헐거운끼워맞춤**(clearance fit) : 구멍의 최소 허용 치수가 축의 최대 허용 치수보다 큰 경우, 쉽게 말해서 구멍이 축보다 큰 경우이다. 따라서 항상 틈새가 생긴다.

• **억지끼워맞춤**(interference fit) : 구멍의 최대 허용 치수가 축의 최소 허용 치수보다 작은 경우, 즉 구멍이 축보다 작은 경우이다. 항상 죔새가 생긴다.

• **중간끼워맞춤**(transition fit) : 축, 구멍의 치수에 따라 틈새 또는 죔새가 생기는 끼워맞춤이다.

12 자동차 엔진에서 피스톤의 왕복 운동을 회전 운동으로 바꾸는 기계부품은?

① 차축

② 스핀들

③ 크랭크축

④ 플렉시블축

13 선반 가공에서 발생하는 연속칩에 대한 설명으로 옳지 않은 것은?

① 취성이 높은 재료를 낮은 절삭속도로 가공할 때 발생한다.

② 연속칩이 생기는 경우 일반적으로 표면 거칠기 값이 작아진다.

③ 연속칩이 발생하면 칩이 공구에 감기는 문제가 발생할 수 있다.

④ 공구와 칩 사이의 마찰이 작으면 연속칩이 발생하기 쉽다.

ANSWER 12.③ 13.①

12 크랭크축은 자동차 엔진에서 피스톤의 왕복 운동을 회전 운동으로 바꾸는 기계부품이다.

13 연속형칩은 공작물의 재질이 연하고 신축성이 크며 소성변형이 쉬운 재료, 인성이 큰 재질일 때 주로 발생한다.

- **유동형(연속형) 칩**: 칩이 공구의 경사면 위를 유동하는 것과 같이 원활하게 연속적으로 흘러 나가는 형태로서 칩 발생시 연속적인 미끄럼 파괴에 의해 절삭되어 길게 연속적 코일모양으로 되며, 절삭면의 변동이 없고 진동이 적으며, 가공면이 깨끗하고 절삭작용이 원활하고, 신축성이 크고 소성변형이 쉬운 재료에 적합하다.
- **전단형 칩**: 칩이 원활히 흐르지 못하고 칩을 밀어내는 압축력이 축적되어야 분자사이의 미끄럼 간격이 커진다. 불연속적인 미끄럼에 의해 나타나므로 유동형과 균열형의 중간에 속하는 형태이며 절삭저항은 한 개의 칩이 발생할 때마다 변동하여, 가공면이 매끄럽지 못하다. 연한 재질의 공작물을 작은 경사각으로 저속가공할 때 생긴다.
- **열단형 칩**: 공구의 날 끝보다 날의 아래쪽에 균열이 발생되면서 절삭이 되는 형태로서 재료가 공구전면에 접착하여 공구의 상면을 미끄러져 나가지 못하여 아래 방향에 균열이 발생하여 가공면이 나쁘다.
- **균열형 칩**: 균열의 발생은 열단형과 같으나 순간적으로 공구의 날 끝 앞에서 일감의 표면을 향해 균열이 생기고 이것이 칩이 된다. 칩 발생시의 진동으로 절삭력의 변동이 크며 가공면이 매우 불량하다.

14 선삭용 단인 공구의 여유각에 대한 설명으로 옳은 것은?

① 칩 유동 방향과 공구 끝단의 강도를 조절한다.

② 양의 여유각은 절삭력과 절삭온도를 감소시킨다.

③ 공구강도와 절삭력에 영향을 미친다.

④ 공구와 공작물의 접촉 부위에서 간섭과 마찰에 영향을 준다.

15 형단조에서 예비성형을 하는 목적으로 옳지 않은 것은?

① 후속 단조공정에서 금형 마모를 줄이기 위해서

② 후속 단조공정에서 제품의 품질을 향상시키는 단류선을 얻기 위해서

③ 후속 단조공정에서 플래시로 빠져나가는 재료의 손실을 최소화하기 위해서

④ 후속 단조공정에서 변형률 속도(strain rate)를 높여 유동응력을 줄이기 위해서

ANSWER 14.④ 15.④

14

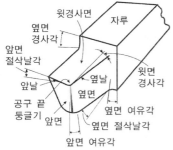

- 경사각 : 절삭력에 영향을 주며 이 각이 클 때 절삭저항은 감소하지만 날끝이 약해진다.
- 여유각 : 바이트와 공작물과의 상대 운동 방향과 바이트 측면이 이루는 각으로서 공구와 일감의 접촉을 방지하기 위한 각이다. 바이트 날이 물체와 닿는 면적을 줄여 물체와의 마찰을 감소시키고 날 끝이 공작물에 파고들기 쉽게 해주는 기능을 한다. (공구와 공작물의 접촉부위에서 간섭과 마찰에 영향을 줄 수 있는 부분이다.) 여유각을 너무 많이 주게 되면 그 만큼 날끝의 강도는 약해지므로 주의가 필요하다.
- ※ 밀링 커터에는 가공하는 일감의 형태에 따라 여러 가지 모양, 치수, 재질의 것이 있으며, 여러 개의 날을 갖는 다인공구를 사용하여 선반 등의 단인공구(주절삭날이 1개인 공구) 보다는 우수한 절삭 성능을 나타낸다.

15 변형률 속도를 높게 되면 변형이 쉽게 이루어지게 되어 성형이 어렵게 된다.

16 결합용 기계요소인 핀(pin)에 대한 설명으로 옳지 않은 것은?

① 키 대신 사용되기도 하고, 코터가 빠져나오지 못하도록 고정하거나 부품의 위치를 결정하는 데 사용된다.

② 분할핀은 너트의 풀림 방지용으로 사용된다.

③ 주로 인장하중을 받아 파괴되며, 인장강도 설계가 중요하다.

④ 평행핀, 테이퍼핀, 분할핀 등이 있다.

17 수평으로 설치된 평벨트 전동장치에 대한 설명으로 옳지 않은 것은?

① 벨트와 작은 풀리의 접촉각이 증가하면 최대 전달동력이 증가한다.

② 바로걸기의 경우, 장력 차로 인한 접촉각 감소를 방지하기 위해 긴장측이 위쪽에 위치하도록 회전 방향을 결정한다.

③ 가죽 평벨트를 사용하는 경우, 속도비를 일정하게 유지하기 어렵다.

④ 축 중심 간 거리가 먼 경우, 고속으로 벨트전동을 하면 플래핑(flapping) 현상이 발생할 수 있다.

18 사출성형에 대한 설명으로 옳지 않은 것은?

① 게이트는 용융 수지가 금형 공동으로 주입되는 입구이며, 하나의 금형 공동은 복수의 게이트를 둘 수 있다.

② 성형품의 수축결함을 방지하기 위해 사출 압력을 증가시키고, 성형 온도는 감소시킨다.

③ 열가소성 수지뿐 아니라 열경화성 수지를 이용한 제품 생산에도 사용될 수 있다.

④ 금형 내부에는 고온의 수지를 식히기 위한 냉각라인이 있다.

ANSWER 16.③ 17.② 18.②

16 결합용 기계요소인 핀(pin)은 주로 전단하중을 받으므로 전단강도 설계가 중요하다.

17 바로걸기의 경우, 장력 차로 인한 접촉각 감소를 방지하기 위해 긴장측이 아래쪽, 이완측이 위쪽에 위치하도록 회전 방향을 결정한다.
플래핑(flapping) : 벨트가 파닥파닥 소리를 내며 파도치듯 흔들리는 것

18 성형온도를 낮게 되면 성형품 내부의 기포나 공극 등이 제거가 되지 않거나 표면과 내부의 온도차 등에 의한 균열 등이 발생할 수 있다.

19 미끄럼 베어링 재료의 요구사항으로 옳은 것은?

① 축과 베어링 사이로 흡입된 작은 외부 입자들은 베어링 표면에 흡착되거나 박힐 수 있어야 한다.

② 유막 형성을 억제하여 낮은 마찰력을 제공하여야 한다.

③ 열응력을 최소화하기 위해 낮은 열전도율을 가져야 한다.

④ 일반적으로 축 재료보다 높은 탄성계수를 가져야 한다.

20 표면 공정 작업에 대한 설명으로 옳지 않은 것은?

① 무전해도금법(electroless plating)은 외부 전류 없이 화학적 반응만으로 도금하는 것으로, 복잡한 형상의 부품에서도 균일한 도금 두께를 얻을 수 있다.

② 아노다이징(anodizing)은 전해공정을 통해 산화피막을 가공물에 형성하는 것으로, 알루미늄 표면의 내식성이 향상된다.

③ 스퍼터링(sputtering)은 원하는 증착재료를 고온 가열하여 기화시켜 가공물의 표면에 증착하는 방법이다.

④ 유기코팅의 방법 중 딥코팅(dip coating)은 부품을 액상 코팅 물질이 담긴 탱크에 담그고 꺼내는 공정으로 수행된다.

ANSWER 19.① 20.③

19 미끄럼 베어링 재료의 요구사항
- 축과 베어링 사이로 흡입된 작은 외부 입자들은 베어링 표면에 흡착되거나 박힐 수 있어야 한다.
- 일반적으로 축 재료보다 연해야 하므로 낮은 탄성계수를 가져야 한다.
- 미끄럼베어링에서 끝부분에 모서리를 따는 목적은 유막의 끊김을 방지하기 위한 것이다.
- 피로강도가 우수해야 하며 면압강도 및 축압강도가 우수해야 한다.
- 열전도율을 크게 하여 열의 집중을 막아 과열과 열응력의 증가를 방지해야 한다.
- 마모방지를 위해 유막이 충분히 형성되어야 하며 윤활장치가 요구된다.

20 스퍼터링(sputtering)은 기화과정이 없는 표면증착법이다.
  ※ 스퍼터링(sputtering) … 증발기술이 없는 물리적 증착방법으로서 집적회로 생산라인 공정에서 많이 쓰이는 진공 증착법의 일종으로 비교적 낮은 진공도에서 플라즈마를 이온화된 아르곤 등의 가스를 가속하여 타겟에 충돌시키고 원자를 분출시켜 웨이퍼나 유리 같은 기판상에 막을 만드는 방법이다. 고 융점 금속 및 화합물을 포함하는 다양한 전도성 물질을 증착 시키는데 사용될 수 있다.

1 순철에 대한 설명으로 옳지 않은 것은?

① 연성이 좋다.

② 탄소의 함유량이 1.0% 이상이다.

③ 변압기와 발전기의 철심에 사용된다.

④ 강도가 낮아 기계구조용 재료로 적합하지 않다.

2 레이놀즈수를 계산할 때 사용되지 않는 변수는?

① 유체의 속도

② 유체의 밀도

③ 유체의 점도

④ 유체의 열전도도

ANSWER 1.② 2.④

1 순철은 철(Fe)에 포함되어 있는 탄소 함유량이 0.02% 이하인 철을 말한다.

※ 순철의 특징

• 탄소함량이 0.02% 이하로 낮아 강도가 약하므로 기계재료로서는 부적합하다.

• 항장력이 낮고 투자율이 높아 변압기나 발전기용 철심에 사용된다.

• 전성과 연성이 풍부하다.

• 단접성과 용접성이 좋다.

• 유동성 및 열처리성이 불량하다.

2 레이놀즈수 $Re = \dfrac{VD}{\nu} = \dfrac{\text{속도} \cdot \text{변위}}{\text{동점성계수}} = \dfrac{\text{관성력}}{\text{점성력}}$ 이며

동점성계수(dynamic viscosity)는 점성계수(viscosity)를 밀도(density)로 나눈 값이며, 층류와 난류를 구분하는 척도로 사용된다. 따라서 유체의 열전도도는 레이놀즈수 산정 시 고려하지 않는다.

3 다음 특징을 가진 동력전달용 기계요소는?

> • 초기장력을 줄 필요가 없다.
> • 일정한 속도비를 얻을 수 있다.
> • 유지보수가 간단하고 수명이 길다.
> • 미끄럼 없이 큰 힘을 전달할 수 있다.

① 벨트

② 체인

③ 로프

④ 마찰차

4 선반가공에서 공작물의 지름이 40mm일 때, 절삭속도가 31.4m/min이면, 주축의 회전수[rpm]는? (단, 원주율은 3.14이다)

① 2.5

② 25

③ 250

④ 2500

ANSWER 3.② 4.③

3 주어진 특성을 모두 가진 기계요소는 체인이다.
  • 벨트와 로프는 미끄럼이 발생할 수 있으며 초기장력이 요구된다.
  • 마찰차는 일정한 속도비를 얻을 수 없다.
  ※ 마찰차의 특징
  • 운전이 정숙하다.
  • 전동의 단속이 무리없이 진행된다.
  • 효율은 떨어진다.
  • 무단 변속하기 쉬운 구조로 할 수 있다.
  • 일정 속도비를 얻을 수 없다.
  • 과부하시 미끄럼에 의해 다름 부분의 손상을 방지할 수 있다.

4 $N = \dfrac{1,000\,V}{\pi D} = \dfrac{1,000[31.4\text{m/min}]}{3.14 \cdot 40[\text{mm}]} = 250[\text{rpm}]$

  N은 주축의 회전수, V는 절삭속도, D는 공작물의 지름이다.

5 용접할 두 표면을 회전공구로 강하게 문지를 때 발생하는 마찰열을 이용하여 접합하는 방법은?

① 초음파용접(ultrasonic welding)
② 마찰교반용접(friction stir welding)
③ 선형마찰용접(linear friction welding)
④ 관성마찰용접(inertia friction welding)

6 주조과정에 대한 설명으로 옳지 않은 것은?

① 주형에 용융금속을 주입한 후 응고시키는 과정을 거친다.
② 탕구계를 적절히 설계하면 완성 주물의 결함을 최소화할 수 있다.
③ 미스런(misrun)이나 탕경(cold shut)과 같은 결함이 발생하면 주입온도를 낮춘다.
④ 용융금속에 포함된 불순물들은 응고과정에서 반응하거나 배출되면서 주물결함을 일으킬 수 있다.

ANSWER 5.② 6.③

5 마찰교반용접(friction stir welding) … 용접할 두 표면을 회전공구로 강하게 문지를 때 발생하는 마찰열을 이용하여 접합하는 방법

ㄱ 마찰용접의 정의와 특징
- 용접하고자 하는 두 재료를 마찰용접기에 물려 한 쪽은 고정시켜두고 다른 한 쪽을 고속으로 회전시켜 발생하는 마찰열로 접촉면과 그 주위를 연화시켜 마찰용접 온도에 도달하면 상대운동을 정지시킨 후 단조가압하여 2개의 재료를 접합시키는 일종의 고상용접법이다.
- 마찰 열원만으로 두 소재의 심부에서부터 외경까지 완전 접합할 수 있다.
- 이종금속 외 비철금속의 이종재 접합이 가능하다.
- 용접재현성, 정밀도 우수하고 이산화탄소 배출량이 적다.
- 스패터나 흄 등을 방출하지 않는다.
- 접합면을 제외한 부분에서 열 생성이 적다.
- 너무 길거나, 부피가 크거나, 무거운 재료는 용접부를 회전시키기 어려워 용접이 불가능하다.

ㄴ 마찰용접의 종류
- 회전 마찰 용접(Rotary Friction Welding) : 압축 축력과 높은 회전 속도를 이용한 마찰 용접법
- 선형 마찰 용접(Linear Friction Welding) : 선형 왕복운동을 통해 높은 압축력으로 상대물과 고속 진동을 이용한 마찰 용접법
- 마찰 교반 용접(Friction Stir Welding) : 특수한 tool을 이용하여 마찰로 연화된 금속을 선형으로 이동하며 교반함으로써 결합시키는 용접법

6
- 미스런은 쇳물이 주형 공동을 다 채우지 못하고 빈 공간을 남기는 것을 말한다. 탕경(콜드셧)은 주형 공동 속에서 쇳물의 두 표면이 적절히 합쳐지지 못하여 약한 지점을 남기는 것을 말한다. 이 둘 모두 쇳물의 유동성이 부족하거나, 주형 공동의 단면이 너무 가늘 때 발생한다. 유동성은 쇳물의 화학적 조성을 변경하거나 주입 온도를 높임으로써 개선될 수 있다.
- 미스런과 탕경(콜드셧)은 서로 밀접하게 관련되어 있으며 둘 모두 쇳물이 주형 공동을 완전히 채우기 전에 응고되어 버리는 현상을 포함한다. 이 같은 유형의 결함은 그 주변의 강도가 필요보다 현저히 약해지기 때문에 심각한 문제가 된다.
- 주조 결함이란 금속 주조 공정에 있어서의 바람직하지 못한 불균일성을 말한다. 어떤 결함들은 감수되거나 수정될 수 있는 반면, 다른 어떤 결함들은 제거되어야만 한다. 주조 결함은 기공, 수축 결함, 주형 소재의 결함, 용탕(쇳물) 주입 결함, 금속 조직 상의 결함 등 다섯 가지 유형으로 세분화될 수 있다.

7 절삭공구의 피복재료에 요구되는 성질로 적절하지 않은 것은?

① 높은 열전도도

② 높은 고온경도와 충격저항

③ 공구 모재와의 양호한 접착성

④ 공작물 재료와의 화학적 불활성

8 인발작업과 관련된 힘에 대한 설명 중 가장 적절하지 않은 것은?

① 마찰계수가 커지면 인발하중이 커진다.

② 역장력을 가하면 다이압력이 커진다.

③ 단면감소율이 커지면 인발하중이 커진다.

④ 인발하중이 최소가 되는 최적다이각이 존재한다.

ANSWER 7.① 8.②

7 높은 열전도도는 절삭공구의 피복보다는 절삭공구 자체에 요구되는 조건이다. 피복재는 절삭공구에 유입되는 열을 줄여주는 기능을 해야 하므로 열전도도가 낮아야 한다.

※ 피복된 공구는 다음과 같은 특성을 갖는다.

• 내마모성, 내산화성이 우수하다.

• 피삭재와의 고온반응이 낮으며 내부초경합금으로 유입되는 열이 적게 된다.

• 절삭속도와 공구수명을 증대시킬 수 있다.

• 생산성과 가공면의 표면조도를 향상시킬 수 있다.

• 높은 고온경도와 충격저항을 갖는다.

• 공구 모재와의 양호한 접착성을 갖는다.

• 공작물 재료와의 화학적 불활성을 갖는다.

8 역장력을 가하게 되면 다이의 압력이 감소한다.

9 주전자 등과 같이 배부른 형상의 성형에 주로 적용되는 공법으로 튜브형의 소재를 분할다이에 넣고 폴리우레탄 플러그 같은 충전재를 이용하여 확장시키는 성형법은?

① 벌징(bulging)

② 스피닝(spinning)

③ 엠보싱(embossing)

④ 딥드로잉(deep drawing)

10 비파괴시험법과 원리에 대한 설명으로 적절하지 않은 것은?

① 초음파검사법은 초음파가 결함부에서 반사되는 성질을 이용하여 주로 내부결함을 탐지하는 방법이다.

② 액체침투법은 표면결함의 열린 틈으로 액체가 침투하는 현상을 이용하여 표면에 노출된 결함을 탐지하는 방법이다.

③ 음향방사법은 제품에 소성변형이나 파괴가 진행되는 경우 발생하는 응력파를 검출하여 결함을 감지하는 방법이다.

④ 자기탐상법은 제품의 결함부가 와전류의 흐름을 방해하여 이로 인한 전자기장의 변화로부터 결함을 탐지하는 방법이다.

....

ANSWER 9.① 10.④

9 ① 벌징(bulging) : 주전자 등과 같이 배부른 형상의 성형에 주로 적용되는 공법으로 튜브형의 소재를 분할다이에 넣고 폴리우레탄 플러그 같은 충전재를 이용하여 확장시키는 성형법이다.
　② 스피닝(Spinning) : 박판성형가공법의 하나로 선반의 주축에 다이를 고정하고, 심압대로 소재를 밀어서 소재를 다이와 함께 회전시키면서 외측에서 롤러로 소재를 성형하는 가공법이다.
　③ 엠보싱(Embossing) : 얇은 재료를 요철이 서로 반대가 되도록 한 한쌍의 다이 사이에 끼워 성형하는 방법이다.
　④ 딥드로잉(Deep drawing) : 금속판재에서 원통 및 각통 등과 같이 이음매 없이 바닥이 있는 용기를 만드는 프레스가공법이다. 편평한 판금재를 펀치로 다이구멍에 밀어넣어서 이음매가 없고 밑바닥이 있는 용기를 만드는 작업으로서 음료용캔, 각종 용기의 제작에 이용된다. (드로잉가공법이란 비교적 편평한 철판을 다이 위에 올린 후 펀치로 눌러 다이 내부로 철판이 들어가게 하여 밥그릇이나 컵과 같이 이음매가 없는 중공의 용기를 만드는 가공법이다.)

10 • 자기탐상법 : 철강재료와 같은 강자성체로 만든 물체에 있는 결함을 자기력선속의 변화를 이용하여 발견하는 방법이다.
　• 제품의 결함부가 와전류의 흐름을 방해하여 이로 인한 전자기장의 변화로부터 결함을 탐지하는 방법은 와전류탐상검사법이다.

11 금속의 파괴 형태에 대한 설명으로 옳은 것은?

① 취성파괴 : 소성변형이 거의 없이 갑자기 발생되는 파괴

② 크리프파괴 : 수소의 존재로 인해 연성이 저하되고 취성이 커져 발생되는 파괴

③ 연성파괴 : 반복응력이 작용할 때 정하중하의 파단응력보다 낮은 응력에서 발생되는 파괴

④ 피로파괴 : 주로 고온의 정하중하에서 시간의 경과에 따라 서서히 변형이 커지면서 발생되는 파괴

12 기계가공법에 대한 설명으로 옳지 않은 것은?

① 보링은 구멍 내면을 확장하거나 마무리하는 내면선삭 공정이다.

② 리밍은 이미 만들어진 구멍의 치수정확도와 표면정도를 향상시키는 공정이다.

③ 브로칭은 회전하는 단인절삭공구를 공구의 축방향으로 이동하며 절삭하는 공정이다.

④ 머시닝센터는 자동공구교환 기능을 가진 CNC 공작기계로 다양한 절삭작업이 가능하다.

13 냉매에 필요한 성질로 옳은 것은?

① 임계온도가 낮을 것

② 응고온도가 낮을 것

③ 응축압력이 높을 것

④ 증발잠열이 작을 것

ANSWER 11.① 12.③ 13.②

11 • **수소취성파괴** : 수소의 존재로 인해 연성이 저하되고 취성이 커져 발생되는 파괴 (연성파괴는 금속이 파괴가 될 때까지 소성변형이 크게 발생하고, 파괴 직전에 국부적인 단면 수축이 생기게 되는 파괴이다).
  • **피로파괴** : 반복응력이 작용할 때 정하중하의 파단응력보다 낮은 응력에서 발생되는 파괴
  • **크리프파괴** : 주로 고온의 정하중하에서 시간의 경과에 따라 서서히 변형이 커지면서 발생되는 파괴
  • **연성파괴** : 재료가 소성변형이 충분히 진행된 후에 일어나는 파괴

12 브로칭(broaching) … 다인공구를 공작물에 눌러 통과시키면서 절삭을 하는 가공방법이다. 브로치(각종 브로치를 사용하여 공작물의 표면 또는 구멍의 내면에 여러 가지 형태의 절삭가공을 실시하는 공작기계)라고 하는 특수한 공구를 사용한다.

13 냉매가 갖추어야 할 조건
  • 저온에서도 대기압 이상의 포화증기압을 갖고 있어야 한다.
  • 상온에서는 비교적 저압으로도 액화가 가능해야 하며 증발잠열이 커야 한다.
  • 냉매가스의 비체적이 작을수록 좋다.
  • 임계온도는 상온보다 높고, 응고점은 낮을수록 좋다.
  • 화학적으로 불활성이고 안정하며 고온에서 냉동기의 구성재료를 부식, 열화시키지 않아야 한다.
  • 액체 상태에서나 기체상태에서 점성이 작아야 한다.

14 볼나사의 일반적인 특징으로 옳지 않은 것은?

① 정밀한 위치제어가 가능하다.

② 마찰계수가 작아 기계효율이 높다.

③ 하나의 강구를 이용하여 동력을 전달한다.

④ 예압을 주어 백래쉬(backlash)를 작게 할 수 있다.

15 형상기억합금에 대한 설명으로 옳지 않은 것은?

① 인공위성 안테나, 치열 교정기 등에 사용된다.

② 대표적인 합금으로는 Ni-Ti 합금이나 Cu-Zn-Al 합금 등이 있다.

③ 에너지 손실이 없어 고압 송전선이나 전자석용 선재에 활용된다.

④ 변형이 가해지더라도 특정 온도에서 원래 모양으로 회복되는 합금이다.

ANSWER 14.③ 15.③

14 볼나사는 여러 개의 강구를 이용하여 동력을 전달한다.

※ **볼나사** … 수나사와 암나사의 홈에 강구가 들어 있어 마찰계수가 적고 운동전달이 가볍기 때문에 NC공작기계나 자동차용 스테어링 장치에 사용.

• 이송효율이 좋고 먼지나 이물질에 대한 손상이 적다.

• 고정밀도로 직선운동을 할 수 있다.

• 구동토크가 작으므로 회전운동과 직선운동의 상호변환이 용이하다.

• 마찰계수가 작아 기계효율이 높다.

• 열발생이 적으며 윤활에 크게 주의할 필요가 없다.

• 미동이송과 고속이송이 가능하다.

• 예압을 주어 백래쉬(backlash)를 작게 할 수 있으며 강성이 높다.

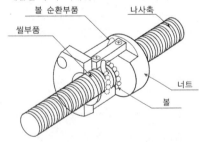

15 초전도체는 에너지 손실이 없어 고압 송전선이나 전자석용 선재에 활용된다.

16 유압시스템에 대한 설명으로 옳지 않은 것은?

① 무단변속이 가능하여 속도제어가 쉽다.

② 충격에 강하며 높은 출력을 얻을 수 있다.

③ 구동용 유압발생장치로 기어펌프, 베인펌프 등의 용적형 펌프가 사용된다.

④ 릴리프밸브와 감압밸브 등은 유압회로에서 유체방향을 제어하는 밸브이다.

17 증기원동기에 대한 설명으로 옳은 것은?

① 고압의 증기를 만드는 장치는 복수기이다.

② 냉각된 물을 보일러로 공급하는 장치는 급수펌프이다.

③ 유체에너지를 기계에너지로 변환하는 장치는 보일러이다.

④ 팽창 후 증기를 냉각시켜 물로 만들어주는 장치는 증기터빈이다.

ANSWER 16.④ 17.②

16 릴리프밸브와 감압밸브는 압력제어밸브이다.
• **릴리프밸브** : 유체압력이 설정값을 초과할 경우 배기시켜 회로내의 유체 압력을 설정값 이하로 일정하게 유지시키는 밸브이다.
(Cracking pressure : 릴리프 밸브가 열리는 순간의 압력으로 이때부터 배출구를 통하여 오일이 흐르기 시작한다.)
• **감압밸브** : 고압의 압축 유체를 감압시켜 사용조건이 변동되어도 설정 공급압력을 일정하게 유지시킨다.

17 ① 고압의 증기를 만드는 장치는 보일러이다.
③ 유체에너지를 기계에너지로 변환하는 장치는 증기터빈이다.
④ 팽창 후 증기를 냉각시켜 물로 만들어주는 장치는 복수기이다.

18 철강재료의 표준조직에 대한 설명으로 옳지 않은 것은?

① 페라이트는 연성이 크며 상온에서 자성을 띤다.

② 시멘타이트는 Fe와 C의 금속간화합물이며 경도와 취성이 크다.

③ 오스테나이트는 면심입방구조이며 성형성이 비교적 양호하다.

④ 펄라이트는 페라이트와 오스테나이트의 층상조직으로 연성이 크며 절삭성이 좋다.

19 펌프의 효율을 저하시키는 공동현상(cavitation)을 줄이기 위한 대책으로 옳지 않은 것은?

① 배관을 완만하고 짧게 한다.

② 마찰저항이 작은 흡입관을 사용한다.

③ 규정 이상으로 회전수를 올리지 않는다.

④ 펌프의 설치위치를 높여 흡입양정을 크게 한다.

ANSWER 18.④ 19.④

18 펄라이트는 페라이트와 시멘타이트의 공석정으로서 경도가 작고 자력성이 있다.

※ 펄라이트의 특징

- 진주(Pearl)과 같은 광택이 나므로 펄라이트라고 부른다.
- 페라이트와 시멘타이트의 공석정으로서 강의 조직에서는 페라이트와 시멘타이트가 층을 이루는 조직이다.
- 오스테나이트 상태의 강을 서서히 냉각(풀림)하였을 때 발생한다.
- 강의 조직 중 가장 안정적이며 경도가 작고 자력성이 있다.

19 펌프의 공동현상을 줄이기 위해서는 펌프의 설치위치를 가급적 낮추어야 한다.

※ 공동현상(Cavitation)

- 펌프의 흡입양정이 너무 높거나 수온이 높아지게 되면 펌프의 흡입구 측에서 물의 일부가 증발하여 기포가 되는데 이 기포는 임펠러를 거쳐 토출구측으로 넘어가게 되면 갑자기 압력이 상승하여 물속으로 다시 소멸이 되는데 이 때 격심한 소음과 진동이 발생하게 된다. 이를 공동현상이라고 한다.
- 물이 관 속을 유동하고 있을 때 흐르는 물속의 특정 부분의 압력이 물의 온도에 해당하는 증기압 이하로 내려가면 부분적으로 증기가 발생하는 현상이기도 하다.
- 펌프와 흡수면 사이의 수직거리가 너무 길거나 펌프에 물이 과속으로 인해 유량이 증가하는 경우 발생한다. 또한 관을 통해 흐르고 있는 물 속의 특정부분이 고온일 경우 포화증기압에 비례해서 상승할 때에도 발생할 수 있다.
- 펌프 공동현상을 최소화하기 위해서는 펌프 흡입구에서의 전압을 그 수온에서의 물의 포화수증기압보다 높게 해야 하며 펌프는 가급적 낮은 위치에 설치하여 흡입양정을 작게 해야 한다. 또한 펌프의 회전수를 낮추어 흡입비교회전도를 줄여야 하며 압축펌프를 사용하고, 회전차를 수중에 완전히 잠기도록 해야 한다.

20 볼트에 대한 설명으로 옳지 않은 것은?

① 스테이볼트는 볼트의 머리부에 훅(hook)을 걸 수 있도록 만든 볼트이다.

② 관통볼트는 죄려고 하는 2개의 부품에 관통구멍을 뚫고 너트로 체결한다.

③ 스터드볼트는 볼트의 머리부가 없고 환봉의 양단에 나사가 나있는 볼트이다.

④ 탭볼트는 관통구멍을 뚫기 어려운 두꺼운 부품을 결합할 때 부품에 암나사를 만들어 체결한다.

....

ANSWER 20.①

20 스테이볼트(stay bolt)는 간격유지볼트라고도 하며 두 물체 사이의 거리를 일정하게 유지시키면서 결합할 때 사용하는 볼트이다. 머리부에 훅(hook)을 걸 수 있도록 만든 볼트는 고리볼트(lifting bolt, 아이볼트의 일종)이다.

※ 볼트의 종류

  ㉠ 일반볼트

    • 관통볼트 : 체결하고자 하는 두 재료에 구멍을 뚫고 볼트를 관통시킨 후 너트로 죄는 것

    • 탭볼트 : 볼트의 모양은 관통볼트와 같으나 체결하려는 한쪽이 두꺼워 관통하여 체결할 수 없을 경우 두꺼운 한쪽에 탭으로 암나사를 만들어 너트를 사용하지 않고 직접 체결하는 것

    • 스터드볼트 : 볼트의 양쪽 모두 수나사로 가공하여 머리가 없는 볼트가 되고 우선 탭볼트와 같은 방법으로 체결한 후 너트로 죄는 것

  ㉡ 특수볼트

    • 아이볼트 : 볼트의 머리부에 핀을 끼울 구멍이 있어 자주 탈착하는 뚜껑의 결합에 사용되는 볼트이며 그 중 고리볼트(lifting bolt)는 무거운 물체를 달아 올리기 위해 훅(hook)을 걸 수 있는 고리가 있는 볼트이다.

    • 나비볼트 : 볼트의 머리부를 나비 모양으로 만들어 스패너 없이 손으로 조이거나 풀 수 있어 별도의 공구없이 손으로 탈착이 가능하다.

    • 스테이볼트 : 간격유지볼트라고도 하며 두 물체 사이의 거리를 일정하게 유지시키면서 결합할 때 사용하는 볼트이다.

    • 기초볼트 : 기계, 구조물 등을 콘크리트 기초에 고정시키기 위해 사용하는 볼트로서 볼트의 한쪽은 콘크리트 기초에 묻혔을 때 빠지지 않도록 하기 위하여 여러 가지 형태로 되어 있으며 반대쪽은 수나사로서 나사산이 되어 있어 기계를 고정시키는데 사용한다.

    • T볼트 : 공작기계 테이블 또는 정반은 다른 물체를 용이하게 고정시킬 수 있도록 T자형 홈이 파여져 있으며 볼트의 머리를 4각형으로 만들어 T자형 홈에 끼우면 너트를 조일 때 볼트머리가 회전하지 않게 된다.

    • 리머볼트 : 볼트가 끼워지는 구멍은 볼트지름보다 크므로 전단력이 작용하면 볼트가 파손되기 쉬우므로 큰 전단력이 작용할 때는 볼트의 맞춤이 중간끼워맞춤 또는 억지끼워맞춤이 되도록 볼트구멍을 리머로 다듬질한 후 정밀 가공된 리머볼트를 끼워 결합한다.

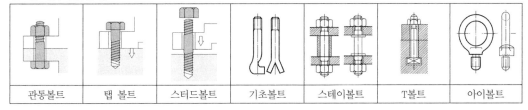

| 관통볼트 | 탭 볼트 | 스터드볼트 | 기초볼트 | 스테이볼트 | T볼트 | 아이볼트 |

1 〈보기〉는 동력 전달 장치의 조립도이다. ㈎~㈐에 해당하는 부품에 대한 설명으로 가장 옳지 않은 것은?

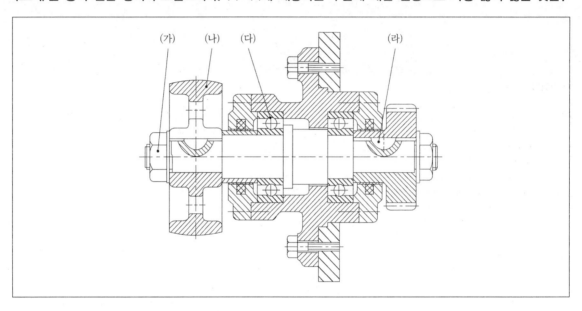

① ㈎는 동력 전달 축에 회전체를 고정하는 너트(nut)이다.

② ㈏는 동력 전달 축에 고정한 기어(gear)이다.

③ ㈐는 동력 전달 축을 지지하는 볼 베어링(ball bearing)이다.

④ ㈑는 동력 전달 축에 회전체를 고정한 키(key)이다.

ANSWER 1.②

1 ㈏는 동력 전달 축에 고정한 기어(gear)가 아니라 벨트풀리이다.

2 버(burr) 제거 작업 공정이 아닌 것은?

① 숏피닝
② 숏블라스팅
③ 연마제유동가공
④ 진동피니싱

3 풀림(annealing) 처리를 하는 목적 중 가장 옳지 않은 것은?

① 경도를 감소시키고 내부응력을 제거한다.
② 불균일한 조직을 균일화한다.
③ 결정 조직을 미세화하고, 결정 조직과 기계적 성질 등을 표준화시킨다.
④ 내부의 가스나 불순물을 방출시키거나 확산시킨다.

ANSWER 2.① 3.③

2 숏피닝 : 금속 부품의 표면에 쇼트볼(shot ball)이라는 강구를 고속으로 금속의 표면에 투사하여 금속의 표면을 햄머링(hammering)하는 일종의 냉간 가공이다.
버(burr) : 홀을 가공할 때 생기는 표면에 깨끗이 가공되지 않고 띠 모양으로 돌출된 부분(금속절단부위의 끝말림이 그 예이다.)으로서 이를 제거하여 표면을 매끄럽게 하는 공정으로는 숏블라스팅, 연마제유동가공, 진동피니싱 등이 있다.

3 풀림처리는 결정조직과 기계적성질을 표준화시키는 것과는 거리가 멀다. 표준조직으로 만들기 위해 주로 적용되는 처리법은 불림(Normalizing)처리이다.
※ **풀림(annealing) 처리를 하는 목적**
• 금속 합금의 성질을 변화시킨다. (일반적으로 가공경화된 재료를 연화시킨다.)
• 경도를 감소시키고 내부응력을 제거한다.
• 불균일한 조직을 균일화하며 금속결정입자를 미세화 한다.
• 내부의 가스나 불순물을 방출시키거나 확산시킨다.

4 차축과 차체를 연결하여 주행 중 노면에서 받는 진동이나 충격을 흡수하고 운전자가 승차감이 좋도록 느끼게 하며 차량의 안전성을 향상시키는 현가장치의 주요 구성 요소가 아닌 것은?

① 스프링(spring)

② 쇽 업소버(shock absorber)

③ 스태빌라이저(stabilizer)

④ 스테이터(stator)

5 유효낙차 100[m], 유량 200[m³/sec]인 수력발전소의 수차에서 이론 출력의 값[kW]은?

① 392×10^3

② 283×10^3

③ 196×10^3

④ 90×10^3

ANSWER 4.④ 5.③

4 스테이터(stator, 고정자)는 전동기를 구성하는 부분들 중 고정되어 있는 것을 말하며 회전하는 부분을 회전자(rotor)라고 한다. (이는 충격완화를 시켜주는 현가장치의 구성과는 거리가 멀다.)

5 수차에서 발생하는 이론출력 산정식

$L_{th} = \gamma QH[\mathrm{kg_f} \cdot \mathrm{m/s}] = \dfrac{\gamma QH}{75}[PS] = \dfrac{\gamma QH}{102}[\mathrm{kW}]$이며 단위가 kW이므로

$L_{th} = \dfrac{\gamma QH}{102}[\mathrm{kW}] = \dfrac{1,000[\mathrm{kg_f} \cdot \mathrm{m^3}] \cdot 200[\mathrm{m^3}] \cdot 100[\mathrm{m}]}{102} = 196,078[\mathrm{kW}]$

유효낙차 : 수조의 수위와 방수로의 수위 사이의 차를 자연낙차 또는 총낙차라고 하며 수차의 동력발생에 이용할 수 있는 낙차는 물이 취수구에서 방수로에 이르는 사이에 수력기울기, 마찰, 그 밖의 수력손실이 발생하게 되어 자연낙차보다 작아지게 되는데 이처럼 수차가 실재로 이용할 수 있는 낙차를 말한다.

유효낙차=자연낙차−(수로의 손실수두+수압관 안의 손실수두+방수로의 손실수두)

수차에서 발생하는 이론출력 산정식

$L_{th} = \gamma QH[\mathrm{kg_f} \cdot \mathrm{m/s}] = \dfrac{\gamma QH}{75}[PS] = \dfrac{\gamma QH}{102}[\mathrm{kW}]$

(γ은 물의 비중량[$\mathrm{kg_f} \cdot \mathrm{m^3}$], Q는 유량[$\mathrm{m^3/sec}$], H는 유효낙차[m])

6 인발(drawing)에 영향을 주는 요인에 대한 설명으로 가장 옳지 않은 것은?

① 단면수축률이 일정할 때 다이각이 증가하면 전단변형량이 증가하게 되므로 각 재료의 경도 및 강도에 따라 적정 다이각을 선택해야 한다.

② 단면수축률은 인발 전후의 단면적 변화량과 인발 후 소재의 단면적과의 비율로 표시한다.

③ 일반적으로 인발속도가 증가함에 따라 인발력은 급속히 증가하나, 속도가 어느 한도 이상이 되면 인발력에 대한 속도의 영향이 작아진다.

④ 소재에 역장력(인발방향과 반대방향으로 가하는 힘)을 가하면 인장응력은 증가하나 인발력에서 역장력을 뺀 다이추력(인발저항)은 감소한다.

7 잇수가 10개인 평기어와 잇수가 30개인 평기어가 맞물려 회전하고 있다. 모듈이 5일 때, 두 평기어의 회전축 사이의 거리를 나타내는 중심거리의 값[mm]은?

① 400
② 300
③ 200
④ 100

8 100G7의 구멍이 헐거운 끼워맞춤용으로 위 공차만으로 표기되고 있다. G 구멍의 아래 치수 (허용)차는 4[μm]이고, IT7급에 해당하는 치수 공차는 35[[μm]이다. 이 구멍의 치수를 공차방식으로 표시하였을 때 가장 옳은 것은?

① $\phi100^{+0.039}_{+0.004}$
② $\phi100^{+0.031}_{-0.004}$
③ $\phi100^{+0.035}_{+0.004}$
④ $\phi100^{+0.035}_{-0.004}$

ANSWER 6.② 7.④ 8.①

6 단면수축률은 인발 전의 단면적과 인발 후 소재의 단면적과의 비율로 표시한다.

7 $C = \dfrac{D_1 + D_2}{2} = \dfrac{m(Z_1 + Z_2)}{2} = \dfrac{5(10 + 30)}{2} = 100$

8 공차 ⋯ 최대허용치수에서 최소허용치수를 뺀 값으로서 허용공차라고도 한다.
헐거운 끼워맞춤이 기준이므로 최대허용치수는 최소허용치수에 치수공차를 더한 값이므로 0.039가 된다.
따라서 이를 공차방식으로 표시하면 $\phi100^{+0.039}_{+0.004}$가 된다.

9 점(spot)용접, 심(seam)용접에 해당하는 용접방법은?

① 비피복 아크용접

② 피복 아크용접

③ 탄소 아크용접

④ 전기 저항용접

10 체인 전동장치에서 스프로킷 휠의 회전수가 1,200[rpm], 잇수가 40, 체인 피치가 10[mm]일 때, 체인의 평균속도의 값[m/s]은?

① 2
② 4
③ 8
④ 12

11 구리의 특성에 대한 설명으로 가장 옳은 것은?

① 아연(Zn), 주석(Sn), 니켈(Ni) 등과 합금을 만들 수 없다.

② 유연하고 연성이 작아 가공이 어렵다.

③ 전성이 작고 귀금속적인 성질이 우수하다.

④ 전기 및 열의 전도성이 우수하다.

ANSWER 9.④ 10.③ 11.④

9 • **피복아크용접** : 용접봉과 모재 간에 직류 또는 교류 전압을 걸고 용접봉 끝을 모재에 접근시켰다가 떼어내면 용접봉과 모재 사이에 강한 빛과 열을 내는 아크가 발생하는데 이 아크를 이용하여 용접을 하는 방식이다.
 • **심용접** : 저항용접의 일종으로 원판상의 전극사이에 피용접물을 끼우고 가압한 상태에서 전극을 회전시키면서 연속적으로 점용접을 반복하는 방법이다.
 • 점용접, 심용접, 프로젝션 용접 등은 저항용접(전기저항용접)의 일종으로서 비피복용접에 속한다.

10 체인의 속도 $v = \dfrac{pZ_1N_1}{60 \cdot 1,000} = \dfrac{10 \cdot 40 \cdot 1,200}{60 \cdot 1,000} = 8[\mathrm{m/s}]$

11 ① 구리는 아연(Zn), 주석(Sn), 니켈(Ni) 등과 다양한 합금(청동, 황동 등)을 만들 수 있다.
 ② 구리는 유연하고 연성이 크므로 가공이 용이하다.
 ③ 구리는 전성이 크고 귀금속적인 성질이 우수하다.

12 베어링 메탈의 구비 조건이 아닌 것은?

① 하중에 견딜 수 있도록 충분한 강도와 강성을 가져야 한다.

② 열전도율이 낮아야 한다.

③ 내식성과 피로강도가 커야 한다.

④ 마찰 마멸이 적어야 한다.

13 파스칼의 원리에 대한 설명으로 가장 옳지 않은 것은?

① 오일은 힘을 전달할 수 있다.

② 오일은 운동을 전달할 수 있다.

③ 단면적을 변화시키면 힘을 증대할 수 있다.

④ 공기는 압축되며, 오일도 압축된다.

14 금속 재료 탭 작업 시 주의사항으로 가장 옳지 않은 것은?

① 탭은 한쪽 방향으로만 계속 돌린다.

② 재료를 수평으로 단단히 고정한다.

③ 기름을 충분히 넣는다.

④ 재료의 구멍의 중심과 탭의 중심을 일치시킨다.

ANSWER 12.② 13.④ 14.①

12 베어링의 신속한 냉각이 요구되므로 열전도율이 낮으면 안 된다. 열전도율이 낮으면 외부로 열전달이 쉽게 안된다는 것인데 저하중인 경우는 그리스만 칠하면 잘 돌아가나 고속 고하중으로 갈수록 강제로 베어링에 급유를 하여 열을 냉각시키고 윤활을 해 주어야 한다. 만약 이 때 열전도율이 낮으면 오일과 충분한 열교환이 이루어지지 않고 과열되어 베어링소손이 발생하게 된다.

13 파스칼의 원리의 기본 가정에서 공기와 오일은 비압축성유체로 가정한다.

14 태핑 … 드릴 가공된 구멍이나 파이프 등을 이용하여 암나사를 내는 작업이다.

15 18-8형 스테인리스강의 성분으로 옳은 것은?

① 니켈 18%, 크롬 8%

② 티탄 18%, 니켈 8%

③ 크롬 18%, 니켈 8%

④ 크롬 18%, 티탄 8%

16 기계의 안전 설계 시, 고려해야 할 안전율(safety factor)에 대한 정의로 가장 옳은 것은?

① 재료의 기준 강도와 전단 응력과의 비

② 재료의 기준 강도와 허용 응력과의 비

③ 재료의 극한 강도와 사용 응력과의 비

④ 재료의 극한 강도와 잔류 응력과의 비

17 환봉에 반경 방향으로의 압축력이 작용하면 중심에 인장력이 발생하는 원리를 이용한 공정으로, 길고 두꺼운 이음매 없는 파이프와 튜브(seamless pipe and tube)를 만드는 열간가공 공정으로 가장 옳은 것은?

① 회전천공

② 관재압연

③ 링압연

④ 강구전조 작업

15 18-8형 스테인리스강의 성분 … 크롬 18%, 니켈 8%

16 안전율 … 재료의 기준 강도와 허용 응력과의 비

17 ① 회전천공 : 두꺼운 벽을 가지는 길고 이음매가 없는 관을 제조하는 열간공정이다.
② 관재압연 : 튜브와 파이프의 직경과 두께를 줄이는 압연공정이다.
③ 링압연 : 두꺼운 링 형상을 이용하여 직경을 늘리고 두께를 줄이는 공정이다.
④ 강구전조작업 : 그루브 형상을 가지는 롤 사이에서 원형단면의 소재가 압연되는 공정이다.

18 산소 8[kg]과 질소 2[kg]으로 혼합된 기체가 있다. 산소의 정압 비열은 1,000[J/kg·K]이고, 질소의 정압 비열은 1,500[J/kg·K]이라 할 때, 이 혼합기체가 갖는 정압 비열의 값[J/kg·K]은? (단, 주어진 조건 이외에는 고려하지 않는다.)

① 1,100

② 1,200

③ 1,300

④ 1,400

19 금속 재료들의 열전도율과 전기전도율이 좋은 순서대로 바르게 나열한 것은?

① Al > Cu > Pb > Fe

② Cu > Al > Fe > Pb

③ Al > Cu > Fe > Pb

④ Cu > Al > Pb > Fe

ANSWER 18.① 19.②

18 단순계산 문제이다.

$$\frac{8 \cdot 1,000 + 2 \cdot 1,500}{8+2} = \frac{11,000}{10} = 1,100[\text{J/kg} \cdot \text{K}]$$

정압비열 : 입력이 일정할 때의 비열
정적비열 : 체적이 일정할 때의 비열
비열비 : 정압비열을 정적비열로 나눈 값

19 열전도율과 전기전도율은 다음과 같다.
Ag > Cu > Au > Al > Mg > Zn > Ni > Fe > Pb > Sb

20 길이 10[cm], 단면 2[cm]×3[cm]의 물체에 3[ton]의 인장력을 가하였을 때, 인장력에 의해 0.1[cm] 늘어났다. 물체에 작용하는 응력[kgf/cm^2]과 변형률[%]은?

	응력	변형률
①	50	1
②	50	0.01
③	500	1
④	500	0.01

20 응력은 작용하중을 단면적으로 나눈 값이므로

$$\frac{3,000[\text{kg}]}{2 \cdot 3[\text{cm}^2]} = 500[\text{kg/cm}^2]$$

변형률은 변형 전 물체의 길이 대비 늘어난 길이의 값이므로 $\frac{0.1[\text{cm}]}{10[\text{cm}]} \times 100[\%] = 1[\%]$

1 금속재료의 연성 및 취성에 대한 설명으로 옳지 않은 것은?

① 온도가 올라가면 재료의 연성은 증가한다.

② 온도가 내려가면 재료의 취성은 증가한다.

③ 높은 취성재료는 소성가공에 적합하지 않다.

④ 탄소강에서는 탄소의 함량이 높아질수록 연성이 증가한다.

2 간접접촉에 의한 동력전달 방법에 대한 설명으로 옳지 않은 것은?

① 축간 거리가 멀 때 동력을 전달하는 방법이다.

② 타이밍 벨트 전동 방법은 정확한 회전비를 얻을 수 있다.

③ 체인은 벨트 전동 방법보다 고속회전에 적합하며 진동 및 소음이 적다.

④ 평벨트 전동 방법은 약간의 미끄럼이 생겨 두 축 간의 속도비가 변경될 수 있다.

ANSWER 1.④ 2.③

1 탄소강에서는 탄소의 함량이 높아질수록 연성이 감소한다.

2 체인전동은 진동과 소음이 심하게 발생한다.

3 원추형 소재의 표면에 이(teeth)를 만들어 넣은 것으로 서로 교차하는 두 축 사이에 동력을 전달하기 위해 사용되는 기어는?

① 웜기어

② 베벨기어

③ 스퍼기어

④ 헬리컬기어

....

ANSWER 3.②

3 기어의 종류

① 두 축이 서로 평행한 경우

ⓐ 스퍼기어(평기어) : 두 축이 평행한 기어로서 치형이 직선이며 잇줄이 축에 평행하므로 기어의 제작이 용이하며 가장 널리 사용되는 기어이다.

ⓑ 랙과 피니언 : 랙은 원통기어의 반지름을 무한대로 한 것으로 피니언의 회전에 대하여 랙은 직선운동을 한다.

ⓒ 내접기어 : 원통 또는 원추의 안쪽에 이가 만들어져 있는 기어이다. 내접기어와 맞물려 돌아가는 안쪽의 작은 기어는 서로 회전방향이 같으며 감속비가 크다.

ⓓ 헬리컬기어 : 잇줄이 축방향에 대해 경사져 있는 기어로 맞물리는 기어의 잇줄방향은 서로 반대를 이룬다. 이의 물림이 우수하며 큰 하중을 지지할 수 있고 소음이 적으나 축방향의 하중이 발생하게 되는 문제가 있으며 평기어보다 제작이 어렵다. 나선각을 크게 해야 물림률이 높아진다.

② 두 축이 만나는 경우

ⓐ 베벨기어 : 원뿔 모양으로서 표면에 이(teeth)를 만든 기어로서 서로 직각·둔각 등으로 만나는 두 축으로 구성된 기어이다. 기어선의 상태에 따라 직선 베벨기어, 스파이럴 베벨기어, 나선형 베벨기어 등이 있다.

ⓑ 마이터기어 : 잇수가 서로 같은 한쌍의 원추형 기어로서 직각인 두 축간에 동력을 전달하는 기어로 베벨기어의 일종이다.

ⓒ 크라운기어 : 피치면이 평면인 베벨기어이다.

③ 두 축이 평행하지도 만나지도 않는 경우(어긋나는 경우)

ⓐ 웜기어 : 웜과 이와 물리는 웜휠로 구성된 기어로서 큰 감속비를 얻을 수 있다. 웜과 웜휠의 축은 서로 직각을 이룬다.

ⓑ 하이포이드기어 : 베벨기어의 축을 엇갈리게 한 것으로서 자동차의 차동기어장치의 감속기어로 사용된다.

ⓒ 나사기어 : 비틀림각이 다른 헬리컬기어의 조합으로서 평행하지도 않고 교차하지도 않는 두 축 사이의 운동을 전달하는 기어이다.

ⓓ 스큐기어 : 교차하지 않고 또한 평행하지도 않는 교차축간의 운동을 전달하는 기어이다. (skew는 비스듬히 움직인다는 의미이다.)

4 단면적 500mm², 길이 100mm의 금속시편에 축방향으로 인장하중 75kN이 작용했을 때, 늘어난 길이 [mm]는? (단, 탄성계수는 40GPa, 항복강도는 250MPa이다)

① 0.125

② 0.25

③ 0.375

④ 0.5

5 금속의 미세 조직에서 결정립(grain)과 결정립계(grain boundary)에 대한 설명으로 옳지 않은 것은?

① 결정립의 크기는 냉각속도에 반비례한다.

② 결정립이 작을수록 금속의 항복강도가 커진다.

③ 결정립계는 결정립이 성장하면서 다른 결정립들과 분리되는 경계이다.

④ 결정립계는 금속의 강도 및 연성과는 무관하나 가공경화에는 영향을 미친다.

6 기계재료에 대한 설명으로 옳지 않은 것은?

① 비정질합금은 용융상태에서 급랭시켜 얻어진 무질서한 원자배열을 갖는다.

② 초고장력합금은 로켓, 미사일 등의 구조재료로 개발된 것으로 우수한 인장강도와 인성을 갖는다.

③ 형상기억합금은 소성변형을 하였더라도 재료의 온도를 올리면 원래의 형상으로 되돌아가는 성질을 가진다.

④ 초탄성합금은 재료가 파단에 이르기까지 수백 % 이상의 큰 신장률을 보이며 복잡한 형상의 성형이 가능하다.

....

ANSWER 4.③ 5.④ 6.④

4 $\delta = \dfrac{PL}{AE} = \dfrac{75[kN] \cdot 100[mm]}{500[mm^2] \cdot 40[GPa]} = 0.375$

5 결정립이 작아지면 금속의 항복강도가 커지므로 결정립계는 금속의 강도와 연성과 관련이 있다. 결정립계가 많아지면 금속의 강도는 증가하고, 연성은 감소한다.

결정립이 작아지면 곧 결정립계가 많아지게 되고 전위의 움직임에 장애물로 작용하여 슬립을 방해하게 된다. 그 이유는 전위가 진행하기 위해서 운동방향을 바꾸어야 하는데 결정립의 방향이 다를 경우 더 많은 역학적 에너지가 필요하기 때문이다.

6 초소성합금에 대한 설명이다.

초탄성은 특정 온도 이상에서 형상기억합금에 힘을 가하여 탄성한계를 넘겨 소성변형을 시키더라도 그 힘을 제거하면 다시 원래의 형태로 돌아오는 것을 말한다.

7 축과 축을 연결하여 회전토크를 전달하는 기계요소가 아닌 것은?

① 클러치(clutch)

② 새들키(saddle key)

③ 유니버설 조인트(universal joint)

④ 원통형 커플링(cylindrical coupling)

8 나사의 풀림방지 방법 중 로크너트(lock nut)에 대한 설명으로 옳은 것은?

① 홈붙이 6각 너트의 홈과 볼트 구멍에 분할핀을 끼워 너트를 고정한다.

② 너트의 옆면에 나사 구멍을 뚫고 멈춤나사를 박아 볼트의 나사부를 고정한다.

③ 너트와 결합된 부품 사이에 일정한 축방향의 힘을 유지하도록 탄성이 큰 스프링 와셔를 끼운다.

④ 2개의 너트로 충분히 조인 후 안쪽 너트를 반대방향으로 약간 풀어 바깥쪽 너트에 밀착시킨다.

ANSWER 7.② 8.④

7 키(key)는 벨트풀리나 기어, 차륜을 축과 일체로 하여 마찰에 의해 회전을 전달시키기 위해 끼우는 부품을 말한다.

8 로크너트 : 2개의 너트를 사용하여 충분히 죈 다음, 두개의 스패너를 사용하여 바깥쪽 너트를 한 스패너로 고정하고, 안쪽의 너트를 다른 스패너를 이용하여 풀리는 방향으로 15~20° 정도 돌려 조인다. 이 경우 두 너트는 서로 미는 상태가 되고 나사축은 두 너트 사이에서 인장을 받도록 되어 진동이 발생하더라도 너트가 결합 상태를 유지하게 되는데, 이때 안쪽(그림에서 아래쪽) 너트를 로크너트라 한다.

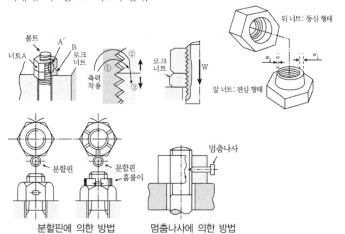

쐐기효과 : 한쪽 구석에 쐐기를 박아 넣어서 다른 쪽의 틈새를 없애 물건을 조여주는 것으로, 앞너트에 위치한 편심 때문에 앞너트의 두꺼운쪽 부분이 동심을 가진 뒤너트와 결합할 때 앞너트의 오른쪽으로 밀어내는 효과이다.

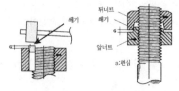

9 다음 설명에 해당하는 용접법은?

> • 산화철 분말과 알루미늄 분말을 혼합하여 점화시키면 산화알루미늄(Al_2O_3)과 철(Fe)을 생성하면서 높은 열이 발생한다.
> • 철도레일, 잉곳몰드와 같은 대형 강주조물이나 단조물의 균열 보수, 기계 프레임, 선박용 키의 접합 등에 적용된다.

① 가스 용접(gas welding)

② 아크 용접(arc welding)

③ 테르밋 용접(thermit welding)

④ 저항 용접(resistance welding)

10 주조법의 종류와 그 특징에 대한 설명으로 옳지 않은 것은?

① 다이캐스팅(die casting)은 용탕을 고압으로 주형 공동에 사출하는 영구주형 주조방식이다.

② 원심 주조(centrifugal casting)는 주형을 빠른 속도로 회전시켜 발생하는 원심력을 이용한 주조방식이다.

③ 셸 주조(shell molding)는 모래와 열경화성수지 결합제로 만들어진 얇은 셸 주형을 이용한 주조방식이다.

④ 인베스트먼트 주조(investment casting)는 주형 표면에서 응고가 시작된 후에 주형을 뒤집어 주형 공동 중앙의 용탕을 배출함으로써 속이 빈 주물을 만드는 주조방식이다.

ANSWER 9.③ 10.④

9 • 가스 용접(gas welding) : 가연성가스와 조연성가스(산소)를 혼합연소하여 그 열로 용가제와 모재를 녹여서 접합하는 방법. 전기용접에 비해 열손실이 크고 변형이 많이 생긴다.
　• 아크 용접(arc welding) : 모재와 전극 사이에서 아크 열을 발생시켜 이 열로 용접봉과 모재를 녹여 접합하는 방법
　• 저항 용접(resistance welding) : 용접물에 전류가 흐를 때 발생하는 저항열로 접합부가 가열되었을 때 가압하여 접합하는 방법

10 인베스트먼트 주조(investment casting)는 왁스와 같은 재료로 모형을 만들고, 여기에 주형재를 부착시켜 굳힌 후 가열하여 왁스를 녹여서 제거하고, 여기에 쇳물을 주입하여 주물을 만드는 방법으로서 주물의 치수가 정확하고 표면이 깨끗하여 복잡한 형상을 만드는데 사용하는 주조법이다.

11 축과 관련된 기계요소에 대한 설명으로 옳지 않은 것은?

① 저널(journal)은 회전운동을 하는 축에서 베어링(bearing)과 접촉하는 부분이다.

② 커플링(coupling)은 운전 중 결합을 풀거나 연결할 수 있는 축이음 기계요소이다.

③ 구름베어링(rolling bearing)은 미끄럼베어링(sliding bearing)보다 소음이 발생하기 쉽다.

④ 베어링(bearing)은 축에 작용하는 하중을 지지하면서 원활한 회전을 유지하도록 한다.

12 역학적 물리량을 SI 단위로 나타낸 것으로 옳지 않은 것은?

① 일 − $[\text{N} \cdot \text{m}]$

② 힘 − $[\text{kg} \cdot \text{m/s}^2]$

③ 동력 − $[\text{N} \cdot \text{m/s}]$

④ 에너지 − $[\text{N} \cdot \text{m/s}^2]$

13 다음 가공공정 중 연마입자를 사용하여 가공물의 표면정도를 향상시키는 것은?

① 선삭   ② 밀링

③ 래핑   ④ 드릴링

ANSWER 11.② 12.④ 13.③

11 커플링(coupling)은 운전 중 결합을 풀 수 없는 축이음기계요소이며 결합을 풀 수 있는 축이음기계요소는 클러치이다.

12 에너지의 기본단위는 [J]이며 이는 $[\text{N} \cdot \text{m}]$과 같다.

13 ① 선삭 : 선반 등의 공작 기계에 절삭 공구를 사용하여 제품을 절삭하는 것
② 밀링 : 밀링 머신에 달린 밀링 커터를 사용하여 공작물을 절삭하는 가공법이다.
④ 드릴링 : 드릴링 머신의 주된 작업으로서 드릴을 사용하여 구멍을 뚫는 작업이다.

14 NC 공작기계에서 사용하는 코드에 대한 설명으로 옳지 않은 것은?

① F 코드 : 주축모터 각속도 지령

② M 코드 : 주축모터 on/off 제어 지령

③ T 코드 : 공구교환 등 공구 기능 지령

④ G 코드 : 직선 및 원호 등 공구이송 운동을 위한 지령

15 공구재료에 대한 설명으로 옳은 것은?

① 세라믹 공구는 저온보다 고온에서 경도가 높아지는 장점이 있다.

② 다이아몬드 공구는 철계 금속보다 비철금속이나 비금속 가공에 적합하다.

③ 파괴파손을 피하기 위해 인성(toughness)이 낮은 공구 재료가 유리하다.

④ 고속도강은 초경합금보다 고온 경도가 높아 높은 절삭속도로 가공하기에 적합하다.

ANSWER 14.① 15.②

14 F코드는 공구의 이송속도를 컨트를 한다.

코드	종류	기능
G코드	준비기능	CNC기계의 주요 제어장치들의 사용을 준비
M코드	보조기능	CNC기계에 장착된 장치들의 동작을 실행
F코드	이송기능	절삭을 위해 공구의 이송속도를 컨트롤
S코드	주축기능	주축의 회전수 및 절삭속도를 컨트롤
T코드	공구기능	공구준비 및 공구교체, 보정, Offset량 등을 컨트롤

15 다이아몬드로 철계금속을 가공하면 산화반응에 의해 기화현상이 발생하게 되므로 적합하지 않다.

① 세라믹 공구는 고온보다는 저온에서 경도가 높다.

③ 파괴파손을 피하기 위해 인성(toughness)이 높은 공구 재료가 유리하다.

④ 고속도강은 초경합금보다 고온 경도가 낮다.

※ **고속도강(SKH)** … 금속재료를 고속도로 절삭하는 공구에 사용되는 내열성을 지닌 특수강으로서 고탄소강에 Cr, Mo, W, V 등을 첨가하여 용융시작 온도 바로 전에서 담금질 후 550~600도에서 뜨임처리한 금속이다. 고탄소 크롬강으로서 텅스텐, 바나듐, 코발트 등을 첨가하여 고온에서도 경도가 저하되지 않고 내마멸성이 큰 공구강이다.

※ **초경합금(超硬合金 ; Cemented Carbide)** … WC, TiC, TaC 등의 고용융점, 경질탄화물의 분말에 Co 분말을 결합제로 혼합하여 Co의 용융점 부근(1300~1700℃)에서 소결(燒結)시키는 분말 야금법에 의하여 만들며, 고온경도가 크다. 오늘날 절삭 공구로 상용되는 초경합금 중 Co를 결합제로 사용한 WC로 된 C급은 주로 주철과 비철의 절삭공구에 사용되고, Co를 결합 제로 한 WC, TiC, TaC로 된 S급은 주로 강의 절삭에 사용된다.

• 넓은 온도범위에서 높은 경도를 갖는다.

• 강성(剛性)이 크며 탄성계수가 강의 3배 정도이다.

• 350kg/cm^{2}의 높은 응력에서도 소성유동이 나타나지 않는다.

• 강에 비하여 열팽창이 적다.

• 열전도도가 높다(특히 C급에서).

• 저속에서 응착성이 크다.

16 유압 작동유에 기포가 발생할 경우 생기는 현상으로 옳은 것만을 모두 고른 것은?

> ㉠ 윤활작용이 저하된다.
> ㉡ 작동유의 열화가 촉진된다.
> ㉢ 압축성이 감소하여 유압기기 작동이 불안정하게 된다.

① ㉠, ㉡
② ㉠, ㉢
③ ㉡, ㉢
④ ㉠, ㉡, ㉢

17 동일한 가공조건으로 연삭했을 때, 가장 좋은 표면거칠기를 얻을 수 있는 연삭 숫돌은? (단, 표면거칠기는 연마재의 입자크기에만 의존한다고 가정한다)

① 25 − A − 36 − L − 9 − V − 23
② 35 − C − 50 − B − 8 − B − 51
③ 45 − A − 90 − G − 5 − S − 45
④ 51 − C − 70 − Y − 7 − R − 12

16 유압 작동유에 기포가 발생하게 되면 압축성이 증가하게 되어 유압기기의 작동이 불안정해진다.

17

A	90	G	5	S	45
입자의 종류	입도	결합도	조직	결합체	숫돌외경
알루미나	−	엉성한 것	−	실리케이트	45mm

입자가 작을수록 표면거칠기는 좋아진다.

18 폴리염화비닐, ABS, 인베스트먼트 주조용 왁스, 금속, 세라믹 등 재료를 분말형태로 사용하는 쾌속조형법은?

① 광조형법(stereolithography)

② 고체평면노광법(solid ground curing)

③ 선택적 레이저소결법(selective laser sintering)

④ 용융-용착모델링법(fused-deposition modeling)

19 내연기관의 배기가스 유해성분에 대한 설명으로 옳지 않은 것은?

① 배기가스 재순환(EGR)율을 낮추면 질소산화물(NO_x) 배출량이 감소한다.

② 3원촉매(three way catalytic converter)는 일산화탄소(CO), 탄화수소(HC), 질소산화물(NO_x)을 정화할 수 있는 촉매이다.

③ 경유 자동차의 배출가스 중에서 유해가스로 규제되는 성분 중 입자상 물질(PM : particulate matters)과 질소산화물(NO_x)의 배출량이 많아 문제시되고 있다.

④ 매연여과장치(DPF : diesel particulate filter trap)는 디젤기관에서 배출되는 입자상 물질(PM)을 80 % 이상 저감할 수 있다.

ANSWER 18.③ 19.①

18 광조형법은 열경화성수지를 빛으로 가열하여 가공하는 방법이다.
　　소결은 고체의 가루를 틀 속에 넣고 프레스로 적당히 눌러 단단하게 만든 다음 그 물질의 녹는점에 가까운 온도로 가열했을 때 가루가 서로 접한 면에서 접합이 이루어지거나 일부가 증착하여 서로 연결되어 한 덩어리로 되는데 이러한 작업을 말한다.

19 배기가스 재순환(EGR)율을 낮추면 질소산화물(NO_x) 배출량이 증가한다.

20 전해연마(electrolytic polishing)의 특징으로 옳지 않은 것은?

① 미세한 버(burr) 제거 작업에도 사용된다.

② 복잡한 형상, 박판부품의 연마가 가능하다.

③ 표면에 물리적인 힘을 가하지 않고 매끄러운 면을 얻을 수 있다.

④ 철강 재료는 불활성 탄소를 함유하고 있으므로 연마가 용이하다.

ANSWER 20.④

20 전해연마는 철강재료의 연마에는 적합하지 않은 특수가공법이다.
- 전기-화학적 반응을 이용한 연마법으로 피연마재를 양극, 전극을 음극으로 하여, 양극 표면에서의 금속용출을 이용해 금속 표면을 거울면과 같이 매끄럽게 만드는 연마법이다.
- 전기도금의 반대원리로서 특정한 전해액에 연마하고자 하는 제품을 양극으로 연결하고 양극 표면의 돌출부를 선택적으로 용해시켜 제품의 표면을 연마한다.
- 금속표면에 얇은 산화막인 부동태 피막이 형성되므로 부식저항성을 크게 증가시키는 효과 등을 얻을 수 있다.
- 전극과 공작물의 비접촉에 의한 연마법으로 기계적인 가공이 어려운 복잡한 형상, 고경도 난삭재의 연마에 적합하다.
- 반도체 제조장비, 식품위생기기, 의료기기, 초순수제조기, 고순도가스용기, 정밀금형 및 원자력기기 등 표면의 정밀도와 청정도를 함께 요구하는 다양한 산업분야에 응용되고 있다.

1 연강의 인장시험에서 알 수 있는 재료의 물성치가 아닌 것은?

① 경도(hardness)

② 연신율(elongation)

③ 탄성계수(modulus of elasticity)

④ 인장강도(tensile strength)

2 고온에서 강에 탄성한도보다 낮은 인장하중이 장시간 작용할 때 변형이 서서히 커지는 현상은?

① 피로

② 크리프

③ 잔류응력

④ 바우싱거 효과

ANSWER 1.① 2.②

1 연강의 인장시험은 연강봉을 인장시켜서 그 변형량을 측정하는 시험이다. 따라서 이 시험으로 연강의 경도를 측정할 수는 없다.

2 • 크리프 : 고온에서 강에 탄성한도보다 낮은 인장하중이 장시간 작용할 때 변형이 서서히 커지는 현상

　　• 바우싱거효과 : 강재의 응력–변형도 시험에서 인장력을 가해 소성상태에 들어선 강재를 다시 반대방향으로 압축력을 적용하였을 때의 압축항복점이 소성상태에 들어서지 않은 강재의 압축항복점에 비해 낮은 현상이다.

3 그림과 같이 원주를 따라 슬릿(slit)이 배열된 관형구조의 선삭용 공작물 고정장치는?

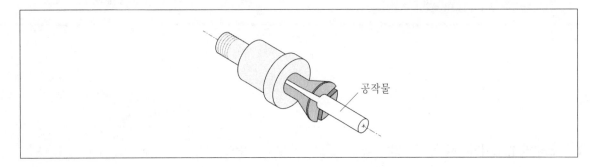

공작물

① 면판
② 콜릿
③ 연동척
④ 단동척

ANSWER 3.②

3 **콜릿척** … 중공관의 한 끝에 3~4개의 홈을 만들고 가운데 공작물을 넣고 외경쪽으로 조여서 사용하는 척으로서 지름이 작은 공작물 고정에 편리하고 각 봉재 고정에도 편리하다.
※ 척(Chuck)은 선반의 주축 끝에 붙는 부속장치를 말하며 공작물을 유지하는 장치를 말한다. (선반이나 밀링 가공 시 공작물이 흔들리지 않도록 꽉 잡아서 고정시켜 주는 장치이다.) 3~4개의 조(Jaw)가 부착되어 있으며 이 조를 핸들로 조여줘가며 가공품을 꽉 잡아주는 역할을 한다. 일반적으로 수동으로 조를 클램핑하는 수동척이 있으며 대게 자동, 반자동으로 작동하는 에어척, 콜릿척을 많이 사용한다.

종류	구조	특징
단동척	4개의 조가 각각 단독으로 움직이며 공작물의 바깥 지름이 불규칙하거나 중심이 편심일 때 사용한다.	조임이 강하고 편심가공이 편리하다. 중심을 잡는데 시간이 걸린다.
연동척	3개의 조를 가지고 있으며 한 개의 조를 돌리면 3개의 조가 동시에 움직인다.	중심잡기가 편리하나 조임이 약하다.
양용척	단동척과 연동척이 결합된 형태	불규칙한 공작물의 다량 고정 시 사용됨
마그네틱척	척 내부에 전자석이 있어 자력으로 고정할 수 있다. 얇은 판의 공작물을 변형없이 고정할 수 있다.	비자성체는 고정이 불가하며 강력절삭이 어렵다.
콜릿척	중공관의 한 끝에 3~4개의 홈을 만들고 가운데에 공작물을 넣고 외경쪽으로 조여 사용한다.	지름이 작은 공작물 고정에 편리하며 각 봉재 고정에도 편리하다.
공기척	공기의 압력을 이용하여 공작물을 고정할 수 있는 형태의 척이다.	조의 개폐가 신속하며 운전중에도 작업이 가능하다.

4 선반 가공에서 발생하는 불연속형 칩에 대한 설명으로 가장 옳은 것은?

① 칩 브레이커에 의해 발생한다.

② 가공면은 우수한 표면 정도를 갖는다.

③ 취성이 큰 재료를 작은 경사각과 큰 절삭깊이로 가공할 때 발생한다.

④ 공구와 칩 사이의 마찰로 인하여 공작물 재료의 일부분이 절삭날 근처의 경사면에 들러붙어 발생한다.

5 기계공작용 측정기에 대한 설명으로 가장 옳은 것은?

① 다이얼 게이지는 구멍의 안지름을 측정할 수 있다.

② 블록 게이지는 원기둥의 진원도를 측정할 수 있다.

③ 마이크로미터는 회전체의 흔들림을 측정할 수 있다.

④ 버니어 캘리퍼스는 원통의 바깥지름, 안지름, 깊이를 측정할 수 있다.

6 축이음 기계요소에 대한 설명으로 옳지 않은 것은?

① 원판 클러치와 원추 클러치는 구동축과 종동축 사이에 있는 접촉면의 마찰력에 의하여 동력을 전달한다.

② 유니버설 조인트의 구동축과 종동축이 평행하지 않을 때, 축의 회전각도에 따라 종동축과 구동축의 각 속도비가 일정하지 않고 변동한다.

③ 올덤 커플링은 두 축이 평행하고 축중심이 약간 편심되어 있는 경우에 사용하는 축이음으로 원심력에 의한 진동 때문에 고속 회전에는 부적합하다.

④ 플렉시블 커플링은 두 축의 중심을 일치시키기 어렵거나 진동이 발생하기 쉬운 경우에 사용하는 커플링 으로서 동작 중에 연결하거나 분리할 수 있다.

ANSWER 4.③ 5.④ 6.④

4 ① 불연속형칩은 칩브레이커를 고려하지 않는다. (칩브레이커는 유동형칩과 관련된 것이다.)
② 불연속형칩의 가공면은 표면 정도가 좋지 않다.
④ 공구와 칩 사이의 마찰로 인하여 공작물 재료의 일부분이 절삭날 근처의 경사면에 들러붙어 발생하는 것은 구성인선이다.

5 ① 다이얼 게이지는 구멍의 안지름을 측정할 수 없다.
② 블록 게이지는 원기둥의 진원도를 측정할 수 없다.
③ 마이크로미터는 회전체의 흔들림을 측정할 수 없다.

6 **플렉시블 커플링** … 두 축의 중심선이 약간 어긋나 있을 경우 탄성체를 플랜지에 끼워 진동을 완화시키는 이음이다. 회전축이 자유롭게 이동할 수 있으나 동작 중 연결이나 분리가 되지 않는다. (커플링은 동작 중 연결이나 분리가 불가하나 클러치는 동작 중 연결이나 분리가 된다.)

7 경도에 대한 설명으로 옳지 않은 것은?

① 다이아몬드는 지금까지 알려진 재료 중 경도가 가장 높아 깨지지 않는다.

② 경도는 압입에 대한 재료의 저항값으로, 높은 경도의 재료는 내마모성이 좋다.

③ 브리넬 경도는 구형 압입체를 시험편에 누른 후 압입하중과 압입자국의 직경을 이용하여 측정한다.

④ 로크웰 경도는 압입체를 시험편에 초기하중으로 누른 후, 시험하중을 가해 발생하는 추가적인 압입깊이를 이용하여 측정한다.

8 유체의 유량을 측정하는 장치로 옳지 않은 것은?

① 위어(weir)

② 오리피스(orifice)

③ 액주계(manometer)

④ 벤투리미터(venturi meter)

9 재료의 피로수명을 향상시킬 수 있는 공정으로 옳지 않은 것은?

① 연마

② 표면경화

③ 전기도금

④ 숏피닝(shot peening)

ANSWER 7.① 8.③ 9.③

7 다이아몬드는 경도가 크지만 강도는 그리 크지 않다. 경도는 표면이 단단한 정도로서 긁히지 않는 정도인 반면 강도는 파손되지 않는 정도를 말한다. 따라서 다이아몬드의 강도는 재료 중 가장 높지는 않으며 깨질 수 있어 가공을 할 수 있다.

8 액주계는 유속을 측정하는 장치이다.

※ 유체 측정 기기
- 유량측정기기 : 노즐, 위어, 오리피스, 벤투리미터
- 압력측정기기 : 피에조미터, 마노미터, 부르동관 압력계
- 유속측정기기 : 피토관, 시차 액주계, 열선 속도계, 유속계(초음파, 레이저, 입자영상)

9 전기도금은 전기 에너지를 이용하여 전극 표면에 특정 물질을 코팅하는 것으로서 재료의 피로수명을 저하시킨다.

10 ㈎와 ㈏가 같은 크기의 물리량으로 짝지어지지 않은 것은? (단, 중력가속도는 9.8 m/s²이다)

	㈎	㈏
①	3,000rpm	100π rad/s
②	1PS	75J/s
③	1MPa	1,000kN/m²
④	100kgf	980N

11 둥근키에 대한 설명으로 옳은 것은?

① 축을 키의 폭만큼 평평하게 깎아서 키를 때려 박아 토크를 전달한다.

② 기울기가 없는 키를 사용하여 보스가 축 방향으로 이동할 수 있도록 하면서 토크를 전달한다.

③ 키 홈을 파지 않고 축과 보스 사이에 원추(원뿔)를 끼워 박아서 마찰력으로 토크를 전달한다.

④ 축과 보스를 끼워 맞춤하고 축과 보스 사이에 구멍을 가공하여 원형단면의 평행핀 또는 테이퍼핀을 때려 박아서 토크를 전달한다.

12 나사에 대한 설명으로 옳지 않은 것은?

① 마찰계수와 나선각(리드각)이 같을 경우 삼각나사보다 사각나사의 마찰력이 크다.

② 나사의 마찰각이 나사의 나선각(리드각)보다 큰 경우에는 저절로 풀리지 않는다.

③ 미터 보통나사의 나사산각은 60°이고, 수나사의 바깥지름[mm]을 호칭치수로 한다.

④ 나사의 자립은 외력이 작용하지 않을 경우 나사가 저절로 풀리지 않는 상태를 말한다.

ANSWER 10.② 11.④ 12.①

10 1[PS]는 0.735[kW]이다.

11 ① 축을 키의 폭만큼 평평하게 깎아서 키를 때려 박아 토크를 전달하는 것은 평행키이다.
② 기울기가 없는 키를 사용하여 보스가 축 방향으로 이동할 수 있도록 하면서 토크를 전달하는 것은 미끄럼키이다.
③ 키 홈을 파지 않고 축과 보스 사이에 원추(원뿔)를 끼워 박아서 마찰력으로 토크를 전달하는 것은 안장키이다.

12 마찰계수와 나선각(리드각)이 같을 경우 사각나사보다 삼각나사의 마찰력이 크다.

13 평기어에 대한 설명으로 옳지 않은 것은?

① 인벌류트 기어의 물림률을 증가시키려면 접촉호의 길이를 크게 해야 한다.

② 인벌류트 기어에서 언더컷은 잇수가 적을 때 혹은 압력각이 작을 때 발생하기 쉽다.

③ 인벌류트 기어에서 피치원지름이 일정할 경우, 모듈(module)이 커질수록 잇수는 적어지고 이높이는 커진다.

④ 사이클로이드 기어는 이의 마멸이 균일하고 작용할 수 있는 추력(thrust)이 커서 주로 동력전달장치, 공작기계 등에 사용한다.

14 가공공정에 대한 설명으로 옳지 않은 것은?

① 전자빔가공은 진공챔버에서 수행된다.

② 초음파가공은 세라믹, 유리 등 단단하고 취성이 큰 재료의 가공에 적합하다.

③ 레이저가공은 광학렌즈에 의해 집중된 빛을 이용하며 기화나 용융에 의해 재료를 제거하는 공정이다.

④ 방전가공은 공구(전극)와 공작물 사이에 있는 전해액 속에서 생성된 스파크에 의해 재료를 제거하는 공정이다.

15 가솔린기관에서 크랭크축이 1회전하는 동안, 소요 시간은 $\dfrac{1}{50}$초이고 피스톤의 평균이동속도는 10 m/s이다. 피스톤의 행정거리(stroke)[mm]는?

① 50

② 100

③ 200

④ 400

13 추력이 발생하는 기어는 헬리컬기어이며 이 기어를 사용할 때는 스러스트베어링을 사용해야 한다. (사이클로이드기어의 형상은 추력이 발생하지 않는다.)

14 방전가공은 전해액이 아니라 가공액을 사용한다.

15 크랭크축이 1회전 하는 동안 피스톤이 1번 왕복하며 왕복거리가 $10[m/s] \times \dfrac{1}{50}s = 0.2[m] = 200[mm]$가 된다.

행정거리는 왕복거리의 절반이므로 100[mm]가 된다.

16 냉동기용 압축기의 종류 중 원심식압축기(터보압축기)에 대한 설명으로 옳은 것은?

① 실린더 안에서 왕복 운동하는 피스톤에 의해 냉매를 흡입, 압축하여 배출한다.

② 실린더 안에 설치된 암·수 두 개의 로터(rotor) 사이의 공간으로 냉매를 흡입, 압축하여 배출한다.

③ 임펠러(impeller)가 고속 회전할 때 생기는 원심력을 이용하여 냉매를 흡입, 압축하여 배출한다.

④ 회전축에 대하여 편심된 회전자의 회전에 의해 회전자와 실린더 사이로 냉매를 흡입, 압축하여 배출한다.

17 왕복 펌프에 대한 설명으로 옳지 않은 것은?

① 송출 압력이 낮은 곳에서는 피스톤 펌프보다 플런저 펌프가 사용된다.

② 피스톤 펌프는 실린더 내에서 피스톤을 왕복 운동시켜 유체를 흡입하고 송출한다.

③ 버킷 펌프는 피스톤 중앙부에 구멍을 뚫어 밸브를 설치한 것으로 수동 펌프로 사용된다.

④ 유체의 누설이 차단되는 다이어프램 펌프는 이물질이 혼입되지 않아야 하는 식품제조 공정에서 사용한다.

18 금속의 소성 가공에 대한 설명으로 옳지 않은 것은?

① 금속 박판의 블랭킹 공정에서 펀치 직경은 제품 직경과 같게 설계한다.

② 금속 박판의 굽힘가공에서 스프링백(springback)은 과도굽힘으로 보정할 수 있다.

③ 형단조에서 플래시는 재료가 금형 내 복잡한 세부 부분까지 채워지도록 도와준다.

④ 딥드로잉 공정에서 설계 제품의 드로잉비가 한계를 초과한 경우, 두 번 이상의 단계로 드로잉을 수행한다.

....

ANSWER 16.③ 17.① 18.①

16 ① 실린더 안에서 왕복 운동하는 피스톤에 의해 냉매를 흡입, 압축하여 배출하는 것은 왕복동식 압축기이다.
  ② 실린더 안에 설치된 암·수 두 개의 로터(rotor) 사이의 공간으로 냉매를 흡입, 압축하여 배출하는 것은 스크류식 펌프이다.
  ④ 회전축에 대하여 편심된 회전자의 회전에 의해 회전자와 실린더 사이로 냉매를 흡입, 압축하여 배출하는 것은 회전식압축기이다.

17 송출 압력이 낮은 곳에서는 플런저 펌프보다 피스톤 펌프가 사용된다.

18 금속 박판의 블랭킹 공정에서 펀치 직경은 제품 직경보다 작게 설계한다. (펀치직경과 제품직경이 같으면 펀칭에 의해 제품의 가장자리가 구멍안으로 말려들어가게 되고 이는 펀치나 형틀에 손상을 가할 수 있다.)

19 층(layer)을 쌓아 제품을 제작하는 방식인 적층제조(additive manufacturing) 공정에 대한 설명으로 옳지 않은 것은?

① 조립과정을 거쳐야만 구현 가능한 복잡한 내부 형상을 가진 부품을 일체형으로 제작할 수 있다.

② FDM(fused deposition modeling) 공정으로 제작된 제품은 경사면이 계단형이다.

③ SLS(selective laser sintering) 공정은 돌출부를 지지하기 위한 별도의 구조물이 필요하다.

④ 분말층 위에 접착제를 프린팅하는 공정을 이용하여 세라믹 제품의 제작이 가능하다.

20 평판 압연 공정에서 압하량(draft)과 압하력(roll force)에 대한 설명으로 옳지 않은 것은?

① 마찰계수가 클수록 최대 압하량은 증가한다.

② 평판의 폭이 증가할수록 압하력은 증가한다.

③ 동일한 압하량에서 압연롤의 직경이 증가할수록 압하력은 증가한다.

④ 동일한 압하량에서 평판의 초기 두께가 증가할수록 압하력은 증가한다.

ANSWER 19.③ 20.④

19 SLS(selective laser sintering) 공정은 틀 안에서 제품이 만들어지므로 돌출부를 지지하기 위한 별도의 구조물이 필요없다.

20 압하력은 초기두께와 나중두께의 차이가 클수록 증가한다.
  • 압하량 : 압연 가공에서 소재를 압축해서 두께를 얇게 할 때 압연 전과 압연 후의 두께 차이
  • 압하율 : 압연이 된 정도를 나타내는 상대적 수치로서 압연전의 두께 대비 압연 후 두께의 감소량으로 나타낸다.

1 기계재료의 결합형식 중 양이온화된 금속이온과 음의 자유전자 간의 정전기적 인력에 의한 결합은?

① 이온결합　　　　　　　　　　　　② 공유결합

③ 금속결합　　　　　　　　　　　　④ 반데르발스 결합

2 축방향과 잇줄의 방향이 일치하지 않는 기어로 이의 물림이 좋고 진동 및 소음이 적으며 스퍼기어에 비해 하중 전달력이 크다는 장점을 지닌 기어는?

① 헬리컬기어　　　　　　　　　　　② 베벨기어

③ 내접기어　　　　　　　　　　　　④ 웜기어

ANSWER 1.③ 2.①

1 • 금속결합 : 양이온화된 금속이온과 음의 자유전자 간의 정전기적 인력에 의한 결합
　• 이온결합 : 양이온과 음이온이 정전기적 인력으로 결합하여 생기는 화학결합이다.
　• 공유결합 : 원자들 사이에 전자쌍을 공유하여, 그 결과 원자 사이의 인력과 반발력이 균형을 이루어 만들어지는 결합이다.
　• 반데르발스 결합 : 비극성 물질들 사이의 상호작용으로 두 비극성 분자가 근접하여 생기는 반데르발스 힘에 의한 결합이다. 중성인 분자에서 극히 근거리에서만 작용하는 약한 인력에 의해 형성된다.

2 • 헬리컬기어 : 잇줄이 축방향에 대해 경사져 있는 기어로, 맞물리는 기어의 잇줄방향은 서로 반대를 이룬다. 이의 물림이 우수하여 큰 하중을 지지할 수 있고 소음이 적으나 축방향의 하중이 발생하게 되는 문제가 있으며 평기어보다 제작이 어렵다. 나선각을 크게 해야 물림률이 높아진다.
　• 베벨기어 : 원뿔 모양으로서 서로 직각·둔각 등으로 만나는 두 축으로 구성된 기어이다. 기어선의 상태에 따라 직선 베벨기어, 스파이럴 베벨기어, 나선형 베벨기어 등이 있다.
　• 내접기어 : 원통 또는 원추의 안쪽에 이가 만들어져 있는 기어이다. 내접기어와 맞물려 돌아가는 안쪽의 작은 기어는 서로 회전방향이 같으며 감속비가 크다.
　• 웜기어 : 웜과 이와 물리는 웜휠로 구성된 기어로서 큰 감속비를 얻을 수 있다. 웜과 웜휠의 축은 서로 직각을 이룬다.

3 잇수가 40이고 모듈이 5인 스퍼기어의 바깥지름(이끝원지름)[mm]은?

① 180

② 190

③ 200

④ 210

4 밀링가공 시 밀링커터의 외경이 100mm, 밀링커터의 회전수가 300rpm이라면 이 때 절삭속도[m/min]는? (단, $\pi = 3$이다.)

① 90

② 100

③ 120

④ 150

5 〈보기〉에서 진원도 측정방법을 모두 고른 것은?

┌──────────────── 〈보기〉 ────────────────┐

ㄱ 직경법   ㄴ 삼점법   ㄷ 반경법

└───┘

① ㄱ

② ㄱ, ㄷ

③ ㄴ, ㄷ

④ ㄱ, ㄴ, ㄷ

ANSWER 3.④ 4.① 5.④

3 $D = m(Z+2) = 5(40+2) = 210[mm]$

4 $v = \dfrac{\pi DN}{1000} = \dfrac{3 \cdot 100[mm] \cdot 300[rpm]}{1000} = 90[m/min]$

5 진원도 … 원형 측정물의 단면 부분이 진원으로부터 어긋난 크기를 말한다.

ㄱ 직경법 : 원형부분을 평행한 2직선 사이에 끼울 때, 그 2직선 사이의 거리를 측정하여 최댓값과 최솟값의 차로서 나타내는 방법

ㄴ 삼점법 : V블록 위에 측정물을 세팅 후 측미기를 접촉한 상태로 측정물을 회전시킨다. 측정물이 1회전할 때 측미기의 바늘이 움직인 최대치와 최소치를 읽는다.

ㄷ 반경법 : 편심측정용 테이블센터에 측정물을 회전시키면서 측미기의 최대, 최소치를 진원도로 표시한다.

※ 동경의 원 : 원형부분의 단면에서 여러 방향으로 직경을 측정하였을 때 직경값들은 일정하지만 진원이 아닐 경우의 도형

※ 측미기 : 100만분의 1미터 정도까지 잴 수 있는 기구의 하나. 나사의 회전과 진도와의 관계를 이용하여 재는데, 보통은 종이·철사 따위의 지름을 재는 데 이용한다. 마이크로미터라고도 한다.

6 압출가공에서 냉간압출에 대한 설명으로 바르지 않은 것은?

① 가공경화에 의해 단단한 제품을 얻을 수 있다.

② 산화가 발생하지 않는다.

③ 열간압출에 비해 가공면이 거칠다.

④ 열간압출에 비해 공구에 가해지는 압력이 크다.

7 다음 보기에서 설명하는 특징을 모두 만족하는 용접공정으로 가장 바른 것은?

─── 〈보기〉 ───

• 노즐을 통해 중력으로 용접부에 공급되는 과립 용제로 용접아크를 덮는다.
• 소모성 용접봉을 사용하며, 용접건의 관을 통해 자동 공급한다.

① 가스방호금속아크용접(GMAW, gas metal arc welding)

② 서브머지드아크용접(SAW, submerged arc welding)

③ 유심용제아크용접(FCAW, flux-cored arc welding)

④ 일렉트로가스용접(EGW, electrogas welding)

ANSWER 6.③ 7.②

6 열간가공은 냉간가공에 비해 가공면이 거칠다.

㉠ **열간가공의 특징**
• 재질의 균일화가 이루어진다.
• 가공도가 커서 가공에 적합하다.
• 가열에 의해 산화되기 쉬워 정밀가공이 어렵다.

㉡ **냉간가공의 특징**
• 가공경화로 인해 강도가 증가하고 연신율이 감소한다.
• 큰 변형응력을 요구한다.
• 제품의 치수를 정확히 할 수 있다.
• 가공면이 아름답다.
• 가공방향으로 섬유조직이 되어 방향에 따라 강도가 달라진다.

7 • **서브머지드아크용접**: 정련작용을 하는 입자 모양의 피복제로 용접 부분을 두껍게 덮고, 그 속에서 용접봉이 용접선상을 따라 나아가면서 용접되는 재료와의 사이에 큰 전류의 아크를 발생시켜 용접하는 방법이다.
• **가스방호(실드)금속아크용접**: 연속적으로 공급된 용가재와 모재 사이의 아크열에 의해 용접을 하는 방식이다. 불활성가스나 탄산가스 등을 공급하여 용접부를 보호하는 방식이다.
• **유심용제아크용접**: 튜브형의 용접봉 안으로 Si나 Mn등의 탈산제(flux)가 공급되고, 노즐을 통해 공급되는 CO_2 가스와 탈산제가 결합해 슬래그가 되어 표면으로 떠오른다. 용접 속도가 빠르고 치밀한 결과물을 얻을 수 있다. 하지만 재질이 철이어야만 가능하다는 단점이 존재한다. 조선소에서 가장 많이 쓰이는 용접이다.
• **일렉트로가스용접**: 일렉트로 슬래그 용접과 같이 수직자동 용접의 일종으로 실드 가스는 주로 탄산가스를 사용하며, 탄산가스 분리기 속에서 발생시킨 아크열로 모재를 용접하는 방법이다.

8 유효낙차가 7.5m인 수력터빈에서 $0.2m^3/s$의 유량이 수차로 공급될 때 얻을 수 있는 최대 동력[kW]은? (단, 물의 밀도는 $1,000kg/m^3$이고 중력가속도 $9.8m/s^2$이다.)

① 1.47

② 14.7

③ 2

④ 20

9 물리량의 차원이 잘못 표시된 것은? (단, M은 질량, L은 길이, T는 시간을 의미한다.)

① 밀도 : ML^{-3}

② 에너지 : $ML^{-1}T^{-1}$

③ 운동량 : MLT^{-1}

④ 압력 : $ML^{-1}T^{-2}$

ANSWER 8.② 9.②

8
$$L_w = \frac{\gamma QH}{102} = \frac{1,000[kg/m^3] \cdot 0.2[m^3/s] \cdot 7.5[m]}{102} = 14.7[kW]$$

9 에너지 : ML^2T^{-2}

물리량	MLT계	FLT계	물리량	MLT계	FLT계
길이	[L]	[L]	질량	[M]	$[FL^{-1}T^2]$
면적	$[L^2]$	$[L^2]$	힘	$[MLT^{-2}]$	[F]
체적	$[L^3]$	$[L^3]$	밀도	$[ML^{-3}]$	$[FL^{-4}T^2]$
시간	[T]	[T]	운동량, 역적	$[MLT^{-1}]$	[FT]
속도	$[LT^{-1}]$	$[LT^{-1}]$	비중량	$[ML^{-2}T^{-2}]$	$[FL^{-3}]$
각속도	$[T^{-1}]$	$[T^{-1}]$	점성계수	$[ML^{-1}T^{-1}]$	$[FL^{-2}T]$
가속도	$[LT^{-2}]$	$[LT^{-2}]$	표면장력	$[MT^{-2}]$	$[FL^{-1}]$
각가속도	$[T^{-2}]$	$[T^{-2}]$	압력강도	$[ML^{-1}T^{-2}]$	$[FL^{-2}]$
유량	$[L^3T^{-1}]$	$[L^3T^{-1}]$	일, 에너지	$[ML^2T^{-2}]$	[FL]
동점성계수	$[L^2T^{-1}]$	$[L^2T^{-1}]$	동력	$[ML^2T^{-3}]$	$[FLT^{-1}]$

10 직경 60cm의 벨트 풀리를 갖는 전동기에서 풀리 외주면의 원주속도가 20m/s일 때 전동기 축의 회전수 [rpm]는?

① $\dfrac{600}{\pi}$

② $\dfrac{1200}{\pi}$

③ $\dfrac{1500}{\pi}$

④ $\dfrac{2000}{\pi}$

11 기계부품 제조 시에 형성되는 수축공, 기공 등의 주조결합과 단조나 용접 시에 가공균열처럼 큰 덩어리 형태의 결함을 일컫는 것으로 가장 바른 것은?

① 체적결함

② 적층결함

③ 선결함

④ 점결함

··

ANSWER 10.④ 11.①

10 원주속도가 20[m/s]라면 이는 1분 동안 1,200[m]에 해당되는 거리이다.

벨트 풀리가 1회전 할 때 점이 이동하는 거리는 0.6π[m]가 된다.

1,200[m]를 0.6π[m]로 나눈 값이 1분당 회전수이므로

전동기 축의 회전수는 $\dfrac{2000}{\pi}$[rpm]이 된다.

11 결정결함의 종류
* **점결함** : 어떤 원자가 있어야 하는 위치에 원자가 없는 결함
* **선결함** : 전위(dislocation)라고도 하며 격자 뒤틀림이 어떤 선 주변에 집중되어 발생하는 결함
* **면결함** : 2차원 결함으로서 외부표면, 결정립계, 비틀림, 적층결함 등을 통칭한다.
* **외부표면결함** : 표면에서 원자들이 다른 원자들과 결합한 형태의 결함
* **결정립계결함** : 금속에서 응고 중 다른 핵들로부터 형성된 결정들이 동시에 성장하여 서로 만날 때 생성되는 결함
* **쌍정결함** : 어떤 면 또는 경계에서 거울에 비친 상처럼 나타나는 결함
* **소각경계** : 일련의 칼날전위가 두 결정 영역의 방향이 어긋난 형태
* **체적결함** : 기계부품 제조 시에 형성되는 수축공, 기공 등의 주조결합과 단조나 용접 시에 가공균열처럼 큰 덩어리 형태의 결함
* **적층결함** : 층이 쌓이는 순서가 잘못되는 결정 결함이다. 조밀 격자에서는 적층 결함이 나타나기 쉬운데 면심 입방 격자와 조밀 육방 격자는 유사한 구조를 가지고 있으나 적층 순서가 다르기 때문이다.

12 종탄성계수 및 푸아송비가 각각 200GPa, 0.25인 재료에 전단력을 가하여 전단변형의 선형구간 내에서 0.001의 전단변형률이 발생했을 때 가해진 전단응력의 크기[MPa]는?

① 20

② 50

③ 80

④ 100

13 직경이 1cm이고 종탄성계수와 열팽창계수가 각각 200GPa, 10×10^{-6}/oC인 균일단면 균일재료 봉의 온도가 20oC만큼 증가하여 봉의 길이가 늘어났을 때, 이 봉의 길이를 원래대로 돌려놓기 위해 봉에 가해야 할 압축력의 크기[N]는?

① 500π

② 1000π

③ 2000π

④ 4000π

14 정밀입자가공(숫돌입자가공)은 매우 작고 단단한 알갱이나 입도가 작은 숫돌을 이용하여 높은 정밀도를 꾀하고 거울과 같이 매끈한 표면으로 다듬는 가공법이다. 정밀입자가공에 해당되지 않는 것은?

① 래핑(lapping)

② 호닝(honing)

③ 슈퍼 피니싱(super finishing)

④ 전해연마(electrolytic polishing)

ANSWER 12.③ 13.② 14.④

12 $\tau = G\gamma = \dfrac{E}{2(1+v)}\gamma = \dfrac{200[GPa]}{2(1+0.25)} \cdot 0.001 = 80[MPa]$

13 온도가 20도 올라가면 봉은 0.0002[cm]만큼 늘어나게 된다.

길이 L, 단면적 A, 종탄성계수 E인 봉에 하중 P를 가하여 그 변형량이 0.0002[cm]가 되려면

$\triangle = \dfrac{PL}{AE} = \dfrac{P \cdot 1[\mathrm{cm}]}{\dfrac{\pi \cdot 1^2[\mathrm{cm}^2]}{4} \cdot 200[GPa]} = 0.0002[\mathrm{cm}]$를 충족해야 한다.

이를 충족하는 P는 1[GPa]=1,000[MPa]이므로 P=1000π[N]이 된다.

14 • 정밀입자가공 : 호닝, 슈퍼 피니싱, 래핑

• 특수가공 : 전해연마, 전해연삭, 화학적가공, 버핑, 액체호닝, 초음파가공, 방전가공, 입자벨트가공, 쇼트피닝

15 다음 보기에서 옳은 것을 모두 고르면?

〈보기〉

ⓐ 방전가공 시 전극과 재료가 접촉하지 않은 상태에서 가공이 진행된다.
ⓑ 레이저가공 시 재료 표면의 반사도가 높을수록 가공효율이 높다.
ⓒ 전해연삭 공정에서 연삭작용에 의한 재료제거량은 전체 제거량의 5% 미만이다.

① ㄱ
② ㄴ
③ ㄱ, ㄷ
④ ㄱ, ㄴ, ㄷ

16 압연에 대한 설명으로 가장 바르지 않은 것은?

① 단면의 형상변화를 일으키는 공정이다.
② 가공 후에 형상뿐만 아니라 금속의 물성도 변한다.
③ 평판, 박판, 관, 레일을 만들 수 있다.
④ 금속의 탄성변형을 주로 이용하는 공정이다.

17 클램프 설계에서 고려할 사항으로 가장 옳지 않은 것은?

① 절삭력은 클램프가 위치한 방향으로 작용하도록 한다.
② 클램핑하는 힘은 공작물에 변형을 주지 않아야 한다.
③ 조작이 간단하도록 설계한다.
④ 손상, 변형, 뒤틀림을 방지하기 위해 여러 개의 작은 힘으로 분산시킨다.

ANSWER 15.③ 16.④ 17.①

15 레이저가공 시 재료 표면의 반사도가 낮을수록 가공효율이 높다.

16 압연은 금속의 소성변형을 주로 이용하는 공정이다.

17 절삭력은 클램프가 위치한 방향으로 작용하지 않도록 해야 한다.

18 흰색 당구공이 2.0m/s의 속도로 이동하며 이동선상에 정지되어 있는 빨간색 당구공과 충돌한다. 두 당구공의 질량은 200g으로 같고 충돌에 대한 반발계수는 0.8일 때 충돌 후 빨간색 당구공의 속도[m/s]는? (단, 운동량은 보존된다.)

① 0.9

② 1.5

③ 1.8

④ 2.0

19 어떤 액체에 5MP의 압력을 가했더니 부피가 0.05%감소했다. 이 액체의 체적탄성계수[GPa]는?

① 1

② 5

③ 10

④ 100

20 각각 균일하고 단일한 물질로 구성된 고체덩어리 A, 액체 B, 액체 C의 밀도는 각각 ρ_A, ρ_B, ρ_C이다. 고체덩어리 A를 액체 B와 액체 C에 각각 담갔더니 부피 기준으로 A가 B에 40%, A가 C에 50% 잠겼다. 이 때 $\dfrac{\rho_B}{\rho_C}$는? (단, 부력과 중력을 제외한 다른 효과는 무시한다.)

① 0.4

② 0.6

③ 0.8

④ 1.25

ANSWER 18.③ 19.③ 20.④

18
$e = \dfrac{v_2{}' - v_1{}'}{v_1 - v_2} = \dfrac{v_2{}' - v_1{}'}{2 - 0} = 0.8$이므로 $v_2{}' - v_1{}' = 1.6$

운동량 보존법칙에 따라 $mv_1 + mv_2 = mv_1{}' + mv_2{}'$이므로 $2 + 0 = v_1{}' + v_2{}'$

∴ $v_1{}' = 0.2$, $v_2{}' = 1.8$

19
$\sigma = K \cdot \varepsilon$이므로 $5 = K \cdot (0.00005)$

$K = 10,000[\text{MPa}] = 10[\text{GPa}]$

20
$40 \cdot \rho_B = 50 \cdot \rho_C$이므로 $\rho_B = 1.25\rho_C$이다.

1 모재의 한쪽에 구멍을 뚫고 이를 용가재로 채워, 다른 쪽 모재와 접합하는 용접부의 종류는?

① 비드용접(bead weld)

② 플러그용접(plug weld)

③ 그루브용접(groove weld)

④ 덧살올림용접(build-up weld)

2 M20 × 2 삼각나사에 대한 설명으로 옳지 않은 것은?

① 미터나사이다.

② 피치는 2mm이다.

③ 리드는 2mm이다.

④ 유효지름은 20mm이다.

ANSWER 1.② 2.④

1 모재의 한쪽에 구멍을 뚫고 이를 용가재로 채워, 다른 쪽 모재와 접합하는 용접부의 종류는 플러그용접이다.

※ 용접방법의 종류

- 플러그용접 : 위아래로 겹쳐진 판재의 접합을 위하여 한쪽 판재에 구멍을 뚫고, 이 구멍 안에 용가재를 녹여서 채우는 용접 방법
- 필렛용접 : 직교하는 2개의 면을 결합하는 용접으로서 용접부 단면의 모양은 3각형이다. 겹치기이음, T이음, 모서리이음 등에 사용된다.
- 비드용접 : 접합하려고 하는 모재의 용접홈을 가공하지 않고, 두 판을 맞대어 그 위에 그대로 비드를 용착시켜 용접하는 방법
- 그루브용접 : 접합하는 모재 사이의 홈을 그루브라고 하며 이 홈 부분에 행하는 용접이다.
- 슬롯용접 : 플러그의 용접의 둥근구멍 대신에 가늘고 긴 홈에 비드를 붙이는 용접법이다.
- 덧붙임용접 : 마멸된 부분이나 치수가 부족한 표면에 비드를 쌓아올린 용접이다.

2 M20×2 삼각나사의 유효지름은 17.9mm 입니다. 삼각나사의 유효지름은 나사의 최대 지름에서 삼각형 내접원의 지름을 빼면 구해진다. M20은 외경이 20mm이고, 나사 간격이 2mm 이므로 최대 지름은 20mm이 된다. 그리고 삼각형의 내접원 지름은 외경과 나사 간격의 관계로부터 구할 수 있으며, 삼각형 내접원의 반지름은 나사 간격의 0.577배이다. 따라서 삼각나사의 유효지름은 20 - 2 × 0.577 ≈ 17.9mm가 된다.

3 기어에 대한 설명으로 옳은 것은?

① 헬리컬기어는 평행한 두 축 사이에서 동력을 전달한다.

② 스퍼기어에서 모듈은 기어의 잇수를 피치원 지름으로 나눈 값이다.

③ 하이포이드기어는 두 축이 수직이고 축 중심이 서로 교차하는 경우에 사용하는 기어이다.

④ 사이클로이드 치형은 원통에 감긴 실을 팽팽하게 잡아당기면서 풀어 나갈 때 실의 한 점이 그리는 궤적과 같다.

4 섬유강화플라스틱에 대한 설명으로 옳지 않은 것은?

① 유리, 탄소를 섬유로 사용할 수 있다.

② 폴리에스테르, 에폭시를 기지로 사용할 수 있다.

③ 섬유를 한 방향으로 정렬하면 소재의 이방성이 감소한다.

④ 섬유를 액체 기지에 넣은 후 다이를 통과시켜 만드는 방법을 펄트루전법(pultrusion)이라고 한다.

....

ANSWER 3.① 4.③

3 ② "모듈"은 "피치원지름"을 "잇수"로 나눈 값이며, "이끝원지름"은"모듈"과 "기어잇수+2"의 곱이다.

③
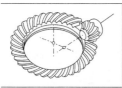 하이포이드기어는 스파이럴 베벨기어의 축을 엇갈리게 한 것으로서 자동차의 차동기어장치의 감속기어로 사용된다.
이 기어는 두 축이 평행하지도 않고 서로 교차하지도 않은 경우에 사용하는 기어이다.

④ 인벌류트 치형은 원통에 감긴 실을 팽팽하게 잡아당기면서 풀어 나갈 때 실의 한 점이 그리는 궤적과 같다.
사이클로이드 치형 : 한 원의 안쪽 또는 바깥쪽을 다른 원이 미끌어지지 않고 굴러갈 때 구르는 원 위의 한점이 그리는 곡선을 치형곡선으로 제작한 기어이다.

(a) 인벌류트 치형　　　(b) 사이클로이드 치형

4 섬유를 한 방향으로 정렬하면 소재의 이방성이 증가한다.

5 펌프 운전 중에 토출량의 변동이 발생하여 흡입 및 토출 배관에서 주기적인 진동과 소음이 수반되는 현상은?

① 서징(surging)

② 공동현상(cavitation)

③ 오일포밍(oil foaming)

④ 축추력현상(axial thrust force)

---

5 유체기계 이상현상

이상현상	정의
공동현상	펌프의 흡입양정이 너무 높거나 수온이 높아지게 되면 펌프의 흡입구 측에서 물의 일부가 증발하여 기포가 되는데 이 기포는 임펠러를 거쳐 토출구측으로 넘어가게 되면 갑자기 압력이 상승하여 물속으로 다시 소멸이 되는데 이 때 격심한 소음과 진동이 발생하는 현상
서징현상	압축기, 송풍기 등에서 운전 중에 진동을 하며 이상 소음을 내고, 유량과 토출 압력에 이상 변동을 일으키는 현상 (맥동현상이라고도 함)
노킹현상	충격파가 실린더속을 왕복하면서 심한 진동을 일으키고 실린더와 공진하여 금속을 두드리는 소리를 내는 현상

• **오일포밍**: 압축기 내부에서 냉매가 갑자기 끓어 거품이 일어나는 현상

• **축추력현상** : 축추력이란 터보형 유체 기계의 날개 차나 다른 회전 부분에 작용하는 유체력에 의하여 생기는 축 방향 힘. 일반 회전기 외에 선형 기기 따위에서 직선 구동을 시킬 때의 축 방향 힘을 말한다. 임펠러의 후면 압력이 더 높으므로 임펠러는 앞쪽으로 밀리는 힘이 발생하는 현상이다.

임펠러 중심에서는 흡입압력이지만 말단으로 갈수록 토출압력으로 가압된다. 문제는 흡입노즐이 있는 곳은 상대적으로 낮은 흡입압력이 작용하기 때문에 임펠러 전면, 후면에 같은 압력이 가해지지 않는다. 결과적으로 후면 압력이 더 높으므로 임펠러는 앞쪽으로 밀리는 힘을 받고 이를 축추력이라고 한다.

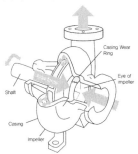

이와 같은 경우는 선박(프로펠러의 추력)에서도 볼 수 있다. 스크류형 추진기가 엔진에 의해 회전하면 물은 뒤로 밀어내게 되고 그 반작용으로 추진력이 생겨 선박은 전진한다. 프로펠러는 여러 개의 날개를 갖고 있고 이 날개들이 회전하면 한쪽면은 물을 뒤로 밀어내고 다른 면은 앞쪽의 물을 빨아들이게 된다. 물을 밀어내는 면은 압력이 높아지고 빨아들이는 면은 압력이 강하하여 앞뒤 간의 압력차가 발생하게 되고 전진방향으로 추진력을 얻게 된다.

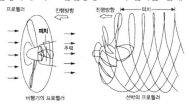

6 알루미늄 합금에 대한 설명으로 옳은 것은?

① 주물용 알루미늄 합금인 실루민(silumin)은 절삭성이 좋다.

② 내식용 알루미늄 합금은 Al에 Cu, Ni, Fe 등을 첨가하여 내식성을 높인 것이다.

③ Al에 Cu, Si 등을 첨가한 다이캐스팅용 합금으로는 알클래드(alclad)가 있다.

④ 초두랄루민(super duralumin)은 시효경화(age hardening)를 통해 강도를 높인 것이다.

7 진응력(σ)과 진변형률(ϵ)의 관계가 $\sigma = K\epsilon^n$(K : 강도계수, n : 변형경화지수)인 금속재료를 진변형률이 0부터 ϵ_1이 될 때까지 변화시켰을 때, 소요된 단위 부피당 에너지를 구하면? (단, 주어진 식은 탄성영역 및 소성영역에 모두 적용되고 에너지 손실은 없다)

① $\dfrac{K\epsilon_1^n}{n}$

② $\dfrac{K\epsilon_1^{n+1}}{n}$

③ $\dfrac{K\epsilon_1^n}{n+1}$

④ $\dfrac{K\epsilon_1^{n+1}}{n+1}$

ANSWER 6.④ 7.④

6 ① 주물용 알루미늄 합금인 실루민(silumin)은 Al-Si계 합금으로서 주조성은 양호하나 절삭성은 불량하며 시효경화성이 없고 공정반응이 나타난다.

② 내식용 알루미늄 합금은 Al에 Mn, Mg, Si 등을 첨가하여 만든다.

③ 알클레드(alclad)는 두랄루민에 알루미늄을 피복한 것을 말한다. 고(高)알루미늄 합금의 내식성을 높이기 위하여 순알루미늄이나 내식용 알루미늄 합금의 판을 압연에 의해서 압착시킨 합판을 칭하기도 한다.

※ 두랄루민[Duralumin]

항공기 등에 쓰이는 합금. 알루미늄, 구리를 주로 하는 합금이며 망간, 마그네슘도 첨가된다. 본래 알루미늄은 가볍지만 강도가 너무 낮아 실제 사용에 문제가 있었는데, 이 합금의 발견으로 알루미늄의 활용도가 크게 높아졌다.

독일인 A. 빌름이 1906년 9월 발명하였으며, 그가 소속된 뒤렌(Dren)금속회사의 이름과 알루미늄에서 이름을 따서 두랄루민으로 명명하였다. 주요 특징은 시효경화성을 가진 점이다. 시효경화란 두랄루민을 500~510℃ 정도로 가열한 후 물속에서 급랭시켜 매우 연한 상태로 만들고, 이것을 상온에 방치하면 시간이 경과할수록 경화되는 현상을 말한다. 시효경화가 상온에서 일어나면 강도는 철재(鐵材) 정도가 된다. 비중이 2.7이어서 철강의 1/3 밖에 되지 않으므로 중량당(重量當)의 강도는 매우 우수하기 때문에 비행기의 재료로 많이 사용된다. 즉, 가볍지만 강한 합금이라는 뜻이다. 그 성질 때문에 공중에 떠야하는 비행기의 재료로 이용하는 것이다.

두랄루민은 / 두랄루민 / 초두랄루민 / 초초두랄루민으로 나뉘어지는데 '초'가 붙을수록 마그네슘의 비율과 인장강도가 높아지게 된다.

7 진응력(σ)과 진변형률(ϵ)의 관계가 $\sigma = K\epsilon^n$(K: 강도계수, n: 변형경화지수)인 금속재료를 진변형률이 0부터 ϵ_1이 될 때까지 변화시켰을 때, 소요된 단위 부피당 에너지를 식으로 표현하면 $\dfrac{K\epsilon_1^{n+1}}{n+1}$이 된다.

8 주형 안에서 두 줄기의 용탕이 한 점에서 만날 때 완전히 융합되지 않아 경계가 생기는 주물결함은?

① 기공(blow hole)

② 개재물(inclusion)

③ 콜드셧(cold shut)

④ 편석(segregation)

9 센터리스 연삭에 대한 설명으로 옳지 않은 것은?

① 대형 공작물은 연삭하기 어렵다.

② 고도로 숙련된 작업자가 필요하다.

③ 센터나 척(chuck) 없이 공작물을 연삭한다.

④ 원통외면을 연속적으로 연삭하면 생산속도가 높다.

10 다음은 탄소 0.6%를 함유하고 있는 강을 준평형상태 조건에서 상온부터 서서히 가열할 때, 발생하는 조직의 변화를 나타낸 것이다. (가), (나), (다)에 들어갈 말을 바르게 짝 지은 것은? (단, 탄소는 Fe_3C로 존재한다)

$$\alpha + \text{시멘타이트} \rightarrow \boxed{\text{(가)}} \rightarrow \boxed{\text{(나)}} \rightarrow \boxed{\text{(다)}} \rightarrow \text{액상}$$

	(가)	(나)	(다)
①	$\alpha + \gamma$	γ	δ + 액상
②	$\alpha + \gamma$	γ	γ + 액상
③	γ + 시멘타이트	γ	γ + 액상
④	γ + 시멘타이트	δ	δ + 액상

ANSWER 8.③ 9.② 10.②

8 ① 콜드셧(cold shut)은 주형 내에서 이미 응고된 금속에 용융금속이 들어가 응고속도의 차이로 앞서 응고된 금속면과 새로 주입된 용융금속의 경계면에 발생하는 결함이다.
② 콜드셧(쇳물경계) 주형 안에서 두 줄기의 용탕이 한 점에서 만날 때 완전히 융합되지 않아 경계가 생기는 주물결함
③ 기공 : 주물 내부에 가스(기포)가 들어가서 생긴 구멍
④ 개재물 : 주물 내에 혼입된 각종 이물질
⑤ 편석 : 주물 내의 조성이 불균일한 현상

9 센터리스 연삭은 숙련된 작업자가 아니더라도 손쉽게 사용할 수 있다.

10 $\alpha + \text{시멘타이트} \rightarrow \alpha + \gamma \rightarrow \gamma \rightarrow \gamma + \text{액상} \rightarrow \text{액상}$

11 증기동력장치의 이상적인 사이클은?

① 디젤사이클

② 랭킨사이클

③ 오토사이클

④ 브레이튼사이클

12 용융 합금을 급속 냉각시켜 원자배열이 무질서하며 높은 투자율이나 매우 낮은 자기이력손실(magnetic hysteresis loss) 등의 특성을 가진 합금은?

① 비정질합금

② 초소성합금

③ 초내열합금

④ 형상기억합금

11 증기동력장치의 이상적사이클은 랭킨사이클로서 보일러에서 정압가열 터빈의 단열팽창 복수기의 정압냉각 펌프의 단열(등적),
압축, 즉 2개의 단열과정과 2개의 등압과정으로 이루어진 증기 원동기의 이상적 사이클이다.
① 디젤사이클 : 저속 디젤기관의 이상적 사이클이다.
② 오토사이클 : 왕복기관의 이상적 사이클이다.
③ 브레이튼사이클 : 가스터빈 기관의 이상적 사이클이다.

12 비정질상태란 물질을 구성하는 원자나 이온이 주기성 배치를 하지 않은 상태를 말한다. 비정질합금이란 결정을 이루고 있지
않은 합금을 의미한다. 용융 합금을 급속 냉각시켜 원자배열이 무질서하며 높은 투자율이나 매우 낮은 자기이력손실
(magnetic hysteresis loss) 등의 특성을 가진 합금이다.

13 기계요소에 대한 설명으로 옳지 않은 것은?

① 클러치는 운전 중 필요에 따라 탈착이 가능한 축이음이다.

② 코터는 회전축에 기어, 풀리 등을 고정하여 회전력을 전달하는 것이다.

③ 나사는 부품을 결합하거나 위치를 조정하며, 힘을 전달하기 위해 사용하는 것이다.

④ 리벳이음은 미리 구멍이 뚫려있는 강판에 리벳을 끼우고 머리를 만들어 결합시키는 것이다.

14 밀링머신에 대한 설명으로 옳지 않은 것은?

① 수직형 밀링머신은 홈가공이 가능하다.

② 주축의 방향에 따라 수직형과 수평형으로 나눌 수 있다.

③ 수평형 밀링머신은 한 개의 날을 가진 커터를 사용한다.

④ 수직형 밀링머신은 절삭공구로 엔드밀을 사용할 수 있다.

ANSWER 13.② 14.③

13 코터는 축방향에 인장 또는 압축이 작용하는 두 축을 연결하는 것으로 두 축을 분해할 필요가 있는 곳에 사용하는 결합용 기계요소이다. 기어나 벨트풀리 등을 회전축에 고정할 때, 또는 회전을 전달하는 기계요소는 키이다. 코터는 힘을 전달하지만 회전하지 않는 두 개의 막대를 연결하는 데 사용되는 평평한 쐐기 모양의 금속 조각이다.

14 • 수직밀링머신 : 주축이 테이블에 수직으로 되어 있으며 정면 밀링커터, 엔드밀 등을 주축의 스핀들에 고정시켜 절삭하는 공작기계이다.
  • 수평밀링머신 : 주축이 테이블에 수평으로 되어 있고 이 주축에 아버와 밀링커터를 설치하여 절삭하는 공작기계이다.

15 연삭숫돌의 눈메움(loading) 현상이 일어나는 일반적인 원인이 아닌 것은?

① 연삭숫돌의 조직이 치밀한 경우
② 연삭숫돌 입도 번호가 작은 경우
③ 연삭작업 시 연삭 깊이가 큰 경우
④ 연삭숫돌의 원주속도가 느린 경우

16 산소 – 아세틸렌 용접 작업 시 안전수칙으로 옳지 않은 것은?

① 역화가 발생하였을 때는 산소 밸브를 닫는다.
② 산소 호스와 아세틸렌 호스는 색깔로 구분하여 사용한다.
③ 작업 완료 후에는 산소 밸브를 먼저 닫고 아세틸렌 밸브를 닫는다.
④ 토치 점화 시, 조정기의 압력을 조정하고 나서 산소 밸브를 열고 점화한 후 아세틸렌 밸브를 연다.

ANSWER 15.② 16.④

15 연삭숫돌 입도번호가 작을수록 숫돌이 거칠고 클수록 곱게 된다.
　　※ 눈메움(loading)현상의 원인
　　　• 연삭숫돌의 조직이 치밀한 경우
　　　• 연삭숫돌의 입도번호가 큰 경우
　　　• 연삭숫돌의 원주속도가 느린 경우
　　　• 연삭작업 시 연삭깊이가 큰 경우
　　　• 연한 공작물재료를 연삭할 경우

16 산소 용접에서 점화 시 아세틸렌 밸브를 먼저 열고 점화한 뒤 산소밸브를 연다.

17 급속귀환기구(quick return mechanism)를 사용하는 셰이퍼(shaper)에 대한 설명으로 옳지 않은 것은?

① 절삭행정과 귀환행정의 길이가 같다.
② 일반적으로 공작물은 바이스에 고정한다.
③ 수평가공, 각도가공, 홈가공 등을 할 수 있다.
④ 바이트의 이동방향에 평행하게 공작물이 이동하여 가공된다.

18 절삭공구수명에 대한 설명으로 옳지 않은 것은?

① 절삭속도가 증가하면 공구수명이 감소한다.
② 이송속도가 증가하면 공구수명이 감소한다.
③ 절삭온도가 높아지면 공구수명이 증가한다.
④ 공작물의 미세조직은 공구수명에 영향을 준다.

ANSWER 17.④ 18.③

17 셰이퍼는 바이트의 이동방향에 수직으로 공작물이 이동하면서 가공된다.

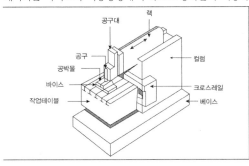

셰이퍼 : 직선 왕복운동하는 램의 공구대에 바이트를 고정하여 공작물을 직각방향으로 이동하면서 평면, 측면, 경사면, 홈 등을 가공하는 데 많이 사용하는 공작기계이다.

18 절삭온도가 높아지면 공구수명이 감소한다.

19 분말금속 성형공정에서 사용되는 열간등압성형(HIP : hot isostatic pressing)에 대한 설명으로 옳지 않은 것은?

① 초경공구의 치밀화에 사용된다.

② 가압 매개체로는 주로 물을 사용한다.

③ 균일한 결정립 구조의 압축생형(green compact)을 제조할 수 있다.

④ 일반적으로 냉간등압성형(CIP : cold isostatic pressing)에 비해 낮은 압력범위에서 이루어진다.

20 수차에 대한 설명으로 옳지 않은 것은?

① 반동수차에는 프란시스수차, 프로펠러수차가 있다.

② 펠톤수차는 큰 낙차와 노즐분사에 의한 충동력을 이용한다.

③ 수력효율은 회전차를 지나는 유량을 수차에 공급되는 유량으로 나눈 값이다.

④ 수차의 이론적인 출력은 유체의 비중량[N/m³], 유효낙차[m], 유량[m³/s]의 곱으로 표현할 수 있다.

ANSWER 19.② 20.③

19 열간등압성형 : 연강이나 스텐레스강 등과 같이 고온에서 견딜 수 있는 소재로 만든 캔 속에 금속분말을 채워 넣은 후 캔 내부의 공기를 제거한 후 압력용기에 넣은 후 고온에서 아르곤이나 질소와 같은 기체를 이용하여 등방압축으로 가압하여 성형과 소결을 동시에 수행하는 공법이다.

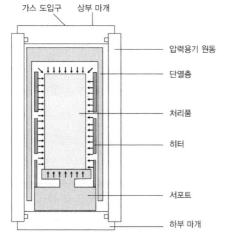

20 수차의 효율

• 수력효율 : 수차 내의 물이 회전차에 미치는 출력수두를 유효낙차로 나눈 값이다.

• 체적효율 : 회전차를 지나는 유량을 수차에 공급되는 유량으로 나눈 값이다.

• 기계효율 : 제동출력을 수차 내의 물이 회전차에 미치는 출력으로 나눈 값이다.

• 전효율 : 제동출력을 이론출력으로 나눈 값이다.

1 최대응력 200MPa, 최소응력 80MPa의 반복응력이 주기적으로 작용할 때 응력진폭[MPa]은?

① 60

② 120

③ 140

④ 200

2 나사에 대한 설명으로 옳은 것은?

① M20 × 2 삼각나사의 피치는 20mm이다.

② 나사의 유효지름은 피치와 줄 수를 곱한 값이다.

③ 두줄나사의 리드는 피치가 동일한 한줄나사보다 짧다.

④ 삼각나사의 종류 중 미터나사는 나사산의 각도가 60°이다.

ANSWER 1.① 2.④

1 응력진폭은 최대응력과 최소응력의 차의 절반값이다. 따라서

$$\sigma_a = \frac{\sigma_{\max} - \sigma_{\min}}{2} = \frac{200 - 80}{2} = 60[MPa]$$

2 ① M20 × 2 삼각나사의 피치는 2mm이다.

② 피치와 줄 수를 곱한 값은 리드이다.

③ 두줄나사의 리드는 피치가 동일한 한줄나사보다 길다.

3 부품의 두께를 미터계 마이크로미터로 측정한 결과이다. 사용된 마이크로미터의 분해능[mm]과 측정값[mm]은?

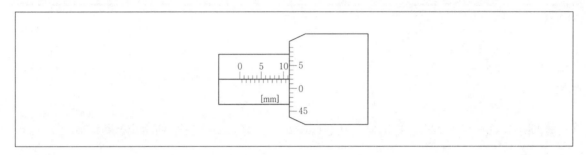

분해능	측정값
① 0.01	11.02
② 0.01	11.20
③ 0.02	11.02
④ 0.02	11.20

ANSWER 3.①

3 분해능은 0.01, 측정값은 11.02가 된다.

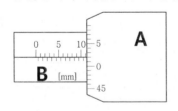

주 눈금인 슬리브와 딤블 양쪽에서 읽는다. 슬리브의 오른쪽 끝 선에서 0.5[mm] 단위까지 읽을 수 있고 딤블 중앙의 선(기준선)과 일치하는 눈금에서 0.01[mm] 단위까지 읽을 수 있다.
A에서 딤블의 눈금이 0.02[mm]에서 일치하고 B에서 딤블의 눈금이 11.0[mm]를 초과하므로 측정값은 11.0 + 0.02 = 11.02[mm]
마이크로미터를 잡을 때는 왼손의 엄지와 검지 사이에 프레임의 방열판 부분을 끼우고 오른손의 엄지와 검지로 딤블을 잡는다. 앤빌과 스핀들 사이에 대상 물체를 끼우고 래칫 스톱을 돌려 공회전한 지점에서 읽는다. 주 눈금인 슬리브와 딤블 양쪽에서 읽는다.

ANSWER

※ **마이크로미터** … 대상 물체를 끼워 그 크기를 측정하는 공구입니다. 기종에 따라서는 $1um$ 단위까지 측정할 수 있는 것도 있다. 버니어 캘리퍼스와 달리, 이른바 「아베의 원리」를 따르기 때문에 더 정확한 측정이 가능하다. 일반적으로 마이크로미터라고 하면 외측 마이크로미터를 가리키며 그 외에 내측 마이크로미터나 3점식 내측 마이크로미터, 막대형 마이크로미터, 깊이 마이크로미터 등 측정 용도에 따라 여러 가지 타입이 있다. 또한, 프레임의 크기에 따라 측정 가능한 범위는 0~25mm, 25~50mm와 같이 25mm씩 달라지기 때문에 대상 물체와 맞는 것을 사용해야 한다. 최근에는 디지털식 마이크로미터가 보급되고 있다.

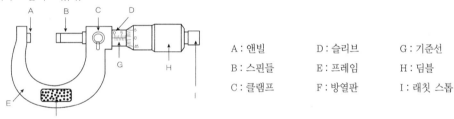

A : 앤빌	D : 슬리브	G : 기준선
B : 스핀들	E : 프레임	H : 딤블
C : 클램프	F : 방열판	I : 래칫 스톱

• 마이크로미터를 잡을 때는 왼손의 엄지와 검지 사이에 프레임의 방열판 부분을 끼우고 오른손의 엄지와 검지로 딤블을 잡고 앤빌과 스핀들 사이에 대상 물체를 끼우고 래칫 스톱을 돌려 공회전한 지점에서 읽는다.

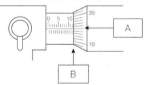

• 주 눈금인 슬리브와 딤블 양쪽에서 읽는다. 슬리브의 오른쪽 끝 선에서 0.5[mm] 단위까지 읽을 수 있고 딤블 중앙의 선 (기준선)과 일치하는 눈금에서 0.01[mm] 단위까지 읽을 수 있다.
 −A에서 딤블의 눈금이 0.15[mm]에서 일치
 −B에서 딤블의 눈금이 12.0[mm]를 초과
 −따라서 측정값은 12.0 + 0.15 = 12.15[mm]

※ **아베의 원리** … 「측정 정도를 높이기 위해서는 측정 대상 물체와 측정 기구의 눈금을 측정 방향의 동일선 상에 배치해야 한다」는 것이다. 마이크로미터의 경우 눈금과 측정 위치가 동일선 상에 있기 때문에 아베의 원리를 따르고 있어 측정 정도가 높다고 할 수 있다.

4 한 축에서 다른 축으로 동력을 전달하는 동안 필요에 따라 축 이음을 단속할 수 있는 기계요소는?

① 리벳(rivet)

② 클러치(clutch)

③ 커플링(coupling)

④ 판스프링(leaf spring)

5 밀링가공에서 500rpm으로 회전하는 밀링 커터의 날(tooth)당 이송량이 0.2mm/날이고, 테이블의 분당 이송속도가 200mm/min일 때 커터의 날 수는?

① 1

② 2

③ 4

④ 10

ANSWER 4.② 5.②

4 • 클러치(clutch) : 한 축에서 다른 축으로 동력을 전달하는 동안 필요에 따라 축 이음을 단속할 수 있는 기계요소
 • 커플링(coupling) : 운전 중에 결합을 끊을 수 없는 영구적인 이음이다.
 • 판스프링(leaf spring) : 판스프링 또는 리프스프링(leaf spring)은 탄성있는 금속판을 휘어서 만드는 단순한 모양의 스프링이 다. 주로 자동차의 서스펜션에 활용되며 겹판스프링(lamella spring)이라고도 한다.

5 $V = Nfz$, $z = \dfrac{V}{Nf} = \dfrac{200}{500 \cdot 0.2} = 2$

6 마멸에 대한 설명으로 옳지 않은 것은?

① 부식마멸은 표면과 주위 환경 사이의 화학작용이나 전해작용에 의해 발생한다.

② 피로마멸은 돌출부가 있는 단단한 표면과 연한 표면이 서로 미끄럼 운동을 할 때 발생한다.

③ 제품에 생긴 버(burr)를 제거하는 텀블링 가공은 충격마멸 현상을 제조공정에 응용한 것이다.

④ 스커핑(scuffing)은 응착마멸에서 마찰열에 의해 한 표면이 다른 표면에 용융부착되면서 떨어져 나가는 현상이다.

7 알루미늄산화물이나 실리콘카바이드 막대숫돌 공구를 이용하여 구멍 내면을 미세한 표면정도로 가공하는 방법은?

① 보링(boring)

② 호닝(honing)

③ 태핑(tapping)

④ 드릴링(drilling)

ANSWER 6.② 7.②

6 피로마멸은 구름 접촉을 하는 베어링과 같이 재료의 표면이 반복하중을 받을 때 생기는 마멸형태이다. 마멸입자는 스폴링이나 피팅에 의해 형성된다. 또 다른 형태의 피로마멸은 열피로에 의한 것이다. 단단한 돌출부가 있는 표면과 이보다 연한 표면이 서로 미끄럼 운동을 할 때 발생하는 마멸은 연삭마멸이다.

7 호닝(honing) : 알루미늄산화물이나 실리콘카바이드 막대숫돌 공구를 이용하여 구멍 내면을 미세한 표면정도로 가공하는 방법

8 펌프 내에서 유체의 압력이 국부적으로 포화증기압 이하로 낮아져 기포가 발생했다가 고압부에서 급격히 소멸하는 과정이 반복하여 펌프의 성능을 저하시키는 원인으로 옳은 것은?

① 초킹현상

② 공진현상

③ 수격현상

④ 공동현상

ANSWER 8.④

8 • **공동현상** : 펌프 내에서 유체의 압력이 국부적으로 포화증기압 이하로 낮아져 기포가 발생했다가 고압부에서 급격히 소멸하는 과정이 반복하여 펌프의 성능을 저하시킨다.
  • **초킹현상** : 서징(Surging)과 반대되는 현상으로 출구압력이 너무 낮아 디퓨저부에서의 속도가 높아질 때 발생한다.
  • **공진현상** : 강제 진동에서 외력이 가진 주파수가 계의 고유 진동수와 일치하여, 입력이 계속 가해짐에 따라 진폭이 커지는 현상이다. 진동계에 외세를 가해서 진동시킬 때 강제 진동력의 주파수가 그 진동계의 공진 주파수와 일치하였을 때 진동계의 진폭이 가장 커지는 현상을 공진이라고 한다.
  • **수격현상** : 관내를 흐르는 유체의 유속이 급격히 변하면 유체의 운동에너지가 압력에너지로 변하면서 관내 압력이 비정상적으로 상승하여 배관이나 펌프에 손상을 주는 현상

9 가솔린기관의 연소 과정에서 발생하는 노크(knock) 현상의 특징으로 옳지 않은 것은?

① 배기가스의 색깔이 변화한다.

② 기관의 출력과 열효율을 저하시킨다.

③ 옥탄가가 낮은 연료를 사용하면 노크 현상을 방지할 수 있다.

④ 미연소가스의 급격한 자연발화(self-ignition)에 의해 발생한 충격파가 실린더 벽을 타격한다.

10 금속의 결정구조에 대한 설명으로 옳지 않은 것은?

① 체심입방구조(BCC, body-centered cubic)의 배위수는 8이다.

② 면심입방구조(FCC, face-centered cubic)의 배위수는 12이다.

③ 조밀육방결정구조(HCP, hexagonal close-packed)의 배위수는 12이다.

④ 체심입방구조의 원자충진율은 면심입방구조의 원자충진율보다 크다.

ANSWER 9.③ 10.④

9 노크현상을 방지하려면 옥탄가가 높은 연료를 사용해야 한다.

10 체심입방구조의 원자충진율은 면심입방구조의 원자충진율보다 작다.(원자충진율은 단위셀당 원자의 체적을 단위셀 체적으로 나눈 값이다.)

11 구름 베어링에서 사용하는 베어링 호칭번호의 구성요소가 아닌 것은?

① 형식 기호
② 안지름 번호
③ 접촉각 기호
④ 정격하중 번호

12 강괴를 탈산 정도에 따라 분류할 때 용강 중에 탈산제를 첨가하여 완전히 탈산시킨 강은?

① 림드강(rimmed steel)
② 캡드강(capped steel)
③ 킬드강(killed steel)
④ 세미킬드강(semi-killed steel)

ANSWER 11.④ 12.③

11 호칭번호의 구성은 다음과 같다.

베어링계열 기호	형식 기호	치수계열 기호	너비계열 기호	안지름 번호	접촉각 기호
			지름계열 기호		

12 • 킬드강(killed steel) : 강괴를 탈산 정도에 따라 분류할 때 용강 중에 탈산제를 첨가하여 완전히 탈산시킨 강
• 림드강 : 평로, 전로에서 제조된 것을 불완전 탈산시킨 강
• 세미킬드강 : 림드강과 킬드강의 중간정도로 탈산시킨 강
• 캡드강 : 림드강을 변형시킨 강으로 비등을 억제시켜 림 부분을 얇게 한 강

13 부품을 정반 위에 올려놓고 정반면을 기준으로 하여 높이를 측정하거나 스크라이버(scriber) 끝으로 금긋기 작업을 하는 데 사용하는 측정기는?

① 사인바(sine bar)

② 블록게이지(block gauge)

③ 다이얼게이지(dial gauge)

④ 하이트게이지(height gauge)

ANSWER 13.④

13 • 하이트게이지(height gauge) : 부품을 정반 위에 올려놓고 정반면을 기준으로 하여 높이를 측정하거나 스크라이버(scriber) 끝으로 금긋기 작업을 하는 데 사용하는 측정기

• 사인바(sine bar) : 직각삼각형의 삼각함수인 사인을 이용하여 임의의 각도를 설정하거나 측정하는 데 사용하는 기구이다. 너비가 일정한 직육면체 정규(定規)의 양 끝 부분에 똑같은 두 롤러의 축선(軸線)이 직육면체 정규의 측정면과 평행하면서 중심 거리가 어떤 일정한 치수(보통 100m 또는 200m)로 고정되어 있는 구조이다.

• 블록게이지(block gauge) : 스웨덴의 요한슨(C.E. Johanson)이 고안한 것으로서 요한슨 블록이라고도 한다. 길이 측정의 표준이 되는 게이지로서 공장용 게이지로서도 가장 정확하다. 특수강을 정밀 가공한 장방형의 강편(鋼片)으로서 호칭 치수를 나타내는 2면은 서로 평행 평면으로 만들어져 있고, 매우 평활하게 다듬질되어 있다. 호칭 치수가 다른 것끼리 한 조가 되어 있으며, 몇 장의 게이지를 조합하여 필요한 치수를 만든다.

• 다이얼게이지(dial gauge) : 측정자의 직선 또는 원호운동을 기계적으로 확대하여 그 움직임을 지침의 회전변위로 파악할 수 있는 측정기로서 일종의 비교측정기이므로 직접 제품의 치수를 읽을 수는 없다

• 한계게이지(limit gauge) : 제품을 정확한 치수대로 가공한다는 것은 거의 불가능하므로 오차의 한계를 주게 되며 이 때의 오차한계를 재는 게이지를 한계게이지라고 한다. 한계게이지는 통과측과 정지측을 가지고 있는데 정지측으로는 제품이 들어가지 않고 통과측으로 제품이 들어가는 경우 제품은 주어진 공차내에 있음을 나타내는 것이다. 그 용도에 따라서 공작용 게이지, 검사용 게이지, 점검용 게이지가 있다.

14 금속 빌렛(billet)을 컨테이너에 넣고 램(ram)으로 압력을 가하면서 다이(die)의 구멍으로 소재를 밀어내어, 단면이 일정한 각종 형상의 단면재와 관재 등을 가공하는 방법은?

① 압연(rolling)

② 단조(forging)

③ 인발(drawing)

④ 압출(extrusion)

ANSWER 14.④

14 압출(extrusion) : 금속 빌렛(billet)을 컨테이너에 넣고 램(ram)으로 압력을 가하면서 다이(die)의 구멍으로 소재를 밀어내어, 단면이 일정한 각종 형상의 단면재와 관재 등을 가공하는 방법

※ 소성가공의 종류
- 단조 : 고체인 금속재료를 해머 등으로 두들기거나 가압하는 기계적 방법으로 일정한 모양으로 만드는 조작이다.
- 주조 : 주물을 만들기 위해 금속이나 모래로 주형을 만들고 거기에 용융상태의 금속액체를 넣어서 형태를 떠내는 것
- 인발 : Taper형상의 구멍을 가진 다이(die)에 소재를 끼워 넣고 반대쪽에서 잡아당겨(drawing기) 원하는 치수로 가공하는 것
- 압출 : 용융상태나 고체상태의 금속을 다이에 밀어 넣음으로써 원하는 형태를 만드는 것. 가래떡 뽑는 것을 생각하면 됨(인발은 고체상태의 금속을 다이를 기준으로 반대쪽에서 잡아당기는 형식이지만 압출은 용융상태나 고체상태의 금속을 등을 밀듯이 가압하여 다이를 통과시킴으로써 원하는 형태를 만드는 것임)
- 압연 : 금속재료를 회전하는 롤러(roller) 롤러(roller)사이에 넣어 가압함으로써 두께 또는 단면적을 감소시키고 길이 방향으로 늘리는 가공
- 판금 : 판을 굽히거나, 판의 표면에 요철(凹凸)의 무늬를 내는 압인가공이나 용기의 측면벽의 살 두께를 얇게 하는 가공
- 전조 : 나사나 기어 등을 만드는 데 사용된다. 소재를 회전하는 나사 등의 거푸집 속을 통과시켜 압력을 가해서 성형하는 것
- 신선 : 강선. 철선을 만들때 다이의 구멍을 통해 뽑아내어 목적하는 모양과 치수의 선을 만드는 가공법. 통상 인발이라 한다.
- 사출 : Resin(프라스틱)에 열을 가하여 가소화시켜서 유압으로 용융수지를 틀(금형)에 쏘아 넣어 제품을 만들어 내는 것

15 유체의 흐름 방향을 제어하는 밸브로 옳지 않은 것은?

① 스풀 밸브(spool valve)

② 체크 밸브(check valve)

③ 교축 밸브(throttle valve)

④ 셔틀 밸브(shuttle valve)

16 선반 작업 중 널링(knurling)에 대한 설명으로 옳은 것은?

① 축에 직각인 부품 끝단을 평평한 표면으로 가공하는 작업이다.

② 공구를 회전축과 경사지게 이송시켜 외면 또는 내면을 절삭하는 작업이다.

③ 이전 공정에 의해서 생성된 구멍이나 원통 내부를 확대하는 작업이다.

④ 미끄럼 방지용 손잡이와 같이 원통 외면에 규칙적인 형태의 무늬를 만드는 작업이다.

ANSWER 15.③ 16.④

15 교축밸브는 유동의 유로단면적을 변화시켜 유량을 제어하는 밸브이지 유체의 흐름 방향을 제어하는 밸브는 아니다.
- 셔틀밸브 : 2개의 입구와 1개의 공통 출구를 가지고 출구는 입구 압력의 작용에 의하여 한 쪽 방향에 자동적으로 접속되는 밸브이다.
- 체크밸브 : 한 방향의 유동은 허용하나 역방향의 유동은 완전히 제지하는 역할을 하는 밸브로 역지 밸브라고도 한다.
- 스풀밸브 : 방향 제어 밸브의 일종으로서 원통형의 밸브가 일정한 구간을 왔다 갔다 하면서 두 개 이상의 유압 회로를 제어한다. (주로 자동변속기 유압회로에 사용된다.)

16 널링가공(룰렛가공)은 금속 및 비금속 재질의 부품이나 플라스틱 부품 등의 손잡이나 핸들과 같이 사람의 손이 닿는 부분의 미끄럼 방지 등을 목적으로 일자형태나 경사진 형태로 요철가공하는 것을 말한다.
① 축에 직각인 부품 끝단을 평평한 표면으로 가공하는 작업은 선삭이다.
② 공구를 회전축과 경사지게 이송시켜 외면 또는 내면을 절삭하는 작업은 테이퍼절삭이다.
③ 이전 공정에 의해서 생성된 구멍이나 원통 내부를 확대하는 작업은 보링이다.

17 이상적인 열기관 사이클에 대한 설명으로 옳지 않은 것은?

① 카르노(Carnot) 사이클은 가역 사이클이다.

② 오토(Otto) 사이클은 불꽃점화(spark-ignition) 내연 기관의 이상 사이클이다.

③ 랭킨(Rankine) 사이클에서 응축기의 압력이 감소하면 사이클의 열효율은 감소한다.

④ 디젤(Diesel) 사이클은 1개의 등엔트로피 압축과 1개의 등엔트로피 팽창 과정을 가진다.

18 마찰차에 대한 설명으로 옳지 않은 것은?

① 정확한 속도비를 유지할 수 있다.

② 구름 접촉에 의한 회전으로 동력을 전달한다.

③ 마찰 계수를 크게 하기 위해 접촉면에 고무, 가죽 등을 붙인다.

④ 원통 마찰차는 외접하면 서로 반대방향으로 회전하고, 내접하면 서로 같은 방향으로 회전한다.

ANSWER 17.③ 18.①

17 랭킨(Rankine) 사이클에서 응축기의 압력이 감소하면 사이클의 열효율은 증가한다.

18 마찰차
- 마찰차는 동력을 전달하는데 있어서 2개의 바퀴를 직접 접촉시켜 서로 밀어붙임으로서 그 사이에 생기는 마찰력을 이용하여 2축 사이의 동력을 전달하기 위한 바퀴이다.
- 접촉하고 있는 표면은 구름접촉이므로 접촉선상의 한 점에 있어서 원동차와 종동차의 표면속도는 항상 같다.
- 약간의 미끄럼이 생기므로 확실한 회전운동의 전달과 강력한 동력의 전달이 곤란하다.
- 일정한 속도비를 얻기 어려우며 효율이 좋지 않다.
- 마찰차의 피치면을 손상시키게 된다.
- 축과 베어링 사이의 마찰이 크므로 동력손실과 축 및 베어링의 마멸이 크다.
- 운전이 정숙하며 동력전달의 단속이 무리없이 행해진다.
- 무단변속기로의 이용이 용이하다.
- 과부하의 경우 미끄럼에 의해 다른 부분의 손상을 방지할 수 있다.
- 원동차의 운전상태에서 종동차의 시동, 정지 및 속도변환이 가능하다.

19 다음 설명에서 ㈎~㈐에 들어갈 내용을 바르게 연결한 것은?

> 금속 재료는 외력에 의해 변형하며 가해지는 외력이 <u>㈎</u>를 넘게 되면 외력을 제거하여도 변형이 남게 된다. 외력을 제거하면 원상태로 돌아오는 변형을 <u>㈏</u>이라 하고, 외력을 제거하여도 영구적으로 돌아오지 않는 변형을 <u>㈐</u>이라 한다.

	㈎	㈏	㈐
①	탄성 계수	탄성 변형	소성 변형
②	탄성 한도	탄성 변형	소성 변형
③	탄성 계수	소성 변형	탄성 변형
④	탄성 한도	소성 변형	탄성 변형

20 인장시험에서 시편의 초기 단면적이 400mm^{2}이고 파단 후의 단면적이 300mm^{2}일 때 단면 감소율[%]은?

① 25

② 33

③ 50

④ 75

ANSWER 19.② 20.①

19 금속 재료는 외력에 의해 변형하며 가해지는 외력이 탄성한도를 넘게 되면 외력을 제거하여도 변형이 남게 된다. 외력을 제거하면 원상태로 돌아오는 변형을 탄성변형이라 하고, 외력을 제거하여도 영구적으로 돌아오지 않는 변형을 소성변형이라 한다.

20 단면적이 초기의 25%만큼 감소했으므로 단면감소율은 25%이다.

1 금속재료 표면에 주철이나 세라믹 입자를 분사하여 표면층에 압축잔류응력을 발생시키는 가공법은?

① 클래딩(cladding)

② 스퍼터링(sputtering)

③ 숏피닝(shot peening)

④ 진공증착(vacuum deposition)

2 다음 금속 중 융점이 가장 높고 고온에서 고강도 특성이 있어 전구의 필라멘트선이나 용접 전극으로 활용되는 것은?

① 아연

② 텅스텐

③ 티타늄

④ 마그네슘

ANSWER 1.③ 2.②

1 **숏피닝(shot peening)** : 경화된 작은 쇠구슬을 피가공물에 고압으로 분사시켜 표면의 강도를 증가시킴으로써 기계적 성능을 향상시키는 가공법이다. 숏이라고 하는 강제의 작은 알갱이를 피가공품 표면에 20~50cm/sec의 속도로 다수 분사시키는 냉간가공법을 말한다. 숏 피닝을 한 표면은 표면 경화에 의하여 표면층의 약 0.3mm까지 압축 잔류응력이 발생한다.

2 • **텅스텐** : 산소족에 속하며 굳고 단단한 백색 또는 회백색의 금속원소. 텅스텐은 산소족에 속하며 굳고 단단한 백색 또는 회백색의 금속원소이다. 원자번호 74, 원자량 183.84로서 원소기호 W로 표시된다. 녹는점은 3,422도, 끓는점은 5,555도이다.
• **티타늄** : 원자번호 22, 원자량 47.9이며 지표면에서 알루미늄, 철, 마그네슘에 이어 4번째로 풍부한 금속 원소이다. 티타늄은 순수상태로 자연에 존재하지 않고 95% 이상이 산화티타늄(TiO2)형태로 존재하며 정제과정과 작업이 매우 어렵다. 녹는점 1,668도, 끓는 점은 3,287도이다.

3 연강의 인장시험에서 응력과 변형률에 대한 설명으로 옳지 않은 것은?

① 진응력은 재료에 작용하는 하중을 순간 단면적으로 나눈 값이다.

② 극한강도는 재료가 파괴되지 않고 견딜 수 있는 최대 공칭응력이다.

③ 비례한도 이하에서는 응력과 변형률 사이에 혹의 법칙(Hooke's law)이 적용된다.

④ 탄성변형은 하중을 제거하여도 변형이 그대로 유지된다.

4 응력집중을 완화하기 위한 설계 방안으로 옳지 않은 것은?

① 표면 거칠기 값을 작게 한다.

② 단면 변화를 완만하게 한다.

③ 응력 흐름이 급격하게 되도록 한다.

④ 단이 진 부분의 필렛 반지름을 크게 한다.

5 베어링의 호칭 번호가 '6212ZZ' 일 때, 내륜에 조립되는 축의 기준 치수[mm]는?

① $\phi12$

② $\phi24$

③ $\phi60$

④ $\phi62$

ANSWER 3.④ 4.③ 5.③

3 탄성변형은 하중을 제거하면 변형이 원상복구되는 변형이다.

4 응력 흐름이 급격하게 되도록 하면 응력집중이 발생하게 된다.

5 • 일반적으로 베어링 호칭은 5자리 숫자로 구성되어 있으나 2번째 자리가 생략되어 표기되는 경우가 많다.
　　• 안지름번호가 12이며 안지름번호는 베어링안지름(내륜)/5이므로 베어링안지름은 60mm이 된다.

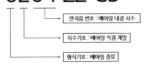

6 회전수가 N[rpm]이고 전달 토크가 T[N·m]인 축의 전달 동력[W]은?

① $\dfrac{\pi TN}{30}$　　　　　　　　　　　② $\dfrac{\pi TN}{60}$

③ $\dfrac{30}{\pi TN}$　　　　　　　　　　　④ $\dfrac{60}{\pi TN}$

7 ㈎와 같이 테이퍼진 공작물을 선반가공으로 만들기 위해서 ㈏와 같이 심압대를 편위할 때, 심압대 편위량(e)은?

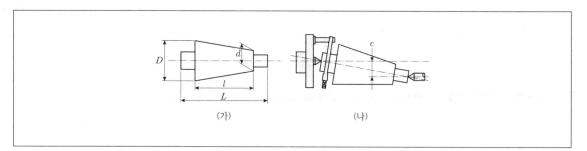

(가)　　　　　　　　　　(나)

① $L\sin\left[\tan^{-1}\left(\dfrac{D-d}{2l}\right)\right]$

② $2L\sin\left[\tan^{-1}\left(\dfrac{D-d}{l}\right)\right]$

③ $l\sin\left[\tan^{-1}\left(\dfrac{D-d}{2L}\right)\right]$

④ $2l\sin\left[\tan^{-1}\left(\dfrac{D-d}{L}\right)\right]$

ANSWER 6.① 7.①

6 회전수가 N[rpm]이고 전달 토크가 T[N·m]인 축의 전달 동력 $\dfrac{\pi TN}{30}$

7 심압대 편위량(e) : $L\sin\left[\tan^{-1}\left(\dfrac{D-d}{2l}\right)\right]$

8 소성가공에 해당하지 않는 것은?

① 압연가공

② 인발가공

③ 프레스가공

④ 플레이너가공

9 주물사의 특징에 대한 설명으로 옳지 않은 것은?

① 입자가 작으면 통기성이 좋아진다.

② 입자가 작으면 주물의 표면이 우수해진다.

③ 고온에서 견딜 수 있도록 내화성이 커야 한다.

④ 주물사에 점결제(binder)를 혼합하면 성형성이 향상된다.

10 잔류응력에 대한 설명으로 옳지 않은 것은?

① 압축잔류응력은 피로수명을 향상시킨다.

② 인장잔류응력은 파괴강도를 저하시킨다.

③ 압축잔류응력은 응력균열을 발생시킨다.

④ 잔류응력은 풀림 처리를 통해 제거될 수 있다.

ANSWER 8.④ 9.① 10.③

8 플레이너가공은 소성가공(물체의 소성을 이용해 변형시켜 갖가지 모양을 만드는 가공법)이 아닌 절삭가공(금속으로부터 칩을 깎아내어 원하는 형상의 금속을 만드는 것)이다.
- 플레이너 : 공작물을 설치한 테이블을 왕복운동 시켜서 큰 공작물의 평면부를 가공하는 공작기계로서 선반의 베드, 대형 정반 등의 가공에 편리하다.

9 입자가 작으면 통기성이 나빠지게 된다.

10 압축잔류응력은 응력균열을 저하시킨다.

11 회전하는 주형을 이용하여 파이프, 관, 실린더 라이너 등과 같이 속이 빈 주물을 제작하는 데 적합한 주조법은?

① 셸 주조

② 진원심 주조

③ 다이캐스팅 주조

④ 인베스트먼트 주조

12 압입자로 재료를 눌렀을 때 생기는 압입 자국을 이용한 경도 시험법이 아닌 것은?

① 쇼어(Shore) 경도 시험법

② 브리넬(Brinell) 경도 시험법

③ 비커스(Vickers) 경도 시험법

④ 로크웰(Rockwell) 경도 시험법

....

ANSWER 11.② 12.①

11 진원심주조 : 주형을 회전시키며 쇳물을 주입하여 그 원심력으로 주물을 가압하고 또 주물 내외의 원심력의 차로 불순물을 내부 표면으로 분리시켜서 특히 외주부에 양질의 부분을 얻는 것이다.

12 비커스, 브리넬, 로크웰 경도 시험법에는 압입자가 사용되나 쇼어경도는 그러하지 않다.
- 비커즈 경도 : 경화된 강이나 정밀 가공 부품 박판 등의 경도를 시험하는 것으로서 꼭지각이 136°되는 사각뿔형(피라미드형)인 다이아몬드 압입자를 사용한다.
- 브리넬 경도 : 강구압자(鋼球壓子)로 시료 표면에 정하중을 가하여 하중을 제거한 후에 남는 압입 자국의 표면적으로 하중을 나눈 값.
- 로크웰 경도 : 지정된 형상의 강구슬 또는 다이아몬드 원추 압자를 이용하여 최초에 기준하중을 가하고, 다음으로 시험하중까지 하중을 증가시킨 후, 최초의 기준하중으로 되돌아온다. 이 전후 2회의 기준하중 시에서 움푹 패인 깊이의 차로 정의되는 경도를 말한다.
- 쇼어경도 : 시험한 재료에 아무런 흔적도 남기지 않고 일정한 높이에서 시험편 위에 낙하시켰을 때 반발하여 올라간 높이로 경도를 측정하는 것.

13 외접 기어펌프에서 발생할 수 있는 오일 폐입(trapping) 현상을 예방하기 위한 방법만을 모두 고르면?

> ㉠ 인벌류트 치형을 사용한다.
> ㉡ 정현파(sine curve) 형태의 특수한 치형을 사용한다.
> ㉢ 기어 맞물림 부분의 측판에 릴리프 홈을 둔다.
> ㉣ 전위기어를 사용하여 기어 물림률을 1보다 크게 한다.

① ㉠, ㉢
② ㉠, ㉣
③ ㉡, ㉢
④ ㉡, ㉣

14 유압 작동유의 점도에 대한 설명으로 옳지 않은 것은?

① 유압 작동유의 온도가 상승하면 점도가 낮아진다.
② 점도 지수가 클수록 온도에 따른 점도 변화가 작아진다.
③ 유압 작동유의 점도가 낮아질수록 제어밸브의 누설이 증가한다.
④ 유압 작동유의 점도가 높아질수록 유압펌프의 효율이 증가한다.

15 이미 생성된 구멍을 선반가공으로 확대할 때 적합한 것은?

① 널링(knurling)
② 보링(boring)
③ 슬로팅(slotting)
④ 단면절삭(facing)

ANSWER 13.③ 14.④ 15.②

13 • 폐입현상 : 외접기어 펌프에서 토출된 유량의 일부가 입구쪽에서 되돌려 지므로 토출량 감소, 축 동력의 증가, 케이싱 마모 등의 원인을 유발하는 현상이다.
  • 종래의 외접 기어펌프는 주로 인벌류트 치형의 평기어를 이용하므로 기어 물림 및 풀림 시에 기어 사이에 갇힘 체적이 형성되어 폐입현상이 발생하게 되므로 정현파 형태의 특수한 치형을 사용하는 것이 좋다.
  • 인벌류트 치형기어는 물림률(contact ratio)이 1 보다 크므로 반드시 2개 기어의 이가 맞물린 구간이 존재, 이에 작동유가 앞뒤로 출구가 막혀 갇히는 현상(폐입현상)이 존재한다.

14 유압 작동유의 점도가 높아질수록 유압펌프의 효율이 감소한다.

15 • 널링(knurling) : 각종 게이지의 손잡이, 측정 공구 및 제품의 손잡이 부분에 빗줄 무늬를 만들어, 미끄럼을 방지하거나, 장식용으로도 사용한다. 직선, 곡선, 교차선 패턴이 자재를 두르는, 선반(lathe)에 보통 수행하는 제조공정이다.
  • 슬로팅(slotting) : 절삭공구가 수직 방향으로 직선 절삭 운동을 하고 공작물에 이송 운동을 시켜 절삭하는 가공법이다.

16 냉동기의 냉매가 가져야 할 조건으로 옳은 것만을 모두 고르면?

┌───┐
│ ㉠ 저온에서도 증발압력이 대기압보다 커야 한다.   │
│ ㉡ 표면장력이 커야 한다.   │
│ ㉢ 비열비가 커야 한다.   │
│ ㉣ 임계온도가 높고 상온에서 액화하여야 한다.   │
└───┘

① ㉠, ㉢   ② ㉠, ㉣
③ ㉡, ㉢   ④ ㉡, ㉣

17 압출공정에서 발생하는 결함이 아닌 것은?

① 수축공
② 표면균열
③ 파이핑 결함
④ 중심부 결함

ANSWER 16.② 17.①

16 냉매가 갖추어야 할 조건
- 저온에서도 대기압 이상의 포화증기압을 갖고 있어야 한다.
- 상온에서는 비교적 저압으로도 액화가 가능해야 하며 증발잠열이 커야 한다.
- 냉매가스의 비체적이 작을수록 좋다.
- 임계온도는 상온보다 높고, 응고점은 낮을수록 좋다.
- 화학적으로 불활성이고 안정하며 고온에서 냉동기의 구성 재료를 부식, 열화 시키지 않아야 한다.
- 액체 상태에서나 기체 상태에서 점성이 작아야 한다.
- 비열비가 작아야 압축비를 크게 하며 토출가스의 온도도 낮게 할 수 있다.
- 점도와 표면장력이 작고 전열이 양호해야 한다.

17 수축공(주형 내에서 용융금속의 수축으로 인한 쇳물 부족으로 생긴 구멍)은 주조공정의 결함에 속한다.
압출결함의 종류
- 표면균열 : 압출온도, 마찰, 속도 등이 너무 높으면 표면온도가 급격하게 증가하여 표면균열 및 터짐이 발생한다.
- 파이프결함 : 금속유동 양상은 표면의 산화물이나 불순물을 소재의 중심부로 끌어들이기 쉬운 깔때기의 형상을 하고 있고 이를 통해 파이프결함이 발생함
- 내부균열 : 중심부균열, 중심부터짐, 화살모양 균열 등으로 다양하게 불리는 균열이다. 다이 내의 변형영역에서 중심선을 따라서 정수압으로 인한 인장응력 때문에 발생하는 균열이다.

18 평벨트 전동에 대한 설명으로 옳지 않은 것은?

① 벨트와 풀리 사이의 마찰이 없으면 장력비는 1이다.

② 림의 중앙부를 높게 하여 벨트의 이탈을 방지할 수 있다.

③ 바로 걸기에서 벨트의 이완부가 위로 가면 접촉각이 감소한다.

④ 유효장력이 증가하면 크리핑(creeping) 현상이 발생할 수 있다.

19 다음 설명에 해당하는 제조 방법은?

- 대표적인 재료로 종이나 폴리머를 사용한다.
- 돌출부나 깨지기 쉬운 부분을 지지하기 위한 별도의 지지구조(support)가 필요하지 않다.

① 폴리젯(polyjet)

② 광조형법(stereolithography)

③ 융해용착모델링(fused−deposition modeling)

④ 박판적층공정(laminated−object manufacturing)

ANSWER 18.③ 19.④

18 평벨트전동에서 바로걸기의 경우 벨트의 이완부가 위로 가면 접촉각이 증가한다.

19 • **폴리젯(polyjet)** : 조형 트레이에 경화되는 액상 포토폴리머 레이어를 분사한다. (잉크젯과 유사한 방식)
- **광조형법(stereolithography)** : 액체상태의 광경화성 수지에 레이저광선을 부분적으로 쏘아서 적층해 나가는 방법이며 가장 널리 사용된다. 액체재료를 사용하므로 후처리가 요구된다.
- **융해용착모델링(fused−deposition modeling)** : 이 방식은 열가소성 플라스틱 재질의 필라멘트를 녹였다가 노즐로 뿜어내서 형상을 한 층씩 그려 쌓는 방식이다. 노즐은 수평면 상에서 앞, 뒤, 양옆으로만 운동하며, 제품이 놓이는 테이블이 점점 아래로 내려가면서 형상을 쌓아올리게 된다. 다른 방법에 비해 작업 시간이 짧은 장점이 있다.
- **박판적층공정(laminated−object manufacturing)** : 원하는 단면에 레이저 광선을 부분적으로 쏘아서 절단한 후 종이의 뒷면에 부착된 접착제를 사용하여 아래층과 압착시켜 한 층씩 쌓아가며 형상을 만드는 방법이다.

20 다음과 같은 특성을 가진 열처리는?

- 경화된 강중의 잔류 오스테나이트를 마르텐사이트화시킨다.
- 공구강의 경도를 향상시킨다.
- 시효(aging)에 의한 형상변화 및 치수변화를 방지할 수 있다.

---

① 풀림 처리(annealing)
② 침탄 처리(carburizing)
③ 불림 처리(normalizing)
④ 심냉 처리(sub-zero treatment)

---

20 • 침탄처리 : 가공성이 좋은 저탄소강 또는 저합금강을 기계가공 한 뒤 그 표면층의 탄소를 증가시켜 급냉 경화 하는 처리
  • 심냉처리 : 담금질 처리시 잔류하는 오스테나이트를 완전 마르텐사이트로 변태시키기 위하여 영하의 온도에서 처리하는 것을 말한다. 잔류 오스테나이트가 재료의 내부에 존재할 때에는 재료의 경화현상이 작아지고 시효변형, 즉 치수변형이 일어난다.

1 재료를 두드리거나 압착하면 얇고 넓게 펴지는 기계적 성질은?

① 전성   ② 소성

③ 탄성   ④ 취성

2 열가소성 수지(thermoplastic resin)에 해당하는 것만을 모두 고르면?

㉠ 폴리에틸렌(polyethylene)　　　　　㉡ 에폭시 수지(epoxy resin) ㉢ 페놀 수지(phenol resin)　　　　　　㉣ 나일론(nylon)

① ㉠, ㉡   ② ㉠, ㉣

③ ㉡, ㉢   ④ ㉢, ㉣

ANSWER 1.① 2.②

1 기계적 성질
  • 탄성 : 외력에 의해 변형된 물체가 외력을 제거하면 다시 원래의 상태로 되돌아가려는 성질을 말한다.
  • 소성 : 물체에 변형을 준 뒤 외력을 제거해도 원래의 상태로 되돌아오지 않고 영구적으로 변형되는 성질이다.
  • 전성 : 넓게 펴지는 성질로 가단성으로도 불린다.
  • 연성 : 탄성한도 이상의 외력이 가해졌을 때 파괴되지 않고 잘 늘어나는 성질을 말한다.
  • 취성 : 물체가 외력에 의해 늘어나지 못하고 갑자기 파괴가 되는 성질로서 연성에 대비되는 개념이다. 취성재료는 연성이 거의 없으므로 항복점이 아닌 탄성한도를 고려하여 다뤄야 한다.

2 합성수지의 종류
  • **열경화성 수지** : 페놀, 멜라민, 에폭시, 요소, 실리콘, 우레탄, 폴리에스테르, 프란, 알키드 수지
  • **열가소성 수지** : 염화비닐, 초산비닐, 아크릴, 폴리스틸렌, 폴리에틸렌, 폴리아미드(나일론)

3 비철금속 재료만을 모두 고르면?

㉠ 알루미늄	㉡ 마그네슘
㉢ 세라믹	㉣ 아연

① ㉠

② ㉢, ㉣

③ ㉠, ㉡, ㉣

④ ㉠, ㉡, ㉢, ㉣

4 탄소강의 열처리에 대한 설명으로 옳지 않은 것은?

① 불림(normalizing)을 하면 내부응력이 증가한다.

② 뜨임(tempering)을 하면 인성이 증가한다.

③ 담금질(quenching)을 하면 경도가 증가한다.

④ 풀림(annealing)을 하면 연성이 증가한다.

ANSWER 3.③ 4.①

3 세라믹은 금속이 아니며 그 외의 재료들은 금속이다.

4 불림은 내부응력을 제거하는 효과를 갖는다.
- **불림(소준, 노멀라이징)** : 고온(800oC)으로 가열하여 노중에서 서서히 냉각하는 것으로서 내부응력제거, 재질의 조직을 균일화, 표준화의 효과를 갖는다.
- **풀림(소둔, 어닐링)** : 재료를 가열 후 천천히 냉각시켜 연화시키고 가공경화 제거한다. 강 속에 있는 내부 응력을 완화시켜 강의 성질을 개선하는 것으로 노(爐)나 공기 중에서 서냉하는 것이다.
- **뜨임(소려, 템퍼링)** : 불안정한 조직을 재가열하여 원자들을 좀 더 안정적인 위치로 이동시킴으로써 인성을 증대시킨다. 담금질에 의해 생긴 단단하고 취약하며 불안정한 조직을 변태 또는 석출을 진행시켜 다소 안정한 조직으로 만들고 동시에 잔류응력을 감소시키며, 적당한 인성을 부여하기 위하여 페라이트와 오스테나이트 및 시멘타이트(Fe_3C)가 평형상태에 있는 온도영역 이하의 온도로 가열 후 냉각하는 열처리 방법이다.
- **담금질(소입, 퀜칭)** : 재료를 단단하게 하기 위해 가열된 재료를 급랭하여 경도를 증가시켜서 내마멸성을 향상

5 나사의 용어 정의에 대한 설명으로, ㈎, ㈏에 들어갈 내용을 바르게 연결한 것은?

- ┌─㈎─┐ 는 서로 인접한 나사산과 나사산 사이의 축방향 거리를 말한다.
- ┌─㈏─┐ 은 나사의 바깥지름과 골지름의 평균지름을 말한다.

	㈎	㈏
①	리드	호칭지름
②	리드	유효지름
③	피치	호칭지름
④	피치	유효지름

6 리드각 λ, 마찰각 ρ인 사각나사의 효율은? (단, 사각나사를 조이는 경우이고 자리면의 마찰은 무시한다)

① $\dfrac{\tan\lambda}{\tan\rho}$

② $\dfrac{\tan\rho}{\tan\lambda}$

③ $\dfrac{\tan\rho}{\tan(\lambda+\rho)}$

④ $\dfrac{\tan\lambda}{\tan(\lambda+\rho)}$

....

ANSWER 5.④ 6.④

3 피치는 서로 인접한 나사산과 나사산 사이의 축방향 거리를 말한다.
유효지름은 나사의 바깥지름과 골지름의 평균지름을 말한다.
※ 나사 각부의 명칭
- 피치(pitch) : 나사산과 나사산의 거리
- 리드(lead) : 나사가 1회전하여 진행한 거리. 2줄나사인 경우 1리드는 피치의 2배. 리드(ℓ) = 줄수(n)×피치(p)
- 유효지름 : 수나사와 암나사가 접촉하고 있는 부분의 평균지름.
- 호칭지름 : 수나사는 바깥지름, 암나사는 상대수나사의 바깥지름으로 나타낸다.
- 비틀림각 : 직각에서 리드각을 뺀 나머지 값.
- 플랭크각과 나사산 각: 나사의 정상과 골을 잇는 면을 플랭크라 하고, 나사의 축선과 플랭크가 이루는 각을 플랭크 각. 플랭크각 2개의 값이 나사산의 각도이다.

6 리드각 λ, 마찰각 ρ인 사각나사의 효율은 $\dfrac{\tan\lambda}{\tan(\lambda+\rho)}$

7 유연 커플링(flexible coupling)의 종류에 해당하지 않는 것은?

① 고무(rubber) 커플링

② 체인(chain) 커플링

③ 플랜지(flange) 커플링

④ 기어(gear) 커플링

8 나사의 풀림방지 방법으로 옳지 않은 것은?

① 캡 너트(cap nut) 사용

② 로크 너트(lock nut) 사용

③ 분할 핀(split pin) 사용

④ 스프링 와셔(spring washer) 사용

ANSWER 7.③ 8.①

7 플랜지커플링은 양 축단 끝에 플랜지를 설치키로 고정한 이음이므로 유연커플링에 해당되지 않는다.

- **커플링** : 운전 중에는 결합을 끊을 수 없는 영구적인 이음
- **원통커플링** : 가장 간단한 구조의 커플링으로서 두 축의 끝을 맞대어 일직선으로 놓고 키 또는 마찰력으로 전동하는 커플링이다.
- **플랜지커플링** : 양 축단 끝에 플랜지를 설치키로 고정한 이음
- **플렉시블 커플링** : 두 축의 중심선이 약간 어긋나 있을 경우 탄성체를 플랜에 끼워 진동을 완화시키는 이음
- **기어커플링** : 한 쌍의 내접기어로 이루어진 커플링으로 두 축의 중심선이 다소 어긋나도 토크를 전달할 수 있어 고속회전 축 이음에 사용되는 이음
- **유체커플링** : 원동축에 고정된 펌프 깃의 회전력에 의해 동력을 전달하는 이음
- **올덤 커플링** : 두 축의 중심이 약간 떨어져 평행할 때 동력을 전달시키는 축으로 고속회전에는 적합하지 않다.
- **유니버설 조인트** : 축이 교차하며 만나는 각이 변화할 때 사용하는 축이음으로 일반적으로 15°이하를 권장하며 속도변동을 없애기 위해 2개의 이음을 사용하여 원동축 및 종동축의 만나는 각을 같게 한다.

8 나사의 풀림방지법
- 로크너트를 사용한다.
- 홈붙이 너트를 사용하여 너트가 돌지 못하게 한다.
- 특수와셔(스프링와셔 등)를 사용하여 볼트 또는 너트가 돌지 못하도록 방지한다.
- 멈춤나사를 사용하여 볼트 나사부를 고정한다.
- 볼트 또는 너트에 구멍을 뚫고 핀을 꽂는다.

나사의 풀림 방지법					
와셔의 의한 방법	핀 또는 작은 나사에 의한 방법	로크 너트에 의한 방법	세트 스크류에 의한 방법	철사로 묶어 매는 방법	자동 죔 너트에 의한 방법

※ 너트 풀림 방지용 와셔
  ㉠ 클로우 와셔
  ㉡ 혀붙이 와셔
  ㉢ 이붙이 와셔
  ㉣ 스프링 와셔

9 두 축이 평행한 기어의 종류는?

① 웜 기어(worm gear)

② 스퍼 기어(spur gear)

③ 베벨 기어(bevel gear)

④ 하이포이드 기어(hypoid gear)

10 두 개의 회전하는 롤러(roller) 사이에 재료를 통과시켜 단면적 또는 두께를 감소시키는 소성가공은?

① 압출   ② 압연

③ 인발   ④ 전조

ANSWER 9.② 10.②

9 기어의 종류

㉠ 두 축이 서로 평행한 경우
- 스퍼기어
- 랙과 피니언
- 내접기어
- 헬리컬기어

㉡ 두 축이 만나는 경우
- 베벨기어
- 마이터기어
- 크라운기어

㉢ 두 축이 평행하지도 만나지도 않는 경우
- 웜기어
- 하이포이드기어
- 나사기어
- 스큐기어

10
- 압연 : 재료를 회전하는 2개의 롤러 사이에 통과시키면서 압축하중을 가하여 폭, 직경, 두께 등을 줄이는 가공법
- 인발 : 금속의 봉이나 관을 다이에 넣어, 축방향으로 통과시켜 외경을 줄이는 방법
- 압출 : 재료를 실린더 모양의 컨테이너에 넣고, 한 쪽에서 압력을 가하여 다이의 구멍으로 밀어내어 일정한 단면의 제품을 만드는 가공법
- 제관 : 관을 만드는 가공법
- 전조 : 다이나 롤러 사이에 소재를 넣고 회전시켜 제품을 가공하는 방법
- 프레스가공 : 판재를 펀치(punch)와 다이(die) 사이에서 압축하여 성형하는 방법이며, 전단 가공, 굽힘, 압축, 딥 드로잉(deep drawing) 등으로 분류한다.

11 용접의 종류 중 압접(pressure welding)에 해당하는 것은?

① 납땜   ② 가스 용접
③ 전기저항 용접   ④ 아크(arc) 용접

12 절삭가공에서 선반작업의 종류에 해당하지 않는 것은?

① 래핑(lapping)   ② 외경절삭(turning)
③ 나사절삭(threading)   ④ 테이퍼절삭(taper turning)

....

ANSWER 11.③ 12.①

11 압접의 종류
- 전기저항용접 : 재료를 전기로 용해시켜 용융가압시켜 접합하는 방법
- 가스압접 : 접합부를 가스불꽃으로 가열시킨 후 압력을 가해 접합하는 방법
- 단접 : 용접물을 가열하여 해머 등으로 타격을 가하여 압접하는 방법, 탄소 강재를 단접할 때 용제로 붕사 등을 사용한다.
- 마찰용접 : 선박과 유사한 구조의 용접기로 접합면에 압력을 가한 상태로 상대적인 회전을 시키는 방법
  용접이란 2개의 서로 다른 물체를 접합하고자 할 때 접합부위를 용융시켜 여기에 용가재인 용접봉을 넣어 접합하거나(융접) 접합부위를 녹기 직전까지 가열하여 압력을 통해 접합(압접)하거나 모재를 녹이지 않은 상태에서 모재보다 용융점이 낮은 금속을 접합부에 넣어 표면장력으로 결합시키는 방법(납땜)을 말한다.

12 선삭가공(선반에서 이루어지는 절삭가공)의 종류
- 외경절삭 : 축, 핀, 핸들 등 각종 기계부품들의 외면을 가공하는 가장 일반적인 형태의 선삭작업이다.
- 단면절삭 : 다른 부품과의 연결 등의 목적으로 단면을 평평하게 가공하거나 홍은 O링 자리와 같은 단면상의 홈을 가공하는 작업이다.
- 총형깎기 : 총형공구(form tool)을 이용한 절삭작업으로서 기능 혹은 외양상의 이유로 독특한 형상을 가진 제품을 이와 동일한 형상으로 총형공구로 가공하는 것이다.
- 테이퍼절삭 : 테이퍼란 중심선에 대하여 대칭으로 된 원뿔선의 경사를 말한다. 이와 같은 형태로 절삭하는 것을 테이퍼절삭이라고 하며 이와 같은 형상의 가공에는 주어진 보기 중에서는 선반이 가장 적합하다.

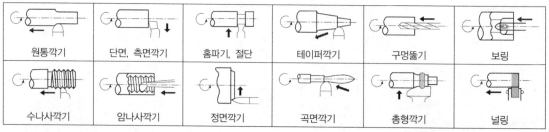

원통깎기	단면, 측면깎기	홈파기, 절단	테이퍼깎기	구멍뚫기	보링
수나사깎기	암나사깎기	정면깎기	곡면깎기	총형깎기	널링

13 용접 결함의 종류에 해당하지 않는 것은?

① 기공(blow hole)

② 편석(segregation)

③ 오버랩(overlap)

④ 언더컷(undercut)

---

13 편석은 고체재료 속에서 조성이 불균일하게 되는 형상으로서 용접결합에 속하지 않는다.

※ 용접결함
- **블로홀** : 용융금속이 응고할 때 방출되어야 할 가스가 남아서 생긴 빈자리
- **슬래그섞임(감싸들기)** : 슬래그의 일부분이 용착금속 내에 혼입된 것
- **크레이터** : 용즙 끝단에 항아리 모양으로 오목하게 파인 것
- **피시아이** : 용접작업시 용착금속 단면에 생기는 작은 은색의 점
- **피트** : 작은 구멍이 용접부 표면에 생긴 것
- **크랙** : 용접 후 급냉되는 경우 생기는 균열
- **언더컷** : 모재가 녹아 용착금속이 채워지지 않고 홈으로 남는 부분
- **오버랩** : 용착금속과 모재가 융합되지 않고 단순히 겹쳐지는 것
- **오버형** : 상향 용접시 용착금속이 아래로 흘러내리는 현상
- **용입불량** : 용입깊이가 불량하거나 모재와의 융합이 불량한 것

14 선삭가공에서 3개의 죠(jaw)가 동시에 움직이며 원형단면봉 또는 육각단면봉 등의 물림에 적합한 척 (chuck)은?

① 단동척(independent chuck)

② 연동척(universal chuck)

③ 콜릿척(collet chuck)

④ 전자척(magnetic chuck)

ANSWER 14.②

14 연동척(universal chuck) : 선삭가공에서 3개의 죠(jaw)가 동시에 움직이며 원형단면봉 또는 육각단면봉 등의 물림에 적합한 척(chuck)

※ 척의 종류와 특징

㉠ 단동식 척
- 강력 조임에 사용되며 조가 4개가 있어 4번 척이라고도 한다.
- 원, 사각, 팔각 조임시에 용이하다.
- 조가 각자 움직이며 중심잡는데 시간이 걸린다.
- 편심 가공시 편리하다.
- 가장 많이 사용한다.

㉡ 연동식 척(만능 척)
- 조가 3개이며 3번척, 스크롤 척이라 한다.
- 조 3개가 동시에 움직인다.
- 조임이 약하다.
- 원, 3각, 6각봉 가공에 사용한다.
- 중심을 잡기 편리하다.

㉢ 마그네틱 척(전자 척, 자기 척)
- 직류 전기를 이용한 자화면이다.
- 필수 부속장치 : 탈 자기장치
- 강력 절삭이 곤란하다.
- 사용전력은 200~400W이다.

㉣ 공기 척
- 공기 압력을 이용하여 일감을 고정한다.
- 균일한 힘으로 일감을 고정한다.
- 운전 중에도 작업이 가능하다.
- 조의 개폐가 신속하다.

㉤ 콜릿 척
- 터릿선반이나 자동선반에 사용된다.
- 직경이 적은 일감에 사용된다.
- 중심이 정확하고 원형재, 각봉재 작업이 가능하다.
- 대량생산이 가능하다.

15 소성가공의 종류에 해당하는 것은?

① 단조

② 선삭

③ 주조

④ 보링(boring)

16 연삭가공에서 연삭숫돌의 3요소에 해당하지 않는 것은?

① 칩(chip)

② 기공(pore)

③ 결합제(bond)

④ 숫돌입자(abrasive grain)

17 밀링가공에서 밀링커터의 지름이 D[mm], 밀링커터의 회전수가 N[rpm]인 경우 절삭속도 V[m/min]는?

① $\dfrac{\pi \times D \times N}{1000}$

② $\dfrac{1000}{\pi \times D \times N}$

③ $\dfrac{\pi \times D}{1000 \times N}$

④ $\dfrac{\pi \times N}{1000 \times D}$

ANSWER 15.① 16.① 17.①

15 소성가공 … 소성변형을 이용한 비절삭 가공법으로서 가공물에 외력을 제거해도 원상으로 복귀하지 않으려는 성질인 소성을 이용한 가공방법이다. 재료의 낭비가 적고, 가공에 드는 시간도 짧은 경제적인 가공법이다.

• 단조 : 재료를 기계나 해머로 두들겨서 성형하는 가공법

• 압연 : 재료를 회전하는 2개의 롤러 사이에 통과시키면서 압축하중을 가하여 폭, 직경, 두께 등을 줄이는 가공법

• 인발 : 금속의 봉이나 관을 다이에 넣어, 축방향으로 통과시켜 외경을 줄이는 방법

• 압출 : 재료를 실린더 모양의 컨테이너에 넣고, 한 쪽에서 압력을 가하여 다이의 구멍으로 밀어내어 일정한 단면의 제품을 만드는 가공법

• 제관 : 관을 만드는 가공법

• 전조 : 다이나 롤러 사이에 소재를 넣고 회전시켜 제품을 가공하는 방법

• 프레스가공 : 판재를 펀치(punch)와 다이(die) 사이에서 압축하여 성형하는 방법이며, 전단 가공, 굽힘, 압축, 딥 드로잉(deep drawing) 등으로 분류한다.

• 소성변형 : 재료에 외력(하중)을 가하면 재료는 변형하는데, 어느 한도를 넘으면 가했던 하중을 제거해도 변형은 그대로 남아 원래의 형태로는 돌아가지 않게 된다.

16 연삭숫돌의 3요소

• 입자 : 숫돌의 재질을 말하며 공작물을 절삭하는 날의 역할을 한다.

• 기공 : 숫도로가 숫돌 사이의 구멍으로서 칩을 피하는 장소이다.

• 결합제 : 숫돌의 입자를 결합시키는 접착제이다.

17 밀링커터의 지름이 D[mm], 밀링커터의 회전수가 N[rpm]인 경우 절삭속도 V[m/min]는 $\dfrac{\pi \times D \times N}{1000}$

18 펌프의 종류 중 용적형 펌프에 해당하지 않는 것은?

① 기어 펌프

② 터빈 펌프

③ 베인 펌프

④ 피스톤 펌프

19 디젤기관의 노크(knock) 현상을 저감하기 위한 방법으로 옳지 않은 것은?

① 압축비를 크게 한다.

② 실린더 체적을 크게 한다.

③ 착화지연시간을 짧게 한다.

④ 연소실 벽의 온도를 낮게 한다.

ANSWER 18.② 19.④

18 • 용적형펌프 : 부하 압력이 변동하여도 토출량이 일정한 펌프이다.

　• 비용적형펌프 : 부하 압력에 따라 토출량이 변화하는 펌프이다.

터보형	원심식	볼류트형 원심펌프, 디퓨저형 원심펌프(터빈펌프)
	사류식	볼류트형 원심펌프, 디퓨저형 원심펌프(터빈펌프)
	축류식	축류펌프
용적형	왕복식	피스톤펌프, 플런저펌프, 다이아프램펌프
	회전식	기어펌프, 베인펌프, 나사펌프, 캠펌프, 스크류펌프
특수형	특수형	와류펌프, 제트펌프, 수격펌프, 점성펌프, 관성펌프, 기포펌프, 전자펌프, 진공펌프

　• 터빈펌프 : 디퓨저 펌프라고도 한다. 임펠러의 외주에 안내날개가 있어 물의 흐름을 조절하며 임펠러의 수에 따라 여러 종류로 구분된다.

19 노킹현상 : 연소 후반부에 미연소가스의 급격한 연소에 의한 충격파로 실린더 내 금속을 타격하는 현상

　※ 디젤엔진의 노킹방지대책

　• 세탄가가 높은 연료를 사용한다.

　• 압축비, 압축압력 및 압축온도를 높인다.

　• 실린더 벽의 온도를 높게 유지한다.

　• 흡입공기의 온도를 높게 유지한다.

　• 연료의 분사시기를 알맞게 조정한다.

　• 엔진의 회전속도를 빠르게 한다.

20 드릴가공의 종류에 대한 설명으로, ㈎, ㈏에 들어갈 내용을 바르게 연결한 것은?

> - ㈎ 은 공작물의 구멍 내부에 암나사를 가공하는 작업을 말한다.
> - ㈏ 은 접시머리 나사를 사용할 구멍에 나사 머리가 들어갈 부분을 원추형으로 가공하는 작업
>   을 말한다.

	㈎	㈏
①	리밍(reaming)	카운터보링(counter boring)
②	리밍(reaming)	카운터싱킹(counter sinking)
③	태핑(tapping)	카운터보링(counter boring)
④	태핑(tapping)	카운터싱킹(counter sinking)

ANSWER 20.④

20 태핑은 공작물의 구멍 내부에 암나사를 가공하는 작업을 말한다.
카운터싱킹은 접시머리 나사를 사용할 구멍에 나사 머리가 들어갈 부분을 원추형으로 가공하는 작업을 말한다.
※ 드릴작업의 종류
- 드릴링 : 구멍을 뚫는 작업
- 리밍 : 뚫은 구멍의 내면을 다듬는 작업
- 태핑 : 드릴을 사용하여 뚫은 구멍의 내면에 탭을 사용해 암나사를 가공하는 작업
- 보링 : 만들어져 있는 구멍을 넓히는 작업
- 스폿페이싱 : 접촉하는 면을 고르게 하기 위해 깎는 작업
- 카운터보링 : 볼트의 머리가 일감 속에 묻히도록 깊게 스폿 페이싱을 하는 작업
- 카운터싱킹 : 접시머리 나사의 머리 부분을 묻히게 하기 위해 자리를 파는 작업

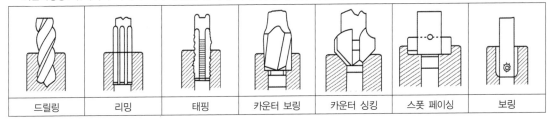

드릴링	리밍	태핑	카운터 보링	카운터 싱킹	스폿 페이싱	보링

02

기계설계

1 〈보기〉에서 a–a'로 자른 단면의 면적이 A인 원통형 시편에 인장하중 F가 작용할 때, 단면과 θ의 각을 이루는 경사진 단면에 발생하는 최대전단응력 $\tau_{\max}$와 그 때의 각도 θ를 옳게 짝지은 것은?

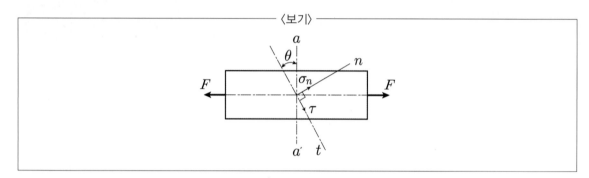
〈보기〉

① $\tau_{\max} = \dfrac{\sqrt{3}\,F}{2A}$ 및 $\theta = 30^o$

② $\tau_{\max} = \dfrac{F}{2A}$ 및 $\theta = 30^o$

③ $\tau_{\max} = \dfrac{\sqrt{2}\,F}{2A}$ 및 $\theta = 45^o$

④ $\tau_{\max} = \dfrac{F}{2A}$ 및 $\theta = 45^o$

ANSWER 1.④

1
최대전단응력은 $\tau_{\max} = \dfrac{F}{2A}$이며 이 때의 각도는 $\theta = 45^o$가 된다.

2 압착기(presser), 바이스(vise) 등과 같이 하중의 작용방향이 항상 같은 경우에 사용되는 나사의 종류는?

① 톱니 나사(buttless screw thread)

② 사각 나사(square thread)

③ 사다리꼴 나사(trapezoidal screw thread)

④ 둥근 나사(round thread)

ANSWER 2.①

2 압착기(presser), 바이스(vise) 등과 같이 하중의 작용방향이 항상 같은 경우에 사용되는 나사는 톱니나사이다.

※ 나사의 종류
- 삼각나사 : 체결용 나사로 많이 사용하며 미터나사와 유니파이나사(미국, 영국, 캐나다의 협정에 의해 만든 것으로 ABC나사라고도 한다.)가 있다. 미터나사의 단위는 mm, 유니파이나사의 단위는 inch이며 나사산의 각도는 모두 60°이다.
- 사각나사 : 나사산의 모양이 사각인 나사로서 삼각나사에 비하여 풀어지긴 쉬우나 저항이 적은 이적으로 동력전달용 잭, 나사프레스, 선반의 피드에 사용한다.
- 사다리꼴나사 : 애크미나사 또는 재형나사라고도 하며 사각나사보다 강력한 동력 전달용에 사용한다. (산의 각도 미터계열 : 30°, 휘트워드계열 : 29°)
- 톱니나사 : 축선의 한쪽에만 힘을 받는 곳에 사용한다. 힘을 받는 면은 축에 직각이고, 받지 않는 면은 30°로 경사를 준다. 큰 하중이 한쪽 방향으로만 작용되는 경우에 적합하다.
- 둥근나사 : 너클나사, 나사산과 골이 둥글기 때문에 먼지, 모래가 끼기 쉬운 전구, 호스연결부에 사용한다.
- 볼나사 : 수나사와 암나사의 홈에 강구가 들어 있어 마찰계수가 적고 운동전달이 가볍기 때문에 NC공작기계나 자동차용 스테어링 장치에 사용한다. 볼의 구름 접촉을 통해 나사 운동을 시키는 나사이다. 백래시가 적으므로 정밀 이송장치에 사용된다.
- 셀러나사 : 아메리카나사 또는 US표준나사라고 한다. 나사산의 각도는 60°, 피치는 1인치에 대한 나사산의 수로 표시한다.
- 기계조립(체결용)나사 : 미터나사, 유니파이나사, 관용나사
- 동력전달용(운동용)나사 : 사각나사, 사다리꼴나사, 톱니나사, 둥근나사, 볼나사

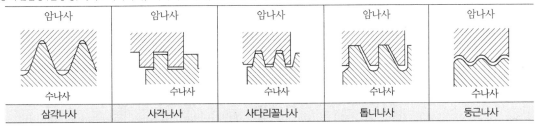

암나사	암나사	암나사	암나사	암나사
수나사	수나사	수나사	수나사	수나사
삼각나사	사각나사	사다리꼴나사	톱니나사	둥근나사

3 토크가 60,000kg$_f$ · mm인 지름 60mm의 축에 장착한 성크키(sunk key)의 폭이 10mm, 길이가 50mm 일 때, 키에 발생하는 전단응력[kg$_f$/mm^2]은?

① 3

② 4

③ 5

④ 6

4 400rpm으로 2.0kW를 전달하고 있는 축에 발생하는 비틀림모멘트[kg$_f$ · mm]는?

① 48,700

② 4,870

③ 487

④ 48.7

5 내압을 받는 내경 1,200mm의 보일러 용기를 두께 12mm 강판을 사용하여 리벳이음으로 설계하고자 한다. 강판의 허용인장응력이 10kg$_f$/mm^2, 리벳이음의 효율이 0.5일 때 보일러 용기의 최대 설계내압 [N/m^2]은? (단, 판의 부식 등 주어지지 않은 조건은 고려하지 않으며, 중력가속도는 9.8m/s^{2}이다.)

① 19.6×10^5

② 19.6×10^6

③ 9.8×10^5

④ 9.8×10^6

ANSWER 3.② 4.② 5.③

3
토크 T를 받고 있는 성크키(sunk key)에 생기는 전단응력을 τ, 압축응력을 σ라 할 때 $\tau = \dfrac{2T}{bdl}$, $\sigma = \dfrac{4T}{hdl}$

$\tau = \dfrac{2 \cdot 60,000}{10 \cdot 60 \cdot 50} = 4$

4
$T = 97400 \cdot \dfrac{H_{kw}}{N} [kg_f \cdot cm] = 97400 \cdot \dfrac{2}{400} = 487 [kg_f \cdot cm] = 4,870 [kg_f \cdot mm]$

5
$10 \times 0.5 = \dfrac{P \times 1,200}{2 \times 12}$ 이므로 $p = 0.1 [kg_f/mm^2]$

$p = 0.1 [kg_f/mm^2] = \dfrac{0.1 \cdot 9.8}{(10^{-3})^2} [N/m^2] = 9.8 \times 10^5 [N/m^2]$

6 〈보기〉와 같이 원추마찰차 A, B가 두 축의 사이각 $\theta=120°$로 외접하여 회전하고 있다. 회전비 $i\left(=\dfrac{w_B}{w_A}\right)$가 2일 때 〈보기〉에서 α와 β의 값으로 옳은 것은?

─ 〈보기〉 ─

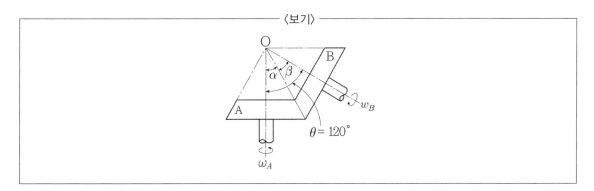

① $\alpha=60°,\ \beta=60°$

② $\alpha=30°,\ \beta=90°$

③ $\alpha=45°,\ \beta=75°$

④ $\alpha=90°,\ \beta=30°$

6 원추마찰차: 두 축이 일정 각도로 만나며 바퀴의 형상이 원뿔인 마찰차이다.

회전비 $i=\dfrac{w_B}{w_A}=\dfrac{N_B}{N_A}=\dfrac{D_A}{D_B}=\dfrac{\sin\alpha}{\sin\beta}$이므로

$i=\dfrac{w_B}{w_A}=2$를 만족하는 값은 보기 중 $\alpha=90°,\ \beta=30°$이다.

7 기어의 치형곡선 중 사이클로이드 치형과 인벌류트 치형을 비교한 설명으로 가장 옳은 것은?

① 사이클로이드 치형은 2개의 치형곡선으로 구성된다.

② 사이클로이드 치형은 추력이 크다.

③ 인벌류트 치형은 굽힘강도가 약하다.

④ 인벌류트 치형은 중심거리의 정확성을 요구한다.

8 밴드 브레이크에서 긴장측 장력이 480kgf이고, 밴드 두께가 2mm, 밴드 폭이 12mm, 길이가 100mm일 때 생기는 인장응력[kgf/mm²]은?

① 2.4

② 2

③ 24

④ 20

ANSWER 7.① 8.④

7 ② 사이클로이드 치형은 추력이 작다.

③ 인벌류트 치형은 굽힘강도가 강하다.

④ 사이클로이드 치형은 중심거리의 정확성을 요구한다.

※ **사이클로이드 치형** … 한 원의 안쪽 또는 바깥쪽을 다른 원이 미끄러지지 않고 굴러갈 때 구르는 원 위의 한 점이 그리는 곡선을 치형곡선으로 제작한 기어이다. (사이클로이드는 원을 직선 위에서 굴릴 때 원 위의 한 점이 그리는 곡선이다.)

- 압력각이 변화한다.
- 미끄럼률이 일정하고 마모가 균일하다.
- 절삭공구는 사이클로이드 곡선이어야 하고 구름원에 따라 여러 가지 커터가 필요하다.
- 빈 공간이라도 치수가 극히 정확해야 하고 전위절삭이 불가능하다.
- 중심거리가 정확해야 하고 조립이 어렵다.
- 언더컷이 발생하지 않는다.
- 원주피치와 구름원이 모두 같아야 한다.
- 시계, 계기류와 같은 정밀기계에 주로 사용된다.

※ **인벌류트 치형** … 원에 감은 실을 팽팽한 상태를 유지하면서 풀 때 실 끝이 그리는 궤적곡선(인벌류트 곡선)을 이용하여 치형을 설계한 기어이다.

- 압력각이 일정하다.
- 미끄럼률이 변화가 많으며 마모가 불균일하다. (피치점에서 미끄럼률은 0이다.)
- 절삭공구는 직선(사다리꼴)으로서 제작이 쉽고 값이 싸다.
- 빈 공간은 다소 치수의 오차가 있어도 된다. (전위절삭이 가능하다.)
- 중심거리는 약간의 오차가 있어도 무방하며 조립이 쉽다.
- 언더컷이 발생한다.
- 압력각과 모듈이 모두 같아야 한다.
- 전동용으로 주로 사용된다.

8 $\sigma = \sigma_t = \dfrac{T_t}{bh} = \dfrac{480}{12 \cdot 2} = 20$

9 판의 폭이 60mm이고, 두께가 10mm, 스팬이 600mm인 양단 지지형 겹판스프링이 있다. 중앙집중하중 1,200kg_f를 지지하려면 몇 장의 판이 필요한가? (단, 재료의 허용응력은 30kg_f/mm²이며 판 사이의 마찰 및 죔폭은 고려하지 않는다.)

① 3장

② 4장

③ 5장

④ 6장

10 1,600kg_f의 베어링 하중을 지지하고 회전속도 300rpm으로 회전하는 끝저널 베어링의 최소 지름[mm]과 폭[mm]은? (단, 허용베어링압력은 0.5kg_f/mm², 폭지름비 L/d=2로 한다.)

	베어링의 지름	폭
①	35	70
②	40	80
③	45	90
④	50	100

ANSWER 9.④ 10.②

9 $\sigma_b = \dfrac{3}{2} \cdot \dfrac{P \cdot L}{nbh^2} = \dfrac{3}{2} \cdot \dfrac{1200 \cdot 600}{n \cdot 60 \cdot 10^2} \leq 30$ 를 만족하는 $n \geq 6$ 이어야 한다.

10 $A = \dfrac{P}{\sigma_c} = d \cdot L = 2d^2 = \dfrac{1600}{0.5} = 3200[mm^2]$ 이 성립해야 하므로 $d = 40[mm]$ 이고 $L = 80[mm]$

11 〈보기〉와 같이 등분포하중을 받는 단순보가 있다. 이 보가 원형 단면일 때의 최대처짐량을 δ_A, 정사각형 단면일 때의 최대처짐량을 δ_B라 할 때 δ_A/δ_B의 값은? (단, 보의 재질 및 단면의 넓이는 두 경우 모두 동일하다.)

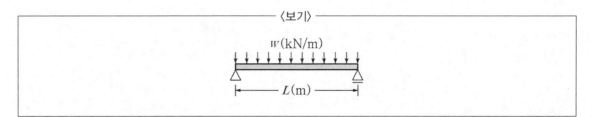

① $\dfrac{\pi^2}{4}$

② $\dfrac{\pi}{4}$

③ $\dfrac{\pi^2}{3}$

④ $\dfrac{\pi}{3}$

ANSWER 11.④

11 동일 단면적인 경우 원형단면과 정사각형 단면인 경우의 단면 2차 모멘트의 비를 이용하여 간단히 풀 수 있다.

면적이 같으므로 $h^2 = \dfrac{\pi d^2}{4}$ 이므로 $h = \dfrac{\sqrt{\pi}\, d}{2}$ 가 된다.

원형단면일 때의 단면 2차 모멘트는 $\dfrac{\pi d^4}{64}$

정사각형일 때의 단면 2차 모멘트는

$\dfrac{bh^3}{12} = \dfrac{h^4}{12} = (\dfrac{\sqrt{\pi}\, d}{2})^4 \cdot \dfrac{1}{12} = \dfrac{\pi^2 d^4}{16 \cdot 12}$

처짐은 단면 2차 모멘트에 반비례하므로

원형단면처짐 : 정사각형단면 처짐 $= \dfrac{1}{\dfrac{\pi d^4}{64}} : \dfrac{1}{\dfrac{\pi^2 d^4}{16 \cdot 12}} = 4 : \dfrac{12}{\pi} = \pi : 3$

면적이 같은 경우 단면 2차 모멘트의 크기는 'I형 > 삼각형 > 사각형 > 육각형 > 원형'이 된다.

12 〈보기〉와 같은 단식 블록 브레이크(a=900mm, b=80mm, c=50mm, μ =0.2)가 있다. 레버 끝에 힘 F=15kg_f를 가할 때의 제동토크[kg_f · mm]는? (단, 드럼의 지름은 400mm이다.)

─── 〈보기〉 ───

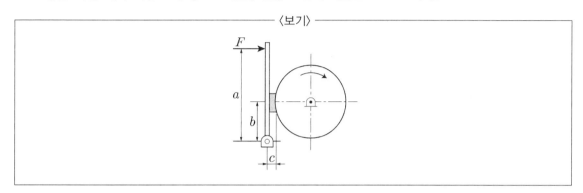

① 4,000

② 5,000

③ 6,000

④ 7,000

....

ANSWER 12.③

12 $F = \dfrac{f(b+\mu c)}{\mu a} = \dfrac{f(80+0.2 \cdot 50)}{0.2 \cdot 900} = 15$를 만족하는 $f=30$

$f = \mu P = 0.2 \cdot P = 30$이므로 $P = 150$

$T = f \cdot \dfrac{D}{2} = 30 \cdot \dfrac{400}{2} = 6000$

형식	(a)	(b)	(c)
회전방향	$f=\mu P$	$l_3=0$	
우회전	$F = \dfrac{f(l_2 + \mu l_3)}{\mu l_1}$	$F = \dfrac{fl_2}{\mu l_1}$	$F = \dfrac{f(l_2 - \mu l_3)}{\mu l_1}$
좌회전	$F = \dfrac{f(l_2 - \mu l_3)}{\mu l_1}$		$F = \dfrac{f(l_2 + \mu l_3)}{\mu l_1}$

※ 단식 블록 브레이크의 브레이크 힘

블록브레이크: 레버(lever)를 사용하여 브레이크 블록(brake block)을 회전하는 브레이크 드럼(brake drum)에 밀어붙여서 제동하는 장치이다. 철도차량용 브레이크는 이 브레이크를 주로 사용한다.

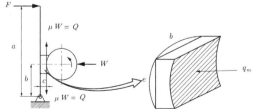

13 비틀림모멘트(T)와 굽힘모멘트(M)를 동시에 작용받는 중실축에서 상당굽힘모멘트(M_e)를 고려한 축의 지름(d)을 구하고자 한다. 이때 M_e와 d를 구하는 식으로 가장 옳은 것은?

<table>
<tr><td></td><td>M_e</td><td>d</td></tr>
<tr><td>①</td><td>$\frac{1}{2}(T + \sqrt{M^2 + T^2})$</td><td>$\sqrt[3]{\dfrac{32M_e}{\pi\sigma_a}}$</td></tr>
<tr><td>②</td><td>$\frac{1}{2}(T + \sqrt{M^2 + T^2})$</td><td>$\sqrt[3]{\dfrac{16M_e}{\pi\sigma_a}}$</td></tr>
<tr><td>③</td><td>$\frac{1}{2}(M + \sqrt{M^2 + T^2})$</td><td>$\sqrt[3]{\dfrac{32M_e}{\pi\sigma_a}}$</td></tr>
<tr><td>④</td><td>$\frac{1}{2}(M + \sqrt{M^2 + T^2})$</td><td>$\sqrt[3]{\dfrac{16M_e}{\pi\sigma_a}}$</td></tr>
</table>

14 피아노선으로 만든 코일 스프링에 하중 5kgf가 작용할 때 처짐이 10mm가 되는 스프링의 유효권수는? (단, 소선의 지름은 6mm, 코일 평균지름은 60mm, 가로탄성계수는 8.0×10^3kgf/mm²이다.)

① 10회

② 11회

③ 12회

④ 13회

ANSWER 13.③ 14.③

13 상당굽힘모멘트 $M_e = \frac{1}{2}(M + \sqrt{M^2 + T^2})$

상당굽힘모멘트를 고려한 축의 지름 $d_e = \sqrt[3]{\dfrac{32M_e}{\pi\sigma_a}}$

14 스프링의 처짐량은 $\delta = \dfrac{8nPD^3}{Gd^4} = \dfrac{8 \cdot n \cdot 5 \cdot 60^3}{8.0 \cdot 10^3 \cdot 6^4} = 10$이므로 $n = 12$

15 〈보기〉에서 인장력 15kN이 작용할 때 지름 10mm인 리벳 단면에서 발생하는 전단응력[MPa]은? (단, $\pi = 3$으로 계산한다.)

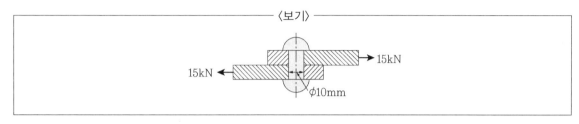

① 200

② 250

③ 300

④ 350

16 원주속도 2m/s로 5kW의 동력을 전달하기 위해 필요한 마찰차(friction wheel)를 누르는 힘의 최솟값 [kN]은 약 얼마인가?(단, 마찰계수는 0.25이다.)

① 1kN

② 4kN

③ 10kN

④ 40kN

17 200mm의 중심거리를 가지고 외접하여 회전하는 표준기어 한 쌍의 잇수가 각각 60, 20일 경우 이 표준기어의 모듈은?

① 3

② 4

③ 5

④ 6

....

ANSWER 15.① 16.③ 17.③

15 $\dfrac{P}{A} = \dfrac{P}{\dfrac{\pi D^2}{4}} = \dfrac{15[kN]}{\dfrac{3 \cdot 10^2}{4}} = 200[MPa]$

16 $H = \dfrac{\mu P v}{102} = \dfrac{0.25 \cdot P \cdot 2}{102} = 5[kW]$

$P = 10.2[kN]$

17 $C = \dfrac{m(Z_1 + Z_2)}{2} = \dfrac{m(60 + 20)}{2} = 200$을 만족하는 모듈(m)은 5가 된다.

18 벨트장치에서 원동풀리의 지름 300mm, 종동풀리의 지름 500mm, 축간거리 1.5m인 벨트를 엇걸기할 때와 평행걸기할 때의 길이 차이를 계산한 값[mm]은?

① 50

② 100

③ 150

④ 200

19 스프로켓 휠의 잇수 Z_1, Z_2, 축간거리 C, 체인의 피치 p일 때 롤러 체인의 길이를 구하는 식으로 가장 옳은 것은?

① $[\dfrac{Z_1+Z_2}{2}+\dfrac{2C}{p}+\dfrac{0.0257p}{C}(Z_1-Z_2)^2]p$

② $[\dfrac{Z_1+Z_2}{2}+\dfrac{p}{2C}+\dfrac{0.0257p}{C}(Z_1-Z_2)^2]p$

③ $[\dfrac{Z_1+Z_2}{2}+\dfrac{2C}{p}+\dfrac{0.0257p}{C}(Z_1-Z_2)^2]$

④ $[\dfrac{Z_1+Z_2}{2}+\dfrac{p}{2C}+\dfrac{0.0257p}{C}(Z_1-Z_2)^2]$

20 연성재질의 부재에 주응력 $\sigma_1=40[MPa]$, $\sigma_2=0[MPa]$, $\sigma_3=-40[MPa]$ 이 작용하고 있다. 재료의 항복강도는 $\sigma_Y=120\sqrt{3}[MPa]$로 압축항복강도와 인장항복강도의 크기는 같다. Von Mises 이론에 따라 계산한 안전계수 S(safety factor)는?

① 3

② 2

③ $\sqrt{3}$

④ $\sqrt{2}$

ANSWER 18.② 19.① 20.①

18 $\dfrac{4D_AD_B}{4C}=\dfrac{D_AD_B}{C}=\dfrac{300\cdot500}{1500}=100[mm]$

19 롤러 체인의 길이를 구하는 식

$[\dfrac{Z_1+Z_2}{2}+\dfrac{2C}{p}+\dfrac{0.0257p}{C}(Z_1-Z_2)^2]p$

(스프로켓 휠의 잇수 Z_1, Z_2, 축간거리 C, 체인의 피치 p)

20 $\sigma_{von}=[\dfrac{(\sigma_1-\sigma_2)^2+(\sigma_2-\sigma_3)^2+(\sigma_1-\sigma_3)^2}{2}]^{1/2}=[\dfrac{(40-0)^2+(0+40)^2+(40+40)^2}{2}]^{1/2}=40\sqrt{3}$

따라서 재료의 항복강도는 Von mises 이론에 따라 구한 응력의 3배이므로 안전계수가 3이 된다.

1 세 줄 나사로 된 만년필 뚜껑을 480° 회전시켰더니 3mm를 움직였다면, 이때 만년필 뚜껑에 사용된 나사의 피치[mm]는?

① 0.25
② 0.5
③ 0.75
④ 1.0

2 디스크 중심으로부터 마찰패드 중심까지의 거리가 100mm이고, 마찰계수가 0.5인 양면 디스크 브레이크에서 제동토크 50N · m가 발생할 때, 패드 하나가 디스크를 수직으로 미는 힘[N]은?

① 250
② 500
③ 1000
④ 2000

ANSWER 1.③ 2.②

1
3줄 나사가 $\dfrac{480}{360} = \dfrac{4}{3}$ 회전을 할 때 3[mm] 움직였으므로

1회전 시에는 $\dfrac{9}{4}[mm]$ 움직이게 된다.

따라서 $p = \dfrac{l}{n} = \dfrac{9}{4} \cdot \dfrac{1}{3} = \dfrac{3}{4} = 0.75[mm]$

2
디스크 브레이크의 일반식은 $T = \mu \cdot Q \cdot \dfrac{D_m}{2}$

양면디스크 브레이크이므로 $50 = 0.5 \cdot Q \cdot \dfrac{D_m}{2} \times 2$로 구해줘야 하므로 이를 만족하는 $Q = 500[N]$이 된다.

3 금속분말을 가압·소결하여 성형한 뒤 윤활유를 입자 사이의 공간에 스며들게 한 것으로, 급유가 곤란한 곳 또는 급유를 못하는 곳에 사용하는 베어링은?

① 오일리스 베어링(oilless bearing)

② 니들 베어링(needle bearing)

③ 앵귤러 볼 베어링(angular ball bearing)

④ 롤러 베어링(roller bearing)

4 정하중 상태에서 비틀림 모멘트만을 받아 동력을 전달하는 지름 d, 허용전단응력 T, 전단탄성계수 G인 중실축이 전달할 수 있는 최대 토크는?

① $\dfrac{16}{\pi d^3 \tau}$

② $\dfrac{\pi d^3 \tau}{16}$

③ $\dfrac{32}{\pi d^3 \tau}$

④ $\dfrac{\pi d^3 \tau}{32}$

ANSWER 3.① 4.②

3 ① 오일리스 베어링(oilless bearing): 금속분말을 가압·소결하여 성형한 뒤 윤활유를 입자 사이의 공간에 스며들게 한 것으로, 급유가 곤란한 곳 또는 급유를 못하는 곳에 사용하는 베어링

② 니들 베어링(needle bearing): 바늘과 같이 가늘고 긴 원통형 롤러를 사용한 베어링으로서 변속기 및 자재 이음에 사용된다.

③ 앵귤러 볼 베어링(angular ball bearing): 표준 접촉각이 30°이고 자동 중심 조절을 할 수 없는 레이디얼 볼베어링으로서 고속회전부의 레이디얼 및 스러스트용이 있다.

4

$$\tau = \frac{T \cdot \dfrac{d}{2}}{\dfrac{\pi d^4}{32}} = \frac{16T}{\pi d^3}, \quad T = \frac{\pi d^3 \tau}{16}$$

5 다음 그림과 같이 피치 2mm, 유효지름 10mm, 나사면 마찰계수 0.3인 삼각나사를 죄기 위한 토크가 100N · mm일 때, 나사의 축방향으로 미는 힘 Q[N]에 가장 가까운 값은? (단, π =3.0으로 하고, 계산에 필요한 삼각함수는 주어진 값을 적용한다)

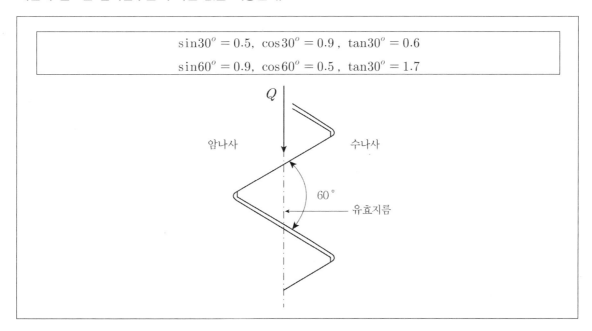

$$\sin 30^o = 0.5, \; \cos 30^o = 0.9, \; \tan 30^o = 0.6$$
$$\sin 60^o = 0.9, \; \cos 60^o = 0.5, \; \tan 30^o = 1.7$$

Q

암나사   수나사

60°

유효지름

① 21

② 27

③ 49

④ 66

ANSWER 5.③

5 상당마찰계수 $\mu' = \dfrac{\mu}{\cos\dfrac{\beta}{2}} = \dfrac{0.3}{\cos 30^o} = \dfrac{0.3}{0.9} = \dfrac{1}{3}$

리드각을 α 라고 하면, $\tan\alpha = \dfrac{p}{\pi d_e} = \dfrac{2}{3.0 \times 10} = \dfrac{1}{15}$

$100 = \dfrac{10}{2} \cdot Q \cdot \dfrac{\dfrac{1}{15} + \dfrac{1}{3}}{1 - \dfrac{1}{15} \cdot \dfrac{1}{3}} \cdot Q = \dfrac{440}{9} = 49[N]$

6 그림과 같은 압력용기에서 내부압력에 의해 용기 뚜껑에 작용하는 전체 하중이 10kN이고, 용기 뚜껑을 볼트 4개로 체결할 때, 나사산의 면압력만을 고려한 너트의 높이 H[mm]는? (단, 나사의 허용접촉 면압력 10MPa, 피치 2mm이고, 볼트의 바깥지름과 골지름은 각각 11mm, 9mm이다. 또한, 너트의 각 나사산에 작용하는 축방향 하중은 균등하다)

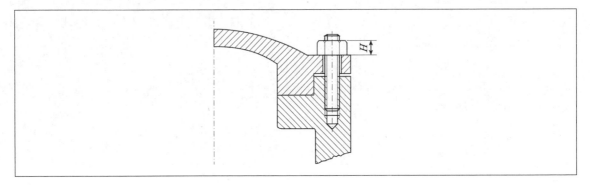

① $\dfrac{20}{\pi}$

② $\dfrac{30}{\pi}$

③ $\dfrac{40}{\pi}$

④ $\dfrac{50}{\pi}$

6 나사산의 수를 Z라고 하면

$$Z = \frac{Q}{\frac{\pi}{4}(d^2 - d_1^2)q} = \frac{10 \times 10^3 \times \frac{1}{4}}{\frac{\pi}{4}(11^2 - 9^2) \cdot 10} = \frac{25}{\pi} \text{ (볼트가 4개임에 유의해야 함)}$$

너트의 전 높이에 나사가 만들어져 있을 때 너트의 높이는

$$H = Zp = \frac{25}{\pi} \cdot 2 = \frac{50}{\pi}[mm] \text{이 된다.}$$

7 다음 그림은 나사와 도르래를 이용하여 무게 119.4N의 물체 M을 들어올리는 장치이다. 적용된 나사가 바깥지름 22mm, 유효지름 20mm, 피치 3mm인 사각나사일 때, 물체를 들어올리기 위해 필요한 최소 힘 P[N]는? (단, 핸들의 지름은 180mm, 사각나사의 마찰계수는 0.1이며, π = 3.0으로 한다. 또한, 물체 M 외 다른 부품의 무게는 모두 무시한다)

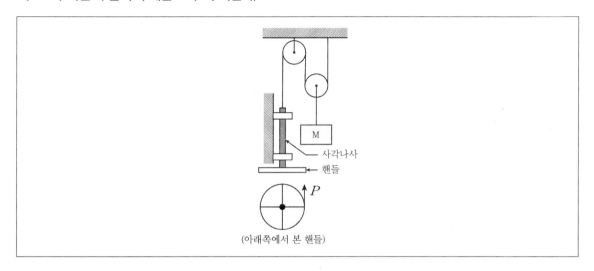

① 0.5

② 0.7

③ 1.0

④ 2.0

ANSWER 7.③

7 제시된 그림은 움직도르레이므로 나사의 축방향 하중은

$\dfrac{119.4}{2} = 59.7[N]$ 이다.

$T = \dfrac{d_2}{2} \cdot Q \cdot \dfrac{\mu \pi d_2 + p}{\pi d_2 - \mu p}$ 이므로

$P \cdot \dfrac{180}{2} = \dfrac{20}{2} \cdot 59.7 \cdot \dfrac{0.1 \cdot 3.0 \cdot 20 + 3}{3.0 \cdot 20 - 0.1 \cdot 3} = 18[N]$

이를 만족하는 P=1.0[kN]이 된다.

8 다음 그림은 스프링의 변형을 이용하는 악력기이다. 스프링에 작용하는 주된 변형에너지는?

① 굽힘

② 압축

③ 비틀림

④ 인장

9 표준 스퍼기어를 사용하는 유성기어 장치에서 태양기어 잇수는 20이고, 유성기어 잇수는 25이다. 링기어를 고정하고 태양기어를 입력, 캐리어를 출력으로 사용하고자 할 때, 입력 토크가 90N·m이면 출력 토크[N·m]는? (단, 기어의 전동효율은 100%이다)

① 20

② 45

③ 405

④ 450

ANSWER 8.① 9.③

8 주어진 그림의 악력기 스프링에 작용하는 주된 변형에너지는 굽힘에 의한 변형에너지이다.

9 링기어의 잇수 $Z_R = 20 + 2 \cdot 25 = 70$

$$\frac{w_c}{w_s} = \frac{20}{20 + 70} = \frac{2}{9}, \ \frac{T_c}{T_s} = \frac{w_s}{w_c} = \frac{9}{2}$$

$$T_c = \frac{9}{2} \cdot 90 = 405[N \cdot m]$$

10 다음 그림에서 ㉠~㉣로 표시된 도면기호에 대한 설명으로 옳지 않은 것은?

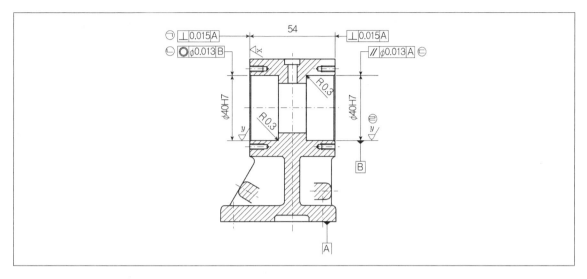

① ㉠-직각도 공차이며, 지시선의 화살표로 나타내는 면은 데이텀 A에 수직하고 0.015mm만큼 떨어진 두 개의 가상 평행 평면 사이에 있어야 한다.

② ㉡-동축도 공차이며, 지시선의 화살표로 나타낸 구멍의 중심축은 데이텀B의 중심축을 기준으로 하는 지름 0.013mm인 원통 안에 있어야 한다.

③ ㉢-평행도 공차이며, 지시선의 화살표로 나타내는 지름 40mm 구멍의 중심축은 데이텀 A와 B에 평행 한 지름 0.013mm의 원통 내에 있어야 한다.

④ ㉣-표면 거칠기 기호이며, 선반이나 밀링 등에 의한 가공 흔적이 남아 있지 않은 상급 다듬질 면이어 야 한다.

11 관로에서 입구 단면적이 80cm²이고, 출구 단면적은 20cm²일 때, 입구에서 4m/s의 속도로 비압축성 유 체가 흘러 들어가고 있다면, 출구에서 유체 속도[m/s]는?

① 4

② 8

③ 12

④ 16

10 ㉢-평행도 공차이며, 지시선의 화살표로 나타내는 지름 40mm 구멍의 중심축은 데이텀 A에 평행하고 0.013mm 간격의 두 개의 평면 안에 위치해야 한다.

11 $Q = A_1 V_1 = A_2 V_2$ 이므로 $80 \cdot 4 = 20 \cdot v$에 따라 $v = 16[m/s]$가 된다.

12 원판 모양의 디스크를 회전시켜 관을 개폐하는 방식의 밸브로서 디스크의 열림 각도를 변화시켜 유량을 조절하며, 지름이 큰 관로에 사용되는 것은?

① 버터플라이 밸브(butterfly valve)

② 체크 밸브(check valve)

③ 리듀싱 밸브(reducing valve)

④ 코크 밸브(cock valve)

13 회전축의 위험속도에 대한 설명으로 옳지 않은 것은?

① 굽힘과 비틀림 변형에너지가 축의 변형과 복원을 반복해서 일으키는 것과 관계가 있다.

② 진동현상이 발생되면 축이 파괴되기도 한다.

③ 축의 상용회전수는 위험속도로부터 ±20% 내에 들어야 한다.

④ 세로진동은 비교적 위험성이 적으므로, 주로 휨진동과 비틀림진동을 고려해서 설계한다.

14 두 개의 표준 스퍼기어를 사용하여 주축의 회전수가 3000rpm일 때, 종동축의 회전수를 2000rpm으로 감속하고자 한다. 양축의 중심 거리는 300mm이고, 기어 모듈을 3으로 하였을 때, 사용할 기어의 잇수는?

① 20, 30

② 40, 60

③ 60, 90

④ 80, 120

....

ANSWER 12.① 13.③ 14.④

12

• 버터플라이 밸브(butterfly valve)
원판 모양의 디스크를 회전시켜 관을 개폐하는 방식의 밸브로서 디스크의 열림 각도를 변화시켜 유량을 조절하며, 지름이 큰 관로에 사용되는 밸브이다.
전부 열렸을 때는 밸브 본체에 의한 저항은 적지만, 전부 닫혔을 때는 완전한 누설을 방지할 수 없는 결점이 있다.

13 축의 상용회전수는 위험속도로부터 25[%] 이상 벗어나게 하여 회전시켜야 한다.

14
$$\frac{3(z_1 + z_2)}{2} = 300[mm], \ z_1 + z_2 = 200$$

$$\frac{z_2}{z_1} = \frac{w_1}{w_2} = \frac{3,000}{2,000} = \frac{3}{2}$$ 이며 $z_1 = 80, \ z_2 = 120$

15 축의 원통 외면 또는 구멍의 원통 내면에 조립되는 부품을 축방향으로 고정하거나 이탈을 방지하는 기계요소로 고정링, 혹은 멈춤링으로 불리는 것은?

① 키

② 스냅링

③ 록너트

④ 코터

16 두께가 얇은 내경 d, 두께 t를 갖는 원통형 압력용기에 내압 p가 작용하고 있다. 길이방향 응력이 벽 두께에 걸쳐 균일하게 분포할 때, 응력의 크기를 계산하는 식은?

① $\dfrac{pd}{2t}$

② $\dfrac{p(d+t)}{2t}$

③ $\dfrac{pd}{4t}$

④ $\dfrac{p(d+t)}{4t}$

17 두 개의 스프로켓이 수평으로 설치된 체인 전동장치에 대한 설명으로 옳지 않은 것은?

① 이완측 체인에서 처짐이 부족한 경우 빠른 마모가 진행된다.

② 긴장측은 위쪽에 위치하고, 이완측은 아래쪽에 위치한다.

③ 체인의 피치가 작으면 낮은 부하와 고속에 적합하다.

④ 양방향회전의 경우에는 긴장측과 이완측의 체인 안쪽에 아이들러를 각각 설치한다.

ANSWER 15.② 16.③ 17.④

15 스냅링 : 축의 원통 외면 또는 구멍의 원통 내면에 조립되는 부품을 축방향으로 고정하거나 이탈을 방지하는 기계요소로 고정링, 혹은 멈춤링으로 불린다.
록너트 : 금속관 부속품의 일종으로, 아웃렛 박스와 전선관의 접속 부분 등에 사용되는 너트이다.

16 길이방향으로 작용하는 힘은 관의 길이방향으로 저항하는 힘과 평형을 이룬다. 따라서 $\sigma(\pi \cdot d \cdot t) = p\left(\dfrac{\pi \cdot d^2}{4}\right)$이므로

$\sigma = \dfrac{p \cdot d}{4t}$

17 양방향회전의 경우에는 긴장측과 이완측의 체인 바깥쪽에 아이들러를 각각 설치한다.

18 균일분포하중을 받는 축에서 양단의 경계조건이 단순지지일 경우 최대처짐각이 1도였다면, 경계조건이 고정/자유지지로 바뀔 경우 최대처짐각은?

① 1도

② 2도

③ 3도

④ 4도

19 다음은 유체 토크 컨버터(fluid torque converter)의 작동원리에 대한 설명이다. ㉠~㉢의 들어갈 말을 옳게 짝지은 것은?

> 유체 토크 컨버터에서는 크랭크 축에 직결된 (㉠)의 회전에 의해 동력을 전달받은 작동 유체가 (㉡)을/를 회전시킨 다음 (㉢)를 통과한다.

	㉠	㉡	㉢
①	스테이터	펌프 임펠러	터빈 러너
②	펌프 임펠러	터빈 러너	스테이터
③	펌프 임펠러	스테이터	터빈 러너
④	유체 클러치	커플링	펌프 임펠러

18
단순지지의 경우 양단부에서의 최대처짐각은 $\theta_{\max} = \dfrac{wL^3}{24EI}$

경계조건이 고정/자유지지인 경우 자유단에서의 최대처짐각은 $\theta_{\max} = \dfrac{wL^3}{6EI}$

따라서 균일분포하중을 받는 축에서 양단의 경계조건이 단순지지일 경우 최대처짐각이 1도였다면, 경계조건이 고정/자유지지로 바뀔 경우 최대처짐각은 4도가 된다.

19 유체 토크 컨버터에서는 크랭크 축에 직결된 펌프 임펠러의 회전에 의해 동력을 전달받은 작동 유체가 터빈 러너를 회전시킨 다음 스테이터를 통과한다.

20 금속재료의 기계적 성질 중 단위가 같은 것만을 모두 고른 것은?

> ㉠ 탄성계수(elastic modulus)
> ㉡ 항복강도(yield strength)
> ㉢ 인장강도(tensile strength)
> ㉣ 피로한도(fatigue limit)

① ㉡, ㉢
② ㉡, ㉢, ㉣
③ ㉠, ㉡, ㉢
④ ㉠, ㉡, ㉢, ㉣

ANSWER 20.④

20 보기 중 재료의 강도는 모두 단위면적당 작용력[N/mm^2]으로 표현이 되는데 탄성계수 역시 이와 같은 단위를 사용함에 유의해야 한다.

2019. 4. 6. 인사혁신처 시행 ▮ 23

1 기계부품 가공 등의 작업에 쓰이는 보조 도구에 대한 설명으로 옳지 않은 것은?

① 드릴링 작업에 쓰이는 안내 부시는 공작물을 고정하는 보조 도구이다.

② 클램프는 공작물을 고정하는 데 쓰이는 보조 도구이다.

③ 지그는 작업종류에 따라 공작물에 맞춘 보조 도구이다.

④ 바이스는 조(jaw)가 공작물을 고정할 수 있는 보조 도구이다.

2 치공구를 사용하여 얻을 수 있는 이득으로 옳은 것만을 모두 고르면?

> ㉠ 제품 검사에 소요되는 시간을 줄일 수 있다.
> ㉡ 숙련되지 않은 작업자도 비교적 쉽게 작업할 수 있다.
> ㉢ 가공에 따른 불량을 줄이고 생산 능률을 향상시킬 수 있다.

① ㉠, ㉡

② ㉠, ㉢

③ ㉡, ㉢

④ ㉠, ㉡, ㉢

ANSWER 1.① 2.④

1 부시(bush) : 드릴, 리머, 카운터보어 등의 절삭공구의 정확한 위치결정 및 안내를 하기 위하여 사용되는 것으로 복잡한 작업을 쉽고 정밀하게 수행할 수 있으며, 드릴지그에서는 중요한 역할을 수행하게 된다. 따라서 안내부시는 드릴링 작업에서 공작물을 고정을 하는 보조도구라고 보기에는 무리가 있다.

2 치공구에 대한 보기의 사항들은 모두 맞는 설명이다.
  ※ 치공구 : 지그(Jig)와 고정구(Fixture)로 분류되며 각종 공작물의 가공 및 검사, 조립. 등의 작업을 가장 경제적이며 정밀도를 향상시키기 위하여 사용되는 보조장치이다.
  • 지그 : 지그와 고정구를 명확하게 정의하기는 어려우나 사용상 같은 것으로 간주한다. 기계가공에서 공작물을 고정, 지지하거나 또는 공작물에 부착사용하는 특수장치로서 공작물을 위치결정하여 클램프뿐만 아니라 공구를 공작물에 안내할 수 있는 안내부시장치를 포함하면 이것을 지그로 통칭한다.
  • 고정구 : 공작물의 위치결정 및 클램프를 사용하여 고정하는 데 대해서는 지그와 같으나 공구를 공작물에 안내하는 부시기능이 없다. 세팅블록과 필러게이지에 의한 공구의 정확한 위치장치를 포함하여 고정구라고 한다.

3 한줄 겹치기 리벳 이음의 파손 유형에 대한 대책으로 옳지 않은 것은?

① 리벳이 전단에 의해 파손되는 경우, 리벳 지름을 더 크게 한다.

② 리벳 구멍 사이에서 판재가 절단되는 경우, 리벳 피치를 줄인다.

③ 판재 끝이 리벳에 의해 갈라지는 경우, 리벳 구멍과 판재 끝 사이의 여유를 더 크게 한다.

④ 리벳 구멍 부분에서 판재가 압축 파손되는 경우, 판재를 더 두껍게 한다.

4 회전속도 N[rpm]으로 동력 H[W]를 전달할 수 있는 축의 최소 지름[m]은? (단, 축 재료의 허용 전단응력은 τ[N/m²]이며, 축은 비틀림 모멘트만 받는다)

① $\sqrt[3]{\dfrac{8H}{15\tau N}}$

② $\sqrt[3]{\dfrac{16H}{15\tau N}}$

③ $\sqrt[3]{\dfrac{480H}{\pi^2 \tau N}}$

④ $\sqrt[3]{\dfrac{960H}{\pi^2 \tau N}}$

ANSWER 3.② 4.③

3 리벳 구멍 사이에서 판재가 절단되는 경우, 리벳 피치를 늘려서 응력을 최소화시켜야 한다.

4 회전속도 N[rpm]으로 동력 H[W]를 전달할 수 있는 축의 최소 지름[m]의 산정식 : $\sqrt[3]{\dfrac{480H}{\pi^2 \tau N}}$

산정식 도출과정은 다음과 같으나 식 자체를 암기할 것을 권한다.

$T = \dfrac{H}{\dfrac{2\pi N}{60}} = \dfrac{30H}{\pi N}[N \cdot m]$

$\tau = \dfrac{16T}{\pi d^3}$ 이며 $d = \sqrt[3]{\dfrac{16T}{\pi\tau}} = \sqrt[3]{\dfrac{16}{\pi r} \cdot \dfrac{30H}{\pi N}} = \sqrt[3]{\dfrac{480H}{\pi^2 \tau N}}$

5 동일한 재료로 제작된 중공축 A와 중공축 B에 토크가 각각 작용하고 있다. 축 A의 안지름은 2mm, 바깥지름은 4mm이고, 축 B의 안지름은 4mm, 바깥지름은 8mm이다. 허용응력 범위 내에서, 축 A가 전달할 수 있는 최대 토크(T_A)에 대한 축 B가 전달할 수 있는 최대 토크(T_B)의 비($\frac{T_B}{T_A}$)는? (단, 두 축은 비틀림 모멘트만 받는다)

① 2

② 4

③ 8

④ 16

6 직육면체 구조물이 수평 천장에 필렛(fillet) 용접(음영 부분)되어 있을 때, 목두께를 기준으로 용접부가 견딜 수 있는 구조물의 최대 중량[kN]은? (단, 용접부 단면은 직각 이등변삼각형이고 목두께는 3mm, 용접 재료의 허용 인장응력은 30MPa이다.)

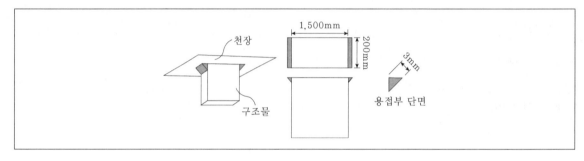

① 18

② 20

③ 25

④ 36

· ·

ANSWER 5.③ 6.④

5
• 축 A의 내외경비 : $x_A = \dfrac{d_i}{d_o} = \dfrac{2}{4} = \dfrac{1}{2}$

• 축 B의 내외경비 : $x_B = \dfrac{d_i}{d_o} = \dfrac{4}{8} = \dfrac{1}{2} = x_A = x$

$\tau = \dfrac{Tc}{J} = \dfrac{16T}{\pi d_o^3(1-x^4)}$, $T_A = \dfrac{\pi \tau d_{o,A}^3(1-x^4)}{16}$, $T_B = \dfrac{\pi \tau d_{o,B}^3(1-x^4)}{16}$

$\dfrac{T_B}{T_A} = \dfrac{d_{o,B}^3(1-x_B^4)}{d_{o,A}^3(1-x_A^4)} = \dfrac{8^3}{4^3} = 8$

6 유효용접면적은 목두께와 유효길이의 곱이다.
구조물이 견딜 수 있는 최대인장력은 허용인장응력과 목두께, 길이를 곱한 값이며 문제에서 주어진 경우 양쪽에 용접이 실시되므로 이 값에 2를 곱해야 한다. 따라서
$P_{\max} = \sigma_t \cdot t \cdot l \cdot n = 30 \cdot 3 \cdot 200 \cdot 2 = 36,000[N]$

7 나사에 대한 설명으로 옳은 것은?

① 미터 가는나사는 지름에 대한 피치의 크기가 미터 보통나사보다 커서 기밀성이 우수하다.

② 둥근나사는 수나사와 암나사 사이에 강구를 배치하여 운동 시 마찰을 최소화한다.

③ 유니파이나사는 나사산각이 55°인 인치계 삼각나사이고, 나사의 크기는 1인치당 나사산수로 한다.

④ 톱니나사는 하중의 작용방향이 일정한 경우에 사용하고 하중을 받는 반대쪽은 삼각나사 형태로 만든다.

8 두께가 얇은 원통형 압력용기 내부에 일정한 압력이 작용할 때, 압력용기 원통 벽면에 발생하는 응력 중 원주방향 응력(σ_1)에 대한 길이방향 응력(σ_2)의 비($\frac{\sigma_2}{\sigma_1}$)는?

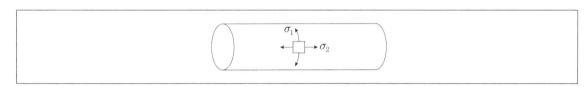

① 0.5

② 1

③ 2

④ 4

ANSWER 7.④ 8.①

7 ① 미터 가는나사는 지름에 대한 피치의 크기가 미터 보통나사보다 작다. (미터나사는 우리나라를 비롯하여 미터법을 실시하고 있는 나라에서 사용된다.)

② 수나사와 암나사 사이에 강구를 배치하여 운동 시 마찰을 최소화하는 방식은 볼나사이다.

③ 유니파이나사는 나사산각이 60°인 인치계 삼각나사이고, 나사의 크기는 1인치당 나사산수로 한다.

※ 유니파이나사

• 1948년 미국, 영국, 캐나다의 3국 협정에 의하여 제정된 것으로서, 주로 미국에서 사용하고 있으나 실질적으로는 세계의 표준 나사라 볼 수 있으며 ABC나사라고도 부른다.

• 기호 U로 나타내고, 호칭 치수는 수나사의 바깥 지름을 인치로 나타낸 값과 1인치(25.4mm) 사이의 수로 나타낸다.

• 나사산의 각도가 60°인 것은 미터나사와 같으나, 각 부분의 치수를 결정하는 방법이 미터나사에서는 P(피치)를 기준으로 해서 결정하는 데 비하여 U나사에서는 1인치당 나사산의 수 n을 기준으로 하여 결정하는 것이 다르다.

• 유니파이 보통나사와 유니파이 가는나사가 있다. 유니파이 가는나사는 특히 항공기용 작은나사에 사용된다.

8 $\sigma_{길이방향} = \frac{PD}{4t}$, $\sigma_{원주방향} = \frac{PD}{2t}$ 이므로 0.5가 답이 된다.

9 일정한 단면을 갖는 길이 250mm인 원형 단면봉에 길이방향 하중을 작용하여 길이가 1mm 늘어났을 때, 반경방향 변형률(strain)의 절댓값은? (단, 봉은 재질이 균질하고 등방성이며, 세로탄성계수(Young's modulus)는 100GPa이고, 전단탄성계수(shear modulus of elasticity)는 40GPa이다)

① 0.001

② 0.004

③ 0.015

④ 0.25

10 재료의 피로에 대한 설명으로 옳지 않은 것은?

① 정하중이 작용할 때의 항복응력보다 낮은 응력에서도 반복횟수가 많으면 파괴되는 현상을 피로파괴라 한다.

② 가해지는 반복하중의 크기가 작을수록 파괴가 일어날 때까지의 반복횟수가 줄어든다.

③ 피로강도는 재료의 성질, 표면조건, 부식 등에 영향을 받는다.

④ 엔진, 터빈, 축, 프로펠러 등의 기계부품 설계에 반복하중의 영향을 고려한다.

11 롤러체인 전동장치에서 체인의 피치가 10mm, 스프로킷의 잇수가 20개, 스프로킷 휠의 회전속도가 700rpm일 때, 체인의 평균 속도에 가장 가까운 값[m/s]은?

① 0.5

② 1.2

③ 2.3

④ 3.7

ANSWER 9.① 10.② 11.③

9 축방향의 탄성계수를 E, 전단탄성계수를 G라고 하면 $G = \dfrac{E}{2(1+\nu)}$ 가 성립된다. (ν는 포아송비이다.)

따라서, 포아송비는 $v = \dfrac{E}{2G} - 1 = \dfrac{100}{2 \cdot 40} - 1 = \dfrac{1}{4}$

축방향 변형률은 $\varepsilon = \dfrac{1}{250} = 0.004$이므로 반경방향 변형률의 절댓값은 $0.25 \times 0.004 = 0.001$

10 가해지는 반복하중의 크기가 클수록 파괴가 일어날 때까지의 반복횟수가 줄어든다.

11 $v = \dfrac{N \cdot p \cdot Z}{60,000} = \dfrac{700 \cdot 10 \cdot 20}{60,000} = \dfrac{7}{3} = 2.3[m/s]$

12 두께 5mm, 폭 50mm인 평판 부재의 중앙에 한 변의 길이가 10mm인 정사각형 관통구멍이 있다. 탄성 한계 내에서 평판양단에 5kN의 인장하중(P)이 작용할 때, 구멍 부분에서 응력의 최댓값[N/mm²]은? (단, 구멍의 응력집중계수는 2.0이다)

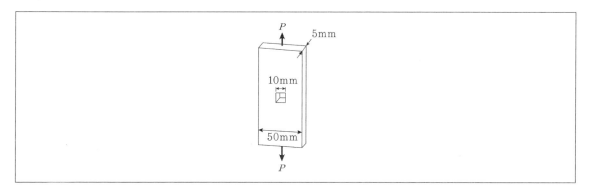

① 20

② 25

③ 40

④ 50

13 용기 내에서 유체의 압력이 일정 압을 초과하였을 때, 자동적으로 열리면서 유체를 외부로 방출하여 압력 상승을 억제하는 밸브는?

① 게이트밸브

② 안전밸브

③ 체크밸브

④ 스톱밸브

······

ANSWER 12.④ 13.②

12 평균인장응력

$$\frac{5[kN]}{5[mm] \cdot (50-10)[mm]} = \frac{5000[N]}{200[mm^2]} = 25[N/mm^2]$$

응력집중계수가 2이므로 평균인장응력의 2배를 한 값이 최대인장응력이 된다.

13 안전밸브는 용기 내에서 유체의 압력이 일정 압을 초과하였을 때, 자동적으로 열리면서 유체를 외부로 방출하여 압력 상승을 억제하는 밸브이다.

14 평벨트 전동에서 벨트의 긴장측과 이완측의 장력이 각각 2.4kN, 2.0kN이고 원동측 벨트풀리의 지름과 회전속도가 각각 200mm, 300rpm일 때, 벨트가 전달하는 동력[kW]은? (단, 벨트에 걸리는 응력은 허용범위 이내이고 벨트의 원심력과 두께는 무시하며 벨트와 벨트풀리 사이의 미끄럼은 없다)

① 0.4π

② 0.6π

③ 0.8π

④ 1.2π

15 그림과 같이 드럼축에 토크 M이 작용하여 드럼이 시계방향으로 돌고 있다. 밴드와 드럼 사이의 마찰계수가 μ이고 접촉각이 θ일 때, 드럼을 정지시키기 위해 밴드와 연결된 브레이크 레버에 작용시켜야 할 최소 힘 F는? (단, b=2a이다.)

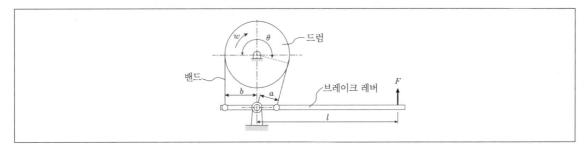

① $\dfrac{M(e^{\mu\theta}-1)}{2l(2e^{\mu\theta}-1)}$

② $\dfrac{M(2e^{\mu\theta}-1)}{2l(e^{\mu\theta}-1)}$

③ $\dfrac{M(e^{\mu\theta}-1)}{l(2e^{\mu\theta}-1)}$

④ $\dfrac{M(2e^{\mu\theta}-1)}{l(e^{\mu\theta}-1)}$

14 $P=(2.4-2.0)\cdot\dfrac{200}{2}\cdot10^{-3}\cdot\dfrac{2\pi\cdot300}{60}=0.4\pi[kW]$

15 $M=(T_t-T_s)b=(e^{\mu\theta}-1)T_sb$이므로

$T_tb=T_sa+Fl$이 된다.

$F=\dfrac{T_tb-T_sa}{l}=\dfrac{T_se^{\mu\theta}-T_s\dfrac{b}{s}}{l}=\dfrac{(2e^{\mu\theta}-1)T_sb}{2l}$

$T_sb=\dfrac{M}{e^{\mu\theta}-1}$이므로 $F=\dfrac{M(2e^{\mu\theta}-1)}{2l(e^{\mu\theta}-1)}$이 된다.

16 칼라(collar)의 바깥지름이 300mm, 안지름이 200mm인 칼라 베어링(collar bearing)에 축 방향 하중 3.6×10^5N이 작용하고 있다. 칼라가 2개일 때, 베어링에 작용하는 평균 압력[N/mm²]은? (단, $\pi = 3$ 이며, 베어링에 작용하는 압력은 허용압력 범위 이내이다)

① 3.2

② 4.8

③ 6.2

④ 9.6

17 맞물려 회전하는 기어에서 축의 자세에 따른 기어의 설명으로 옳지 않은 것은?

① 베벨기어는 두 축이 교차할 때 사용한다.

② 스퍼기어는 두 축이 평행할 때 사용한다.

③ 하이포이드기어는 두 축이 만나지 않을 때 사용한다.

④ 헬리컬기어는 두 축이 평행하지도 만나지도 않을 때 사용한다.

ANSWER 16.② 17.④

16

$$p = \frac{3.6 \times 10^5}{\frac{\pi(300^2 - 200^2)}{4} \cdot 2} = 4.8[N/mm^2]$$

17 헬리컬기어는 두 축이 서로 평행한 경우 사용한다.

※ 기어의 종류

• 두 축이 서로 평행한 경우
 − 스퍼기어
 − 랙과 피니언
 − 내접기어
 − 헬리컬기어

• 두 축이 만나는 경우
 − 베벨기어
 − 마이터기어
 − 크라운기어

• 두 축이 평행하지도 만나지도 않는 경우
 − 웜기어
 − 하이포이드기어
 − 나사기어
 − 스큐기어

18 베벨기어와 스퍼기어를 이용하여 모터의 동력을 축 A와 축 B에 전달하고 있다. 모터의 회전속도가 100rpm일 때, 축 A와 축 B의 회전속도 차이[rpm]는? (단, a, b는 베벨기어이고 c, d, e, f는 스퍼기어이며, $Z_a \sim Z_f$는 각 기어의 잇수이다.)

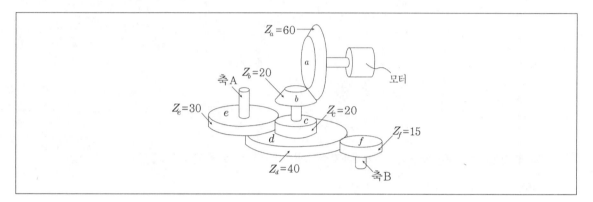

① 460

② 500

③ 560

④ 600

19 잇수 42개, 이끝원지름(바깥지름) 132mm인 표준 보통이 스퍼기어의 모듈은?

① 2

② 3

③ 4

④ 5

18
$$\frac{w_c}{w_a} = \frac{Z_a}{Z_b} \cdot \frac{Z_c}{Z_e} = \frac{60}{20} \cdot \frac{20}{30} = 2$$이므로 $w_e = 200rpm$

$$\frac{w_f}{w_a} = \frac{Z_a}{Z_b} \cdot \frac{Z_d}{Z_f} = \frac{60}{20} \cdot \frac{40}{15} = 8$$이므로 $w_f = 800rpm$

축A와 축B의 회전속도 차이는 600[rpm]이 된다.

19 $D_0 = D + 2m = m(Z + 2)$이므로 $D_0 = m \cdot (42 + 2) = 132$를 만족하는 m은 3이 된다.

20 평벨트를 벨트풀리에 거는 방법에 대한 설명으로 옳은 것만을 모두 고르면? (단, 원동축은 시계방향으로 회전한다)

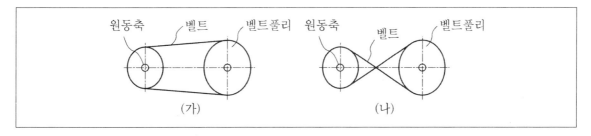

  ㉠ (가)는 위쪽 벨트가 이완측이 된다.
  ㉡ (나)는 원동축과 종동축의 회전 방향이 같다.
  ㉢ (가)는 (나)보다 미끄럼이 작다.
  ㉣ (나)는 (가)보다 큰 동력을 전달할 수 있다.

① ㉠, ㉡

② ㉠, ㉣

③ ㉡, ㉢

④ ㉢, ㉣

20 ㉡ (나)는 원동축과 종동축의 회전 방향이 서로 반대이다.
    ㉢ (가)는 (나)보다 미끄럼이 크다.

1 축방향 하중은 Q, 리드각은 α, 마찰각은 ρ라고 하고 자리면의 마찰은 무시한다. 사각 나사를 풀 때 필요한 회전력(P')을 표현한 식으로 가장 옳은 것은?

① $Q\tan(\rho-\alpha)$

② $Q\sin(\rho-\alpha)$

③ $Q\tan(\alpha-\rho)$

④ $Q\sin(\alpha-\rho)$

2 사각 나사의 리드각을 β, 마찰각을 ρ라고 할 때, 사각 나사가 자립되는 한계 조건에서 나사의 효율은?

① $\dfrac{\tan2\beta}{\tan\beta}$

② $\dfrac{\tan\rho}{\tan\beta+\tan\rho}$

③ $\dfrac{1}{2}+\dfrac{1}{2}\tan^2\beta$

④ $\dfrac{1}{2}-\dfrac{1}{2}\tan^2\beta$

3 키가 전달시킬 수 있는 회전토크가 T이고, 키의 폭이 b, 키의 높이가 h, 키의 길이가 l인 경우, 키에 발생하는 압축응력은? (단, 키홈의 깊이는 키의 높이 h의 절반이다.)

① $\dfrac{4T}{hld}$

② $\dfrac{2T}{hld}$

③ $\dfrac{4Th}{ld}$

④ $\dfrac{2Th}{ld}$

ANSWER 1.① 2.④ 3.①

1 사각나사를 풀 때 요구되는 회전력의 식은 $Q\tan(\rho-\alpha)$로 표현된다. (축방향 하중은 Q, 리드각은 α, 마찰각은 ρ)

2 나사가 자립할 수 있는 한계조건은 나사의 리드각과 마찰각이 같을 때이다. 이 때의 나사의 효율은

$$\eta=\frac{\tan\beta}{\tan(\beta+\rho)}=\frac{\tan\beta}{\tan2\beta}$$

3

$$\sigma=\frac{F}{A}=\frac{\dfrac{2T}{d}}{\dfrac{h}{2}l}=\frac{4T}{hld}$$

4   180kN의 인장력이 작용하고 있는 양쪽 덮개판 맞대기 이음에서 리벳의 단면적이 100mm²이고 리벳의 허용 전단응력이 250N/mm²라면 리벳은 최소 몇 개가 필요한가? (단, 1열 리벳이음으로 가정한다.)

① 4개   ② 6개

③ 8개   ④ 10개

5   양단에 단순 지지된 중실축 중앙에 한 개의 회전체가 설치되어 있다. 축의 길이와 직경이 각각 2배가 되면 위험 속도는 몇 배가 되는가? (단, 축의 자중은 무시한다.)

① $\dfrac{1}{\sqrt{2}}$ 배

② $\dfrac{1}{2}$ 배

③ $\sqrt{2}$ 배

④ 2배

6   구동축의 전단응력에 대한 설명 중 가장 옳은 것은?(단, 구동축은 중실축이다.)

① 전단응력은 비틀림모멘트에 비례하고 축경의 3승에 반비례한다.
② 전단응력은 비틀림모멘트에 반비례하고 축경의 3승에 반비례한다.
③ 전단응력은 비틀림모멘트에 비례하고 축경의 3승에 비례한다.
④ 전단응력은 비틀림모멘트에 반비례하고 축경의 3승에 비례한다.

ANSWER 4.① 5.③ 6.①

4   양쪽 덮개판 맞대기 이음(복 전단면)이므로 $180 \times 10^3 = 250 \times 100 \times 1.8 \times n$을 만족하는 n=4

5   처짐량 $\delta = \dfrac{PL^3}{48EI}$ 이므로 축길이와 직경이 각각 2배가 되면 처짐량이 $\dfrac{2^3}{2^4} = \dfrac{1}{2}$ 배가 된다.

위험속도 $N = \dfrac{30}{\pi} \sqrt{\dfrac{g}{\delta}}$ 이므로 위험속도는 $\sqrt{2}$ 배가 된다.

6 $\tau = \dfrac{Tc}{J} = \dfrac{T \cdot \dfrac{d}{2}}{\dfrac{\pi d^4}{32}} = \dfrac{16T}{\pi d^3}$ 이므로 구동축의 전단응력은 비틀림모멘트에 비례하고 축경의 3승에 반비례한다.

7 중실축에 굽힘모멘트 M=100N · m와 비틀림모멘트 T=$100\sqrt{3}$ N · m를 동시에 작용할 때 최대전단응력은 최대주응력의 몇 배인가?

① $\dfrac{2}{5}$ 배

② $\dfrac{2}{3}$ 배

③ $\dfrac{1}{\sqrt{3}}$ 배

④ $\dfrac{1}{\sqrt{5}}$ 배

8 접촉면의 안지름이 60mm, 바깥지름이 80mm이고 접촉면의 마찰계수가 0.3인 단판 클러치가 200kgf · mm의 토크를 전달시키는 데 필요한 접촉면압의 값[kgf/mm²]은?

① $\dfrac{1}{294\pi}$ kgf/mm²

② $\dfrac{1}{588\pi}$ kgf/mm²

③ $\dfrac{2}{147\pi}$ kgf/mm²

④ $\dfrac{4}{147\pi}$ kgf/mm²

ANSWER 7.② 8.④

7 상당비틀림모멘트 $T_e = \sqrt{100^2 + (100\sqrt{3})^2} = 200[N \cdot m]$

상당굽힘모멘트 $M_e = \dfrac{M + T_e}{2} = \dfrac{100 + 200}{2} = 150[N \cdot m]$

최대전단응력 $\tau = \dfrac{16T_e}{\pi d^3}$, 최대주응력 $\sigma = \dfrac{32M_e}{\pi d^3}$

$\dfrac{\tau}{\sigma} = \dfrac{16T_e}{32M_e} = \dfrac{200}{2 \cdot 150} = \dfrac{2}{3}$

8 $0.3 \cdot p \cdot \dfrac{\pi(80^2 - 60^2)}{4} \cdot \dfrac{60 + 80}{4} = 200$

따라서 $p = \dfrac{4}{147\pi}$ kgf/mm²

9 키가 있는 플랜지 고정 커플링에 허용전단강도 200MPa이고, 전단면적이 400mm²인 볼트 6개가 체결되어 있고, 볼트의 기초원 지름은 200mm이다. 볼트의 전단응력은 균일하고, 플랜지와 키의 마찰은 무시하며, 토크 용량은 볼트의 허용전단강도에 의해 결정된다고 가정할 때, 허용전달토크의 값[kN·m]은?

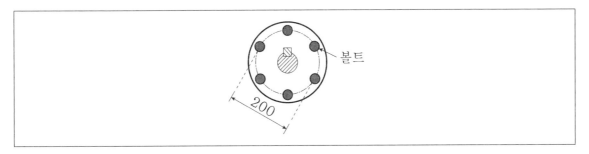

① 24kN·m

② 48kN·m

③ 72kN·m

④ 96kN·m

10 마찰면의 바깥지름이 110mm, 안지름이 90mm, 폭이 20mm인 원추 클러치가 접촉면압이 0.1N/mm² 이하로 사용될 때 최대전달토크의 값[N·mm]은? (단, 마찰계수는 0.2, π=3으로 계산한다.)

① 1,000N·mm

② 2,000N·mm

③ 4,000N·mm

④ 6,000N·mm

ANSWER 9.② 10.④

9
$$200 \cdot 400 \cdot 6 \cdot \frac{200}{2} \cdot 10^{-3} = 48[kN \cdot m]$$

10
$T = \mu \cdot Q \cdot \dfrac{D_m}{2}$ 이며 $Q = \pi D_m bq$

$$T = 0.2 \cdot 0.1 \cdot \frac{\pi(110+90)}{2} \cdot 20 \cdot \frac{110+90}{4} = 6000[N \cdot mm]$$

11 베어링 번호가 6310인 단열 깊은 홈 볼 베어링을 그리스 윤활로 900시간의 수명을 주려고 할 때 베어링 하중의 값[kN]은? (단, 그리스 윤활의 dN값은 200,000이고 6310 베어링의 동적부하용량은 48kN으로 계산한다.)

① 4kN

② 6kN

③ 8kN

④ 10kN

12 지름이 250mm인 축이 9,000kg$_f$의 스러스트 하중을 받고, 칼라 베어링의 칼라의 외경이 350mm이고 최대허용압력이 0.04kg$_f$/mm^{2}라 하면 최소 몇 개의 칼라가 필요한가? (단, π =3으로 한다.)

① 3개

② 5개

③ 7개

④ 10개

....

ANSWER 11.③ 12.②

11 안지름번호가 10이므로 안지름은 $10 \times 5 = 50$[mm] 한계속도지수 $dN = 200,000$이므로

$$N = \frac{200,000}{50} = 4,000[rpm]$$

$$900 = \left(\frac{48}{P}\right)^3 \cdot \frac{10^6}{60 \cdot 4,000} \text{이므로 } P = 8[kN]$$

12 $9,000 = 0.04 \cdot \frac{\pi(350^2 - 250^2)}{4} \cdot n$을 만족하는 $n = 5$

13 원판에 의한 무단 변속장치에서 그림과 같이 종동차(2)가 원동차(1)의 중심에서 x거리만큼 떨어져 구름 접촉을 할 때 속도비와 회전토크비로 가장 옳은 것은? (단, N_1과 N_2는 각각 원동축(Ⅰ축)과 종동축(Ⅱ 축)의 회전속도이고, T_1과 T_2는 각각 원동차와 종동차의 회전토크이다.)

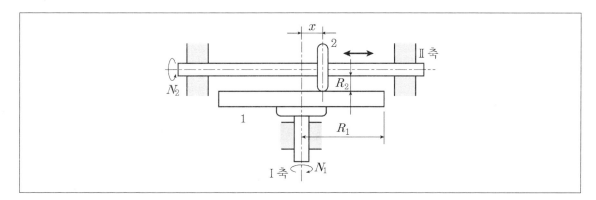

① $\dfrac{N_2}{N_1} = \dfrac{R_2}{x}$, $\dfrac{T_2}{T_1} = \dfrac{x}{R_2}$

② $\dfrac{N_2}{N_1} = \dfrac{R_1}{x}$, $\dfrac{T_2}{T_1} = \dfrac{x}{R_1}$

③ $\dfrac{N_2}{N_1} = \dfrac{x}{R_2}$, $\dfrac{T_2}{T_1} = \dfrac{R_2}{x}$

④ $\dfrac{N_2}{N_1} = \dfrac{x}{R_1}$, $\dfrac{T_2}{T_1} = \dfrac{R_1}{x}$

13 접촉점에서의 속도가 같으므로 $xN_1 = R_2N_2$

$\dfrac{N_2}{N_1} = \dfrac{x}{R_2}$ 이며 $\dfrac{T_2}{T_1} = \dfrac{N_1}{N_2} = \dfrac{R_2}{x}$

14 기어에 대한 설명으로 가장 옳지 않은 것은?

① 언더컷을 방지하려면 압력각을 크게 한다.

② 하이포이드 기어는 두 축이 교차할 때 사용하는 기어의 종류이다.

③ 인벌류트 치형은 사이클로이드 치형에 비해 강도가 우수하다.

④ 전위기어는 표준기어에 비해 설계가 복잡하다.

15 스퍼 기어의 중심거리가 100mm이고, 모듈이 5일 때, 회전각속도비가 1/4배로 감속한다면 각 기어의 피치원 지름과 각 기어의 잇수를 순서대로 바르게 나열한 것은?

① 40mm, 160mm, 8개, 32개

② 10mm, 80mm, 8개, 32개

③ 10mm, 160mm, 4개, 16개

④ 40mm, 160mm, 4개, 32개

14 하이포이드 기어는 두 축이 교차하지 않을 때 사용하는 기어의 종류이다. (두 축이 엇갈리는 기어이다.)

15 $\dfrac{Z_2}{Z_1} = \dfrac{w_1}{w_2} = 4$이며 중심거리

$$C = \frac{m(Z_1 + Z_2)}{2} = \frac{5(Z_1 + 4Z_1)}{2} = 100 \text{이므로} \quad \frac{5(8 + 4 \times 8)}{2} = 100$$

$Z_1 = 8$, $Z_2 = 4Z_1 = 32$

$D_1 = mZ_1 = 40[mm]$

$D_2 = mZ_2 = 5 \times 32 = 160[mm]$

따라서 40mm, 160mm, 8개, 32개가 된다.

16 클러치형 원판 브레이크가 〈보기〉와 같은 조건에서 사용되고 있을 때 제동할 수 있는 동력에 가장 가까운 값[PS]은?

〈보기〉

접촉면의 평균지름이 100mm, 밀어서 접촉시키는 힘이 500kg$_f$, 회전각속도가 200rpm, 마찰계수는 0.2

① 0.14PS

② 1.40PS

③ 14.00PS

④ 140.00PS

17 체인 전동의 특징에 대한 설명으로 가장 옳지 않은 것은?

① 인장강도가 높아 큰 동력을 전달하는 데 사용됨

② 초기장력이 필요하지 않아 이로 인한 베어링 반력이 발생되지 않음

③ 유지 및 수리가 간단하고 수명이 긺

④ 미끄러짐이 발생하여 이에 대한 충분한 고려를 하여야 함

......

ANSWER 16.② 17.④

16
$$P = 0.2 \cdot 500 \cdot \frac{2\pi \cdot 200}{60} \cdot \frac{100}{2} \cdot 10^{-3} \cdot \frac{1}{75}$$
$$P = 1.396 \fallingdotseq 1.4[PS]$$

17 체인전동은 미끄러짐이 없이 안정적으로 동력전달을 할 수 있다.

18 브레이크 드럼축에 300,000N·mm의 토크가 작용하는 밴드 브레이크가 있다. 드럼축의 우회전을 멈추기 위해 브레이크 레버에 주는 힘 F의 값[N]은? (단, D=200mm, l=500mm, a=50mm, $e^{\mu\theta}$=4로 한다.)

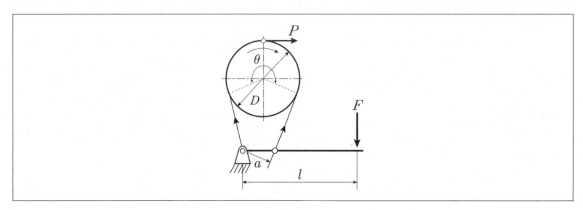

① 40N
② 60N
③ 80N
④ 100N

19 소선의 지름이 10mm, 코일의 평균 지름이 50mm, 스프링 상수가 4kg$_f$/mm인 원통 코일 스프링의 유효 감김수는 몇 회인가? (단, 횡탄성계수 G=4×10^{3}kg$_f$/mm^{2}이다.)

① 6회
② 8회
③ 10회
④ 12회

18
$$T_t - T_s = \frac{300,000}{100} = 3,000[N]$$
$4T_s - T_s = 3000$이며 $T_s = 1,000[N]$, $T_t = 4,000[N]$
$50 \cdot T_s = 500 \cdot F$이므로 $F = 100[N]$

19
$k = \dfrac{P}{\delta} = \dfrac{Gd^4}{8N_a D^3}$ 이므로 $4 = \dfrac{4 \cdot 10^3 \cdot 10^4}{8 \cdot N_a \cdot 50^3}$ 가 된다.
이를 만족하는 $N_a = 10$

20 두 개의 스프링이 직렬로 연결되어 P[N]의 하중이 작용될 때, 늘어난 길이를 계산한 식으로 가장 옳은 것은?

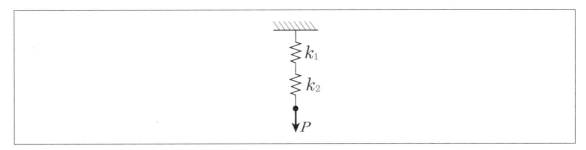

① $\dfrac{P(k_1 + k_2)}{k_1 k_2}$

② $\dfrac{P k_1 k_2}{k_1 + k_2}$

③ $\dfrac{P k_1}{k_2}$

④ $\dfrac{P k_2}{k_1}$

ANSWER 20.①

20 직렬로 연결된 스프링이므로 등가스프링상수를 구하면 $k_{eq} = \dfrac{k_1 \cdot k_2}{k_1 + k_2}$ 가 되며 따라서 변위는 $\delta = \dfrac{P}{k_{eq}} = \dfrac{P(k_1 + k_2)}{k_1 k_2}$

1 그림과 같은 연강의 응력－변형률 선도에서 훅(Hooke)의 법칙이 성립되는 구간은?

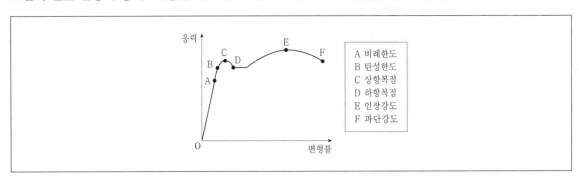

① OA

② AB

③ CD

④ EF

2 마찰계수가 0.5인 단판 브레이크에서 축방향으로의 힘이 400N일 때, 제동토크[N · m]는? (단, 원판의 평균지름은 500mm이다)

① 30

② 40

③ 50

④ 60

....

ANSWER 1.① 2.③

1 훅의 법칙이 성립되는 구간은 OA구간이며 A점 이후부터는 훅의 법칙이 성립되지 않는다.

2 $T = 0.5 \cdot 400 \cdot \dfrac{0.5}{2} = 50[N \cdot m]$

3 나사에 대한 설명으로 옳지 않은 것은?

① 미터나사는 결합용 나사로서 기호 M으로 나타낸다.

② 둥근나사는 나사골에 강구를 넣어 볼의 구름 접촉에 의해 나사 운동을 한다.

③ 유니파이나사의 피치는 1인치 안에 들어 있는 나사산의 수로 나타낸다.

④ 사다리꼴나사는 운동용 나사로서 공작기계의 이송 나사로 사용된다.

4 리벳 이음에서 리벳지름이 d, 피치가 $2p$인 판의 효율은?

① $\dfrac{p-d}{p}$ ② $\dfrac{2p-d}{p}$

③ $\dfrac{2p-d}{2p}$ ④ $\dfrac{d-2p}{2p}$

··

ANSWER 3.② 4.③

3 나사골에 강구를 넣어 볼의 구름 접촉에 의해 나사 운동을 하는 것은 볼나사이다. 둥근나사는 나사산의 단면이 원호(圓弧) 모양으로 되어 있는 형태의 나사로서 모난 곳이 없으므로 먼지나 가루 따위가 나사부에 끼이기 쉬운 곳에 사용된다. 또 전구(電球)의 마구리쇠와 같이 박판에 프레스 가공을 가하여 나사를 찍어내는 데에 적합한 나사이다. (아래 그림 참조)

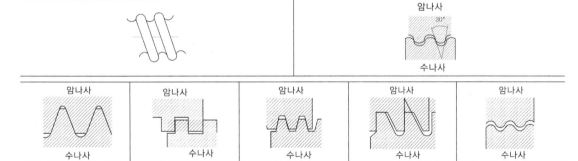

삼각나사	사각나사	사다리꼴나사	톱니나사	둥근나사

4 리벳이음에서 강판의 효율은

$$\eta = \frac{\text{구멍이 있을 때의 인장력}}{\text{구멍이 없을 때의 인장력}} = \frac{\sigma_t \cdot (p-d) \cdot t}{\sigma_t \cdot p \cdot t} = \frac{(p-d)}{p}$$

(d: 리벳구멍의 지름, t: 판의 두께, p: 리벳의 피치)

따라서 리벳 이음에서 리벳지름이 d, 피치가 $2p$인 판의 효율은 $\dfrac{2p-d}{2p}$ 가 된다.

5 900[rpm]으로 회전하고 있는 단열 레이디얼 볼 베어링에 200kgf의 반경방향 하중이 작용하고 있다. 이 베어링의 기본 동적부하용량이 900kgf이고 하중계수가 1.5일 때, 베어링의 수명[시간]은?

① 500

② 1,000

③ 1,500

④ 2,000

6 중실축의 지름이 d이고, 중공축의 바깥지름이 d, 안지름이 $\dfrac{2}{3}d$이다. 두 축이 같은 재료일 때, 전달할 수 있는 토크비($\dfrac{T_{중공축}}{T_{중실축}}$)는?

① $\dfrac{15}{16}$

② $\dfrac{16}{81}$

③ $\dfrac{65}{81}$

④ $\dfrac{16}{15}$

5
$$L_h = \left(\frac{900}{200 \cdot 1.5}\right)^3 \cdot \frac{10^6}{60 \cdot 900} = 500[hr]$$

6

구분	중실축의 외경	중공축의 외경
굽힘모멘트(M) 관련	$d_o = \sqrt[3]{\dfrac{32M}{\pi\sigma_a}}$	$d_o = \sqrt[3]{\dfrac{32M}{\pi\sigma_a(1-x^4)}}$
비틀림모멘트(T) 관련	$d_o = \sqrt[3]{\dfrac{16T}{\pi\tau_a}}$	$d_o = \sqrt[3]{\dfrac{16T}{\pi\tau_a(1-x^4)}}$

따라서 문제에서 주어진 조건을 대입하면 다음의 식이 성립되어야 한다. 두 축의 바깥지름이 같으므로

$$\sqrt[3]{\frac{16T_{중공축}}{\pi\tau_a(1-x^4)}} = \sqrt[3]{\frac{16T_{중실축}}{\pi\tau_a}}$$ 이 성립되므로,

$$\frac{16T_{중공축}}{\pi\tau_a(1-x^4)} = \frac{16T_{중실축}}{\pi\tau_a}$$ 이며 $x = \frac{2}{3}$를 대입하면

$$\frac{T_{중공축}}{T_{중실축}} = 1 - \left(\frac{2}{3}\right)^4 = \frac{65}{81}$$ 이 된다.

7 그림과 같은 브레이크 드럼의 반지름(r) 50mm, 접촉중심각(θ) 60°, 폭(b) 20mm인 블록 브레이크에 1,000N의 하중(Q)이 작용할 때, 브레이크 패드가 받는 압력[N/mm²]은?

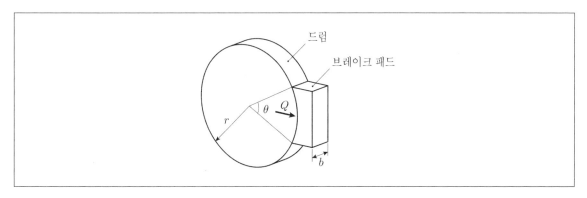

① 0.8

② 1.0

③ 1.2

④ 1.4

ANSWER 7.②

7
$$q = \frac{Q}{b \cdot r\theta} = \frac{1000}{20 \cdot 50 \cdot \frac{\pi}{3}} = \frac{3}{\pi} = 0.954$$

8 그림과 같이 코일스프링의 평균 지름 D[mm], 소선의 지름 d[mm]인 스프링의 중심축 방향으로 압축하중 F[N]가 작용할 때, 스프링의 최대전단응력[N/mm²]으로 가장 옳은 것은?

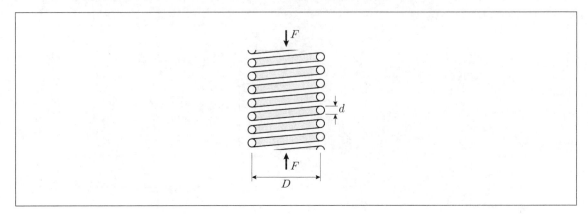

① $\dfrac{4F}{\pi d^2}$

② $\dfrac{8FD}{\pi d^3}$

③ $\dfrac{16FD}{\pi d^3}$

④ $\dfrac{4F}{\pi d^2} + \dfrac{8FD}{\pi d^3}$

ANSWER 8.④

8 직접전단응력은 $\tau_d = \dfrac{F}{\dfrac{\pi d^2}{4}} = \dfrac{4F}{\pi d^2}$

비틀림전단응력은 $\tau_t = \dfrac{F \cdot \dfrac{D}{2} \cdot \dfrac{d}{2}}{\dfrac{\pi d^4}{32}} = \dfrac{8FD}{\pi d^3}$

따라서 최대전단응력은 이 두 값의 합인 $\dfrac{4F}{\pi d^2} + \dfrac{8FD}{\pi d^3}$ 가 된다.

9 얇은 벽의 원통형 압력 용기 설계식으로 옳지 않은 것은? (단, 압력 p[N/cm^2], 원통의 안지름 D[mm], 원통길이 l[mm], 철판두께 t[mm], 부식에 대한 상수 C[mm], 허용인장응력 σ_a[MPa], 이음효율 η이다)

① 원주방향 하중[N] $= \dfrac{pDl}{100}$

② 길이방향 하중[N] $= \dfrac{\pi pDt}{400}$

③ 길이방향의 인장응력[MPa] $= \dfrac{Dp}{400\,t}$

④ 용기 두께[mm] $= \dfrac{Dp}{200\,\sigma_a\,\eta} + C$

10 지름이 10mm인 중실축이 50Hz의 주파수로 1kW의 동력을 전달할 때, 발생되는 최대 유효응력(Von Mises 응력)[MPa]은?

① $\dfrac{160}{\pi^2}$

② $\dfrac{160\sqrt{3}}{\pi^2}$

③ $\dfrac{320}{\pi^2}$

④ $\dfrac{320\sqrt{3}}{\pi^2}$

....

ANSWER 9.② 10.②

9 내압을 받는 원통형 용기의 원주 방향의 응력은 길이 방향 응력의 2배이다.

- 원주방향의 응력 : $\sigma_1 = \dfrac{PD}{2t}$

- 축(길이)방향의 응력 : $\sigma_2 = \dfrac{PD}{4t}$

따라서 동일한 면적인 경우 길이방향의 하중은 원주방향 하중의 0.5가 된다.
축(길이)방향의 하중은 응력과 단면면적을 곱한 값이며,

$\sigma_2 \cdot A_2 = \dfrac{PD}{4t} \cdot \pi Dt = \dfrac{\pi PD^2}{4}$ 이 된다.

10 축의 각속도는 $w = 2\pi f = 2\pi \cdot 50 = 100\pi\,[rad/\sec]$

축의 토크는 $T = \dfrac{P}{w} = \dfrac{10^3}{100\pi} = \dfrac{10}{\pi}\,[N \cdot m]$

축의 전단응력은 $\tau = \dfrac{16\,T}{\pi d^3} = \dfrac{160}{\pi^2}\,[MPa]$

최대유효응력(Von Mises 응력)은

$\sigma_{V.M.} = \sqrt{3}\,\tau = \dfrac{160\sqrt{3}}{\pi^2}\,[MPa]$

11 헬리컬기어에 대한 설명으로 옳지 않은 것은?

① 축직각 모듈은 치직각 모듈보다 크다.

② 이에 작용하는 힘이 점진적이고 탄성변형이 적어 진동과 소음이 작다.

③ 축방향의 추력을 상쇄하기 위해 이중 헬리컬기어를 사용한다.

④ 비틀림 방향이 같은 기어를 한 쌍으로 사용한다.

12 9.6kN의 축방향하중이 작용하는 볼트에서 허용 가능한 볼트의 가장 작은 바깥지름은? (단, 볼트의 허용 응력은 100MPa, 볼트의 골지름은 바깥지름의 0.8배이다)

① M8　　　　　　　　　　　　　　　② M12

③ M16　　　　　　　　　　　　　　 ④ M20

13 기어의 모듈 5, 작은 기어의 잇수 20인 표준 보통이 평기어에서 작은 기어의 회전속도는 300rpm, 큰 기어의 회전속도는 100rpm일 때, 작은 기어와 큰 기어의 이끝원 지름[mm]은?

① 105, 305　　　　　　　　　　　　② 105, 310

③ 110, 305　　　　　　　　　　　　④ 110, 310

ANSWER 11.④　12.③　13.④

11　헬리컬기어는 비틀림 방향이 서로 반대인 기어를 한 쌍으로 사용한다.

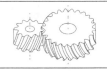	• 잇줄이 축방향에 대해 경사져 있는 기어로 맞물리는 기어의 잇줄방향은 서로 반대를 이룬다. (즉, 비틀림 방향이 서로 반대방향이다.)
	• 이의 물림이 우수하며 큰 하중을 지지할 수 있고 소음이 적으나 축방향의 하중이 발생하게 되는 문제가 있으며 평기어보다 제작이 어렵다.
핼리컬기어	• 나선각을 크게 해야 물림률이 높아진다.

12　볼트에 축방향의 정하중 W[kgf]가 작용할 때, 허용인장응력 $\sigma_a [kg_f/mm^2]$를 만족시키기 위한 볼트의 최소 바깥지름 d[mm]은

$\sqrt{\dfrac{2W}{\sigma_a}}$ 이며 주어진 문제의 조건을 대입하면

$$d_o = \sqrt{\frac{2W}{\sigma_a}} = \sqrt{\frac{2 \cdot 9.6 \cdot 10^3}{100}} = \sqrt{192} = 13.856 [mm]$$

가 나오므로 보기 중에서는 M16볼트가 가장 적합하다.

13　"이끝원지름(외경)=모듈×(잇수+2)"이므로, 작은 기어의 경우 잇수 20을 대입하면 이끝원 지름은 110[mm]이 된다. 큰 기어의 회전속도는 작은 기어의 회전속도의 1/3배이므로 직경이 3배가 되므로 300[mm]가 되며 모듈값이 5이므로 큰 기어의 잇수는 작은 기어잇수의 1/5값인 4가 된다. 따라서 이끝원 지름은 310[mm]가 된다.

14 기계설계에서 안전율(safety factor)에 대한 설명으로 옳지 않은 것은?

① 안전율은 재료의 기준강도를 허용응력으로 나눈 값으로 나타낼 수 있다.

② 안전율을 지나치게 크게 하면 경제성이 떨어질 수 있다.

③ 동일 조건에서 노치(notch)가 없을 때보다 노치가 있을 때에 안전율을 작게 한다.

④ 제품의 가공정밀도에 따라 안전율을 다르게 정할 수 있다.

15 그림과 같이 용접부의 치수 t_1 10mm, t_2 12mm, 폭(b) 60mm인 맞대기 용접이음에서 굽힘모멘트(M) 20,000N·mm가 작용할 때, 목두께에서의 굽힘응력[N/mm^2]은?

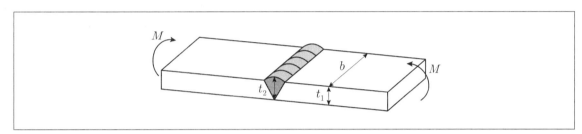

① $\dfrac{125}{9}$

② 20

③ $\dfrac{250}{9}$

④ 30

ANSWER 14.③ 15.②

14 노치가 있으면 응력집중현상이 발생하게 되므로 동일 조건에서 노치(notch)가 없을 때보다 노치가 있을 때에 안전율을 크게 해야 한다.

15
$$\sigma_b = \frac{M \cdot \dfrac{t_1}{2}}{\dfrac{bt_1^3}{12}} = \frac{6M}{bt_1^2} = \frac{6 \cdot 20,000}{60 \cdot 10^2} = 20[N/mm^2]$$

16 원통코일 스프링에 3kN의 힘이 작용하였을 때, 변형이 50mm가 되도록 설계하려면 유효감김수는?
(단, 소선의 지름은 15mm, 스프링지수는 10, 스프링 재료의 전단탄성계수(Shear modulus of elasticity)는 80GPa이다)

① 2.5 ② 4

③ 5.5 ④ 6

17 폭 70mm, 두께 5mm인 가죽 평벨트의 속도가 8m/s일 때, 전달할 수 있는 최대동력[kW]은? (단, 벨트의 허용 인장응력은 2.5MPa, 장력비는 2, 이음 효율은 0.8, 원심력은 무시한다)

① 2 ② 2.4

③ 2.8 ④ 3.5

16 $\delta = \dfrac{8nPD^3}{Gd^4} = 50 = \dfrac{8 \cdot n \cdot 3 \cdot 150^3}{80 \cdot 15^4}$ 이므로

$n = \dfrac{50 \cdot 80 \cdot 15^4}{8 \cdot 3 \cdot 150^3} = 2.5$

코일스프링의 처짐량 $\delta = \dfrac{8nPD^3}{Gd^4}$ 이므로 문제에서 주어진 조건을 대입하여 구할 수 있다.

(δ : 코일스프링의 처짐량, n : 유효감김수, P : 작용하중, D : 코일스프링의 평균지름, d : 소선의 직경, G : 전단탄성계수)

스프링지수 $C = \dfrac{D(\text{코일의 평균지름})}{d(\text{소선의 지름})} = \dfrac{D}{15[mm]} = 10$

17 긴장측의 장력은 $T_t = \eta \sigma_a b \cdot t = 0.8 \cdot 2.5 \cdot 70 \cdot 5 = 700[N]$

이완측의 장력은 $T_s = \dfrac{T_t}{2} = 350[N]$ 이므로 유효장력은 700 - 350 = 350[N]

전달할 수 있는 최대동력 $P = T_e v = 350 \cdot 8 = 2,800 = 2.8[kW]$

18 내경 600mm, 두께 10mm인 원통형 압력 용기의 내압이 1.6N/mm²일 때, 얇은 벽 이론에 의한 원주－ 길이 방향면 내 최대전단응력[N/mm²]은?

① 6

② 12

③ 24

④ 48

19 원동풀리의 지름이 750mm, 회전속도가 600rpm, 벨트 두께가 6mm이고, 종동풀리의 지름은 450mm이 다. 벨트의 두께를 고려하여 종동풀리의 회전속도에 가장 가까운 값[rpm]은? (단, 미끄럼에 의해 종동 풀리의 속도가 2%만큼 감소한다)

① 974.8

② 980

③ 994.7

④ 1,000

ANSWER 18.② 19.①

18 원통형 압력용기의 응력은 다음과 같다.

원주방향 응력 $\dfrac{PD}{2t} = \dfrac{1.6 \cdot 600}{2 \cdot 10} = 48[N/mm^2]$

축(길이)방향 응력 $\dfrac{PD}{4t} = 24[N/mm^2]$

최대전단응력은 $\dfrac{\sigma_1 - \sigma_2}{2} = \dfrac{48-24}{2} = 12[N/mm^2]$

19 미끄럼에 의한 종동풀리속도 손실을 고려하지 않은 경우,

$i = \dfrac{N_2}{N_1} = \dfrac{N_2}{600} = \dfrac{D_1 + t}{D_2 + t} = \dfrac{750+6}{450+6}$ 이므로

$N_2 = \dfrac{756}{456} \cdot 600 = 994.73[rpm]$

그런데 문제에서는 종동풀리속도 손실이 2%라고 하였으므로 $N_2 \times (1 - 0.02) = 994.73 \times 0.98 = 974.8$

20 그림과 같이 지름이 d인 축에 토크가 작용하고, $\dfrac{d}{4}$의 너비를 가지는 키가 $\dfrac{d}{8}$의 깊이로 삽입되어 있다. 키는 축의 최대허용토크에서 압축력으로 전달되어 항복점에서 파손될 때, 필요한 평행키의 최소길이는? (단, 항복강도는 σ_Y, 키의 허용전단강도는 $\dfrac{\sigma_Y}{\sqrt{3}}$ 이다)

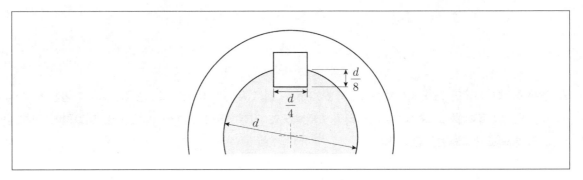

① $\dfrac{\pi d}{\sqrt{3}}$

② $\dfrac{\pi d}{2\sqrt{3}}$

③ $\dfrac{\pi d}{3\sqrt{3}}$

④ $\dfrac{\pi d}{4\sqrt{3}}$

20 축의 허용전단강도와 키의 허용전단강도에 대한 조건이 누락되어 있어 문제에 오류가 있다고 볼 수 있다. (문제에서 이러한 전제조건이 주어졌다고 볼 경우 풀이는 다음과 같다.)

키의 압축응력은 $\sigma_C = \sigma_Y = \dfrac{T \cdot \dfrac{2}{d}}{\dfrac{d}{8} \cdot l} = \dfrac{16T}{\pi d^8}$

축의 최대허용토크는 $\dfrac{\sigma_Y}{\sqrt{3}} = \dfrac{16T}{\pi d^8}$ 을 충족해야 하므로 $l = \dfrac{\pi d}{\sqrt{3}}$ 가 된다.

1 두 축 사이에 동력을 전달할 때, 마찰차를 사용하는 경우로 옳지 않은 것은?

① 무단 변속이 필요한 경우
② 작은 동력을 전달하는 경우
③ 정확한 속도비가 요구되는 경우
④ 두 축 사이의 동력을 자주 단속할 필요가 있는 경우

2 다음에서 설명하는 밸브의 종류는?

• 유체를 한쪽 방향으로만 흐르게 하고 역류를 방지한다.
• 외력을 사용하지 않고 자중이나 밸브에 작용하는 압력차에 의해 작동한다.
• 모양에 따라 리프트형(lift type)과 스윙형(swing type)이 있다.

---

① 스톱 밸브(stop valve)
② 게이트 밸브(gate valve)
③ 콕(cock)
④ 체크 밸브(check valve)

ANSWER 1.③ 2.④

1 정확한 속도비가 요구되는 경우에는 마찰차가 아닌 기어전동방식을 택하는 것이 바람직하다.

2 제시된 지문의 내용은 체크 밸브(check valve)에 관한 설명이다.

3 저탄소강 시편의 공칭응력-공칭변형률 선도에서 정의되는 응력을 크기 순서대로 바르게 나열한 것은?

① 인장강도 > 비례한도 > 항복강도 > 탄성한도

② 인장강도 > 항복강도 > 탄성한도 > 비례한도

③ 항복강도 > 인장강도 > 비례한도 > 탄성한도

④ 항복강도 > 인장강도 > 탄성한도 > 비례한도

4 맞물려 있는 두 스퍼기어의 중심거리가 96 mm이며, 구동기어와 종동기어의 잇수가 각각 24개, 40개이다. 구동기어의 이끝원 지름[mm]은? (단, 치형은 표준이(full depth form)이다)

① 72

② 78

③ 120

④ 126

ANSWER 3.② 4.②

3 저탄소강 시편의 공칭응력-공칭변형률 선도를 살펴보면 다음과 같다.

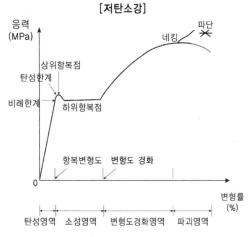

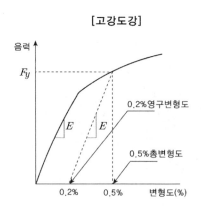

따라서 인장강도 〉 항복강도 〉 탄성한도 〉 비례한도가 된다.

4 $\dfrac{m(24+40)}{2}=96$ 을 만족하는 모듈값은 $m=3$ 이므로

구동기어의 이끝원 지름 $D_o = mZ_1 + 2m = m(Z_1+2) = 3 \cdot (24+2) = 78[mm]$

5 체적불변조건을 이용하여, 진응력(σ_T)을 공칭응력(σ_N)과 공칭변형률(ε_N)로 바르게 표현한 것은?

① $\sigma_T = \sigma_N \cdot (1 + \varepsilon_N)$

② $\sigma_T = \sigma_N \cdot \ln(1 + \varepsilon_N)$

③ $\sigma_T = \sigma_N \cdot (1 + \dfrac{1}{\varepsilon_N})$

④ $\sigma_T = \sigma_N \cdot \ln(1 + \dfrac{1}{\varepsilon_N})$

6 비틀림 상태에 있는 중실축이 각속도 ω[rad/s]로 회전하며 동력 H[W]를 전달하기 위한 최소 지름 d[mm]는? (단, 허용전단응력은 τ_a[Pa]이다)

① $1000 \sqrt[3]{\dfrac{16H}{\pi \tau_a \omega}}$

② $1000 \sqrt[3]{\dfrac{32H}{\pi \tau_a \omega}}$

③ $1000 \sqrt[3]{\dfrac{\pi H}{16 \tau_a \omega}}$

④ $1000 \sqrt[3]{\dfrac{\pi H}{32 \tau_a \omega}}$

ANSWER 5.① 6.①

5 체적은 변하지 않으므로 $A_o L_o = A_f(L_o + \triangle L) = A_f L_o (1 + \varepsilon_N)$

$A_f = \dfrac{A_o}{1 + \varepsilon_N}$ 이며 진응력은 $\sigma_T = \dfrac{F}{A_f} = \dfrac{F}{\dfrac{A_o}{1 + \varepsilon_N}} = \sigma_N(1 + \varepsilon_N)$

6 최소지름 $d = \sqrt[3]{\dfrac{16T}{\pi \tau_a}} = \sqrt[3]{\dfrac{16 \cdot \dfrac{H}{w}}{\pi \tau_a}} = \sqrt[3]{\dfrac{16H}{\pi \tau_a w}}$ [m]

단위가 [mm]이므로 $1000\sqrt[3]{\dfrac{16H}{\pi \tau_a \omega}}$ 가 된다.

7 다음 중 나사의 풀림을 방지하기 위한 방법으로 옳은 것만을 모두 고르면?

㉠ 로크 너트(lock nut) 적용	㉡ 절입 너트(split nut) 적용
㉢ 코킹(caulking) 적용	㉣ 톱니붙이 와셔(toothed washer) 적용
㉤ 멈춤 나사 적용	㉥ 플러링(fullering) 적용

① ㉠, ㉡, ㉣, ㉤

② ㉠, ㉢, ㉤, ㉥

③ ㉡, ㉢, ㉣, ㉤

④ ㉡, ㉣, ㉤, ㉥

8 웜(worm)과 웜휠(worm wheel)에서 웜의 리드각이 γ, 웜의 피치원 지름이 D_1, 웜휠의 피치원 지름이 D_2이다. 웜의 회전속도를 n_1, 웜휠의 회전속도를 n_2로 할 때, $\dfrac{n_2}{n_1}$는?

① $\dfrac{D_1 \tan\gamma}{\pi D_2}$

② $\dfrac{\pi D_1}{D_2 \tan\gamma}$

③ $\dfrac{D_1}{D_2 \tan\gamma}$

④ $\dfrac{D_1 \tan\gamma}{D_2}$

ANSWER 7.① 8.④

7 • 코킹 : 리벳머리의 둘레와 강판의 가장자리를 정과 같은 공구로 때리는 것으로 나사풀림방지와는 거리가 멀다.
  • 플러링 : 리벳과 판재의 접합 시 기밀성을 더 우수하게 하기 위해 강판과 같은 두께의 플러링공구로 때려서 붙이는 것으로 나사풀림방지법과는 거리가 멀다.

8
$$\frac{n_2}{n_1} = \frac{Z_w}{Z_g} = \frac{\dfrac{l}{p}}{\dfrac{\pi D_2}{p}} = \frac{l}{\pi D_2} = \frac{\pi D_1 \tan\gamma}{\pi D_2} = \frac{D_1 \tan\gamma}{D_2}$$

9 얇은 원통형 용기에 내부압력 P와 축방향 압축하중 F가 동시에 가해지고 있다. 용기에 걸리는 전단응력 최댓값($\tau_{\max}$)이 허용전단응력(τ_a)을 넘지 않는 조건에서 용기둘레 최소 두께 t를 구하는 식은? (단, r = 용기의 내측 반경이다)

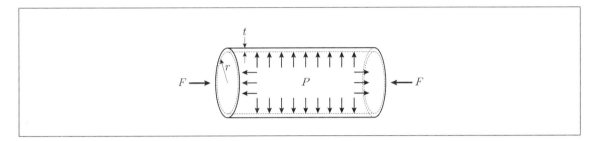

① $\dfrac{1}{2\tau_a}\left(F \cdot r + \dfrac{P}{\pi r}\right)$

② $\dfrac{1}{2\tau_a}\left(P \cdot r + \dfrac{F}{\pi r}\right)$

③ $\dfrac{1}{4\tau_a}\left(F \cdot r + \dfrac{P}{\pi r}\right)$

④ $\dfrac{1}{4\tau_a}\left(P \cdot r + \dfrac{F}{\pi r}\right)$

....

ANSWER 9.④

9 접선방향의 응력은 $\sigma_{접선} = \dfrac{\mathrm{P}r}{t}$, 길이방향의 응력은

$$\sigma_{접선} = \dfrac{\mathrm{P}r}{2t} - \dfrac{F}{2\pi rt}$$

전단응력의 최댓값은

$$\tau_{\max} = \left|\dfrac{\sigma_1 - \sigma_2}{2}\right| = \dfrac{\dfrac{\mathrm{P}r}{t} - \left(\dfrac{\mathrm{P}r}{2t} - \dfrac{F}{2\pi rt}\right)}{2} = \dfrac{\mathrm{P}r}{4} + \dfrac{F}{4\pi rt}$$

$\tau_a = \dfrac{\mathrm{P}r}{4t} + \dfrac{F}{4\pi rt}$ 이므로 최소두께는 $t_{\min} = \dfrac{1}{4\tau_a}\left(\mathrm{P}r + \dfrac{F}{\pi r}\right)$

10 지름이 D, 두께가 b, 밀도가 ρ인 원판형 관성차가 각속도 ω로 회전하고 있을 때, 이 관성차의 운동에너지는? (단, 축의 운동에너지는 무시한다)

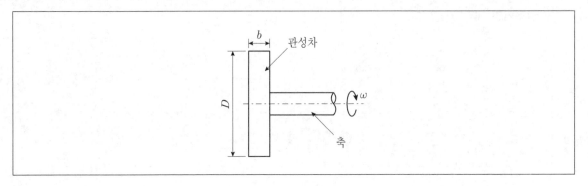

① $\frac{1}{8}\rho b\pi D^2\omega^2$

② $\frac{1}{16}\rho b\pi D^4\omega^2$

③ $\frac{1}{32}\rho b\pi D^2\omega^2$

④ $\frac{1}{64}\rho b\pi D^4\omega^2$

11 두 축이 서로 평행하고 축 중심이 어긋나 있을 때 사용하기에 가장 적합한 커플링은?

① 플랜지(flange) 커플링

② 올덤(oldham) 커플링

③ 유니버설 조인트(universal joint)

④ 슬리브(sleeve) 커플링

ANSWER 10.④ 11.②

10 적분문제로서 복잡한 식을 통해서 식을 도출하기에는 시간이 많이 소요되므로 과감히 넘어갈 것을 권한다. 극관성모멘트의 값은

$$J = \int r^2 dm = \int_0^{\frac{D}{2}} r^2 d(2\pi r b \rho) = 2\rho b\pi \left[\frac{r^4}{4}\right]_0^{\frac{D}{2}} = \frac{\rho b\pi D^4}{32}$$

운동에너지는 $E = \frac{1}{2}Jw^2 = \frac{1}{64}\rho b\pi D^4 w^2$

11 두 축이 서로 평행하고 축 중심이 어긋나 있을 때 사용하기에 가장 적합한 커플링은 올덤(oldham) 커플링이다.

12 좌우대칭으로 연결된 스프링에 하중 100N이 가해지고 있다. 상부 스프링 두 개의 스프링상수(k_a)는 각각 2N/mm이고, 하부 스프링의 스프링상수(k_b)는 4N/mm이다. 전체 늘어난 길이[mm]는? (단, 모든 부재의 자중은 무시한다)

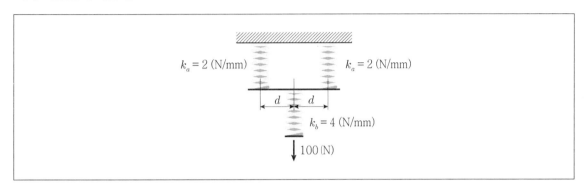

① 40

② 50

③ 60

④ 70

13 내경 80mm 관의 한쪽 끝에 볼트 4개로 덮개를 고정하여 관 내부 압력을 100kgf/cm²으로 유지하려고 할 때, 볼트의 최소 골지름[cm]은? (단, 볼트의 허용인장응력은 σ_a[kgf/cm²]이다)

① $\dfrac{20}{\sqrt{\sigma_a}}$

② $\dfrac{30}{\sqrt{\sigma_a}}$

③ $\dfrac{40}{\sqrt{\sigma_a}}$

④ $\dfrac{50}{\sqrt{\sigma_a}}$

ANSWER 12.② 13.③

12 병렬로 연결된 스프링의 등가스프링상수는 $k_{eq} = k_a + k_a = 4[N/mm]$

최종 등가스프링상수는 $k_{eq}{}' = \dfrac{k_{eq}k_b}{k_{eq}+k_b} = \dfrac{4 \cdot 4}{4+4} = 2[N/mm]$

따라서 전체 늘어난 길이는 $\delta_t = \dfrac{F}{k_{eq}{}'} = \dfrac{100}{2} = 50[mm]$

13 $100 \cdot \dfrac{\pi \cdot 80^2}{4} = 4\sigma_a \cdot \dfrac{\pi d^2}{4}$ 이므로 $d = \dfrac{400}{\sqrt{\sigma_a}}[mm]$

14 양쪽에 동일한 형태로 필릿용접(fillet welding)한 부재에 28kN의 하중(P)이 작용할 때, 용접부에 걸리는 전단응력[N/mm²]은? (단, l = 100mm, f = 10mm, sin 45° = 0.70이다)

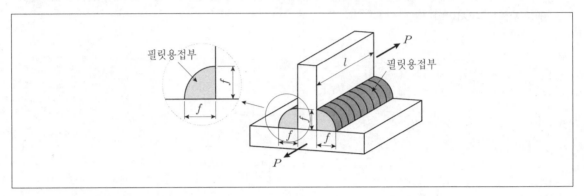

필릿용접부

필릿용접부

① 10
② 20
③ 30
④ 40

15 동적 부하용량이 3000kgf인 레이디얼 볼베어링이 하중 100kgf를 받고 있다. 회전수가 1000rpm일 때, 베어링의 기본 정격 수명시간[hour]은? (단, 하중계수(f_w) = 1이다)

① 9×10^4

② 30×10^4

③ 45×10^4

④ 90×10^4

14
$$\tau = \frac{P}{2 \cdot f \sin 45^o \cdot l} = \frac{P}{1.4 \cdot f \cdot l} = \frac{28 \cdot 10^3}{1.4 \cdot 10 \cdot 100} = 20[N/mm^2]$$

15
$$L_h = \frac{10^6}{60 \cdot 1000} \cdot \left(\frac{3000}{100}\right)^3 = 45 \cdot 10^4[h]$$

16 엇걸기 벨트로 연결된 원동축 풀리와 종동축 풀리를 각각 1500rpm, 300rpm으로 회전시키려고 한다. 이때 요구되는 평벨트의 길이에 가장 가까운 값[mm]은? (단, 원동축과 종동축 사이의 중심거리는 1m, 원동축 풀리의 직경은 200mm, 벨트의 두께는 무시하며, π = 3이다)

① 3960

② 4160

③ 4460

④ 4660

17 다음에 주어진 치수 허용표기에 대한 설명으로 옳지 않은 것은?

> • ϕ12H6
> • 위 표기에 대한 기본 공차 수치는 11 μm 임

① 직경이 12 mm인 구멍에 대한 공차표현이다.

② IT공차는 6급이다.

③ 헐거운 끼워맞춤으로 결합되는 상대 부품의 공차역은 g5이다.

④ ϕ12H6을 일반공차 표기로 나타내면 $\phi12\,{}^{\ 0}_{-0.011}$이다.

ANSWER 16.② 17.④

16 $\dfrac{D_2}{200} = \dfrac{1500}{300}$ 이므로 $D_2 = 1000[mm]$

$$L = \frac{\pi}{2}(D_1 + D_2) + 2C + \frac{(D_2 + D_1)^2}{4C}$$

$$L = 1.5 \cdot (200 + 1000) + 2 \cdot 1000 + \frac{(1000 + 200)^2}{4 \cdot 1000} = 4160[mm]$$

17 구멍의 공차역이 H이므로 최소허용치수가 허용치수가 되어 ϕ12H6을 일반공차 표기로 나타내면 $\phi12\,{}^{+0.011}_{\ \ 0}$ 이 된다.

ϕ12이므로 직경이 12mm인 구멍이므로 H6이므로 IT공차는 6등급이며 구멍의 공차역이 H이므로 h이하의 축의 공차역에 대해서는 헐거운 끼워맞춤이 된다.

18 양쪽 덮개판 한줄 맞대기 리벳이음에서 리벳지름은 10mm, 강판두께는 10mm, 리벳피치는 50mm이다. 리벳 전단강도가 강판 인장강도의 50%일 때, 가장 가까운 리벳효율[%]은? (단, W = 인장하중, π = 4 이다)

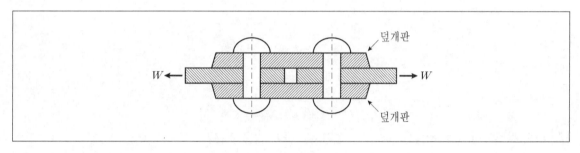

① 18

② 24

③ 30

④ 36

19 외접하는 두 원통 마찰차의 중심거리가 400mm이고, 회전수는 각각 150rpm, 50rpm이다. 이때, 밀어붙이는 힘 5 kN, 전달 동력이 3 PS(마력)이면, 두 원통 마찰차 표면의 마찰계수에 가장 가까운 값은? (단, π = 3이다)

① 0.11

② 0.14

③ 0.22

④ 0.30

18

$$\eta = \frac{\tau \cdot \dfrac{\pi \cdot 10^2}{4} \cdot 1.8 \cdot 1}{\sigma \cdot 50 \cdot 10} = \frac{180\tau}{500\sigma} = \frac{180}{1000} = 0.18 \text{이므로 } 18[\%]$$

19

$\dfrac{D_2}{D_1} = \dfrac{150}{50}$ 이므로 $D_2 = 3D_1$

$\dfrac{D_1 + D_2}{2} = 400[mm]$ 이므로 $D_1 = 200[mm]$, $D_2 = 600[mm]$

$\mu \cdot 5 \cdot 10^3 \cdot \dfrac{0.2}{2} \cdot \dfrac{2\pi \cdot 150}{60} \cdot \dfrac{1}{735.5} = 3$ 이므로 $\mu = 0.2942 ≒ 0.30$

20 유성기어열에서 기어 A, B, C의 피치원 지름은 각각 200mm, 100mm, 400mm이다. 암 D를 일정한 각속도(ω_D = 10rad/s)로 반시계방향으로 돌릴 때, 태양기어 A의 각속도와 회전방향은? (단, A = 태양기어, B = 유성기어, C = 고정된 링기어, D = 암)

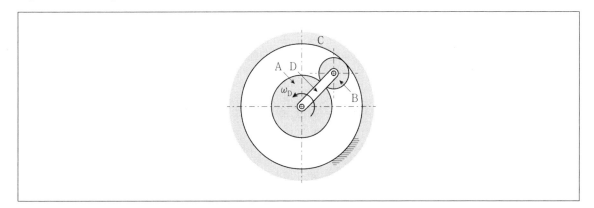

각속도	회전방향
① 30rad/s	반시계방향
② 30rad/s	시계방향
③ 45rad/s	반시계방향
④ 45rad/s	시계방향

20 $\dfrac{w_B - w_D}{w_A - w_D} = -\dfrac{D_A}{D_B}$ 이며 $\dfrac{w_C - w_D}{w_B - w_D} = \dfrac{D_B}{D_C}$ 이므로 $\dfrac{w_C - w_D}{w_A - w_D} = \dfrac{D_A}{D_C}$ 이다. 따라서 $\dfrac{0 - 10}{w_A - 10} = \dfrac{200}{400}$ 이므로 $w_A = 30[rad/sec]$

암 D의 경우 반시계방향을 +방향으로 잡으면 $w_A > 0$이므로 태양기어의 회전방향 또한 반시계방향이다.

1 축방향 하중과 반경방향 하중을 동시에 지지하는 베어링으로 가장 적합한 것은?

① 테이퍼 롤러 베어링

② 자동조심 볼 베어링

③ 깊은 홈 볼 베어링

④ 니들 베어링

2 기어에 발생하는 언더컷 방지법에 대한 설명으로 옳은 것만을 모두 고르면?

> ㉠ 치형수정을 한다.
> ㉡ 압력각을 증가시킨다.
> ㉢ 피니언의 잇수를 최소잇수 이상으로 한다.
> ㉣ 이높이를 높인다.

① ㉠, ㉡

② ㉢, ㉣

③ ㉠, ㉡, ㉢

④ ㉠, ㉡, ㉢, ㉣

ANSWER 1.① 2.③

1 테이퍼 롤러 베어링은 축방향하중과 반경방향의 하중을 동시에 지지할 수 있는 베어링이다.

2 언더컷을 방지하려면 이높이를 낮추어야 한다.
언더컷 … 이의 간섭이 계속되어 피니언의 이뿌리를 파내 이의 강도와 물림률이 저하되는 것으로 방지법은 다음과 같다.
• 이의 높이를 낮춘다.
• 압력각을 증가시킨다.
• 피니언의 잇수를 최소잇수 이상으로 한다.
• 기어의 잇수를 한계잇수 이하로 한다.
• 치형수정을 한다.

3 모재의 두께가 다른 맞대기 용접에서 t_1 = 5mm, t_2 = 10mm, 용접길이 100mm, 허용인장응력 5MPa일 때, 최대 허용하중 P[N]는?

① 1,250

② 2,500

③ 5,000

④ 10,000

4 코일 스프링이 압축력에 의해 변형하여 저장한 탄성에너지가 600N·mm일 때, 코일 스프링에 작용한 압축력[N]은? (단, 스프링 상수는 3N/mm이다)

① 40

② 50

③ 60

④ 70

5 두 줄 사각나사의 자립조건(self-locking)으로 옳은 것은? (단, d_2 : 나사의 유효지름, μ : 나사면의 마찰계수, p : 나사의 피치이다)

① $2\pi d_2 - \mu p \le 0$

② $2\pi d_2 - \mu p \ge 0$

③ $\pi d_2 \mu - 2p \le 0$

④ $\pi d_2 \mu - 2p \ge 0$

....

ANSWER 3.② 4.③ 5.④

3 모재의 허용두께가 다를 경우는 두께가 작은 쪽을 두께로 하여 계산한다. 따라서 허용하중은

$P = \sigma_t \cdot t_1 \cdot L = 5 \cdot 5 \cdot 100 = 2,500$[N]

4 탄성변형에너지 $U = \dfrac{1}{2} P \cdot \delta = \dfrac{1}{2} \dfrac{P^2}{k}$ 이며

압축력 $P = \sqrt{2kU} = \sqrt{2 \cdot 3 \cdot 600} = 60$[N]

5 마찰계수 $\mu = \tan\rho$, 리드각 $\tan\lambda = \dfrac{2p}{\pi d_2}$

나사의 자립조건 $\rho \ge \lambda$

양변에 tan를 취하게 되면 $\tan\rho \ge \tan\lambda$

$\mu \ge \dfrac{2p}{\pi d_2}$ 이므로 $\pi d_2 \mu - 2p \ge 0$가 성립한다.

6 그림과 같이 중앙에 지름 d = 40 mm의 구멍이 뚫린 폭 D = 100mm, 두께 10mm인 평판에 인장하중 P = 12kN이 작용할 때, 평판에 발생하는 최대 응력[N/mm²]에 가장 가까운 값은? (단, 응력집중계수는 a_k이다)

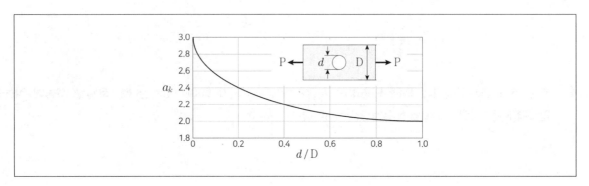

① 20

② 44

③ 200

④ 440

7 다음 IT 기본 공차표를 이용하여, $\phi 62\text{H}\,9$의 일반공차 표기법으로 옳은 것은?

(단위 : μm)

공차등급 치수 구분(mm)		IT6	IT7	IT8	IT9
30 초과	50 이하	16	25	39	62
50 초과	80 이하	19	30	46	74

① $\phi 62^{+0.062}_{-0.074}$

② $\phi 62^{0}_{-0.074}$

③ $\phi 62^{+0.074}_{-0.074}$

④ $\phi 62^{+0.074}_{0}$

....

ANSWER 6.② 7.④

6 $\dfrac{d}{D} = \dfrac{40}{100} = 0.4$이므로 응력집중계수 $\sigma_k = 2.2$이다.

최대응력

$$\sigma_{\max} = \sigma_k \frac{P}{A} = \sigma_k \frac{P}{(D-d)t} = 2.2 \cdot \frac{12 \cdot 10^3}{(100-40)(10)} = 44[\text{N/mm}^2]$$

7 $\phi 62\text{H}\,9$에서 H(대문자)이므로 구멍기준 끼워맞춤이며

62는 기준치수로서 50을 초과하고 80이하에 속하며 등급(H9)은 IT9이므로 치수공차는 0.074mm이다.

0.074는 위치수 허용차이며 구멍기준 치수허용차에서 H공차역의 아래치수 허용차는 0이므로 $\phi 62^{+0.074}_{0}$가 된다.

8 기어의 종류별 특징에 대한 설명으로 옳지 않은 것은?

① 웜과 웜휠은 큰 감속비를 얻을 수 있고, 항상 역회전이 가능하다.

② 래크와 피니언을 이용해 회전운동을 직선운동으로 변환할 수 있다.

③ 마이터기어는 베벨기어의 일종으로 잇수가 같은 한 쌍의 원추형기어이다.

④ 헬리컬기어는 스퍼기어에 비해 운전이 정숙한 반면, 추력이 발생한다.

1,000rpm으로 회전하면서 100π kW의 동력을 전달시키는 회전축이 4kN·m의 굽힘모멘트를 받고 있을 때, 상당 비틀림모멘트 T_e에 대한 상당 굽힘모멘트 M_e의 비$(\dfrac{M_e}{T_e})$는?

① 0.6

② 0.7

③ 0.8

④ 0.9

8 웜과 웜휠은 큰 감속비를 얻을 수 있고, 역회전을 방지할 수 있다.

9 동력 $H' = Tw = \dfrac{2\pi NT}{60}$

비틀림모멘트

$T = \dfrac{60H'}{2\pi N} = \dfrac{60 \cdot 100\pi}{2\pi N} = \dfrac{60 \cdot 100\pi}{2\pi \cdot 1,000} = 3[\text{kN} \cdot \text{m}]$

상당비틀림모멘트

$T_e = \sqrt{M^2 + T^2} = \sqrt{4^2 + 3^2} = 5[\text{kN} \cdot \text{m}]$

상당굽힘모멘트

$M_e = \dfrac{1}{2}(M + T_e) = \dfrac{1}{2}(4 + 5) = 4.5[\text{kN} \cdot \text{m}]$

상당 비틀림모멘트 T_e에 대한 상당 굽힘모멘트 M_e의 비$(\dfrac{M_e}{T_e})$는 0.9가 된다.

9 평벨트를 엇걸기에서 바로걸기로 변경할 때, 작은 풀리의 접촉각 차이를 나타낸 것은? (단, D_1 : 작은 풀리의 지름, D_2 : 큰 풀리의 지름, C : 축간거리이다)

① $\sin^{-1}\left(\dfrac{D_2+D_1}{2C}\right) - \sin^{-1}\left(\dfrac{D_2-D_1}{2C}\right)$

② $\sin^{-1}\left(\dfrac{D_2+D_1}{2C}\right) + \sin^{-1}\left(\dfrac{D_2-D_1}{2C}\right)$

③ $2\sin^{-1}\left(\dfrac{D_2+D_1}{2C}\right) - 2\sin^{-1}\left(\dfrac{D_2-D_1}{2C}\right)$

④ $2\sin^{-1}\left(\dfrac{D_2+D_1}{2C}\right) + 2\sin^{-1}\left(\dfrac{D_2-D_1}{2C}\right)$

10 치공구에서 위치결정구의 요구사항으로 옳지 않은 것은?

① 교환이 가능할 것
② 청소가 용이할 것
③ 가시성이 우수할 것
④ 경도가 높지 않을 것

ANSWER 10.④ 11.④

10 평벨트의 접촉각(엇걸기)

$\theta_{rev} = 180^o + 2\sin^{-1}\left(\dfrac{D_2+D_1}{2C}\right)$

평벨트의 접촉각(바로걸기)

$\theta_{rig} = 180^o - 2\sin^{-1}\left(\dfrac{D_2-D_1}{2C}\right)$

두 각의 차는 $2\sin^{-1}\left(\dfrac{D_2+D_1}{2C}\right) + 2\sin^{-1}\left(\dfrac{D_2-D_1}{2C}\right)$

11 치공구의 위치결정구는 경도가 높아야 한다.

11 베어링 A, B에 적합한 호칭번호를 순서대로 나열한 것은?

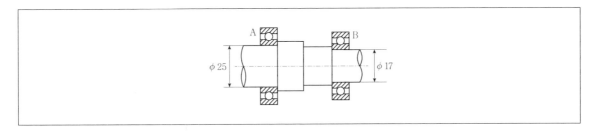

① 6205, 6203
② 6203, 6215
③ 6205, 6207
④ 6225, 6217

12 단식 블록 브레이크에서 블록에 작용하는 힘 P = 20N, 마찰계수 μ = 0.2일 때, 드럼을 정지시키기 위해 레버에 작용해야 하는 최소 힘 F[N]는?

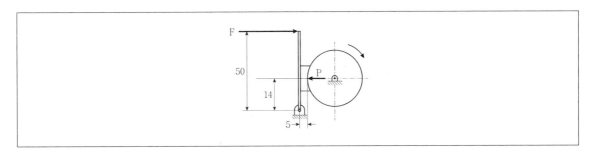

① 6
② 7
③ 8
④ 9

12 베어링 호칭번호의 뒷 두자리 숫자는 베어링의 내경을 의미한다. 안지름의 범위가 10mm 이상 20mm 미만일 경우
d=10mm : 안지름번호 00
d=12mm : 안지름번호 01
d=15mm : 안지름번호 02
d=17mm : 안지름번호 03
d=20mm : 안지름번호 04
안지름의 범위가 20mm이상 500mm 미만일 경우 안지름 번호는 안지름을 5로 나눈 수로 나타낸다.
따라서 A는 6205, B는 6203으로 표기한다.

13 $\sum M_o = 0$이어야 하므로 $-F \cdot 50 + P \cdot 14 + \mu P \cdot 5 = 0$

$$F = \frac{P \cdot 14 + \mu P \cdot 5}{50} = \frac{20 \cdot 14 + 0.2 \cdot 20 \cdot 5}{50} = 6N$$

13 강판의 인장강도 40MPa, 두께 5mm, 안지름 50mm인 원통형 압력용기에 작용할 수 있는 최대 내부압력[MPa]은? (단, 얇은 벽으로 가정하고, 안전율 4, 부식여유 1mm, 이음효율 1이다)

① 1.0

② 1.3

③ 1.6

④ 2.0

14 인장하중 54kN을 받는 양쪽 덮개판 1줄 맞대기 리벳이음에서 리벳의 지름 10mm, 리벳의 허용전단응력 100MPa일 때, 전단에 의해 파괴되지 않을 리벳의 최소 개수는?

① 2

② 3

③ 4

④ 5

ANSWER 14.③ 15.③

14 원주방향응력 $\sigma_1 = \dfrac{pdS}{2(t-c)\eta}$

내부압력 $p = \dfrac{2(t-c)\eta\sigma_1}{dS} = \dfrac{2(5-1)(1)(40)}{50 \cdot 4} = 1.6[\text{MPa}]$

15 리벳의 전단응력 $\tau = \dfrac{P}{1.8An} = \dfrac{4P}{1.8\pi d^2 n}$

리벳의 개수 $n = \dfrac{4P}{1.8\pi d^2 \tau} = \dfrac{4(54 \cdot 10^3)}{1.8\pi(10)^2(100)} = 3.82 ≒ 4$

15 그림과 같이 회전속도가 일정한 스프로킷에 물려있는 체인의 최대속도($V_{\max}$)와 최소속도($V_{\min}$)의 비 $\left(\dfrac{V_{\min}}{V_{\max}}\right)$는? (단, $\theta = 60\,^\circ$, R = 100mm이다)

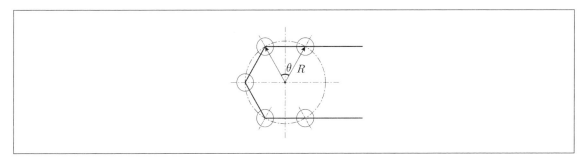

① $\dfrac{\sqrt{3}}{4}$　　　　　　　　　　　　② $\dfrac{\sqrt{3}}{2}$

③ $\dfrac{1}{4}$　　　　　　　　　　　　　　④ $\dfrac{1}{2}$

16 두께 t, 구 안쪽 반지름이 r인 얇은 벽의 구형 압력용기 안쪽 표면에서 압력 p에 의해 발생하는 면외 (out-of-plane) 최대 전단응력은?

① $\dfrac{pr}{2t} + \dfrac{p}{4}$　　　　　　　　　② $\dfrac{pr}{4t} + \dfrac{p}{2}$

③ $\dfrac{pr}{4t} + \dfrac{p}{4}$　　　　　　　　　④ $\dfrac{pr}{t} + \dfrac{p}{2}$

ANSWER 16.② 17.②

16 최대속도 $v_{\max} = wr_{\max}$,

최소속도 $v_{\min} = wr_{\max}\cos\dfrac{\theta}{2}$

$\dfrac{v_{\min}}{v_{\max}} = \dfrac{wr_{\max}\cos\dfrac{60^o}{2}}{wr_{\max}} = \cos 30^o = \dfrac{\sqrt{3}}{2}$

17 $\sigma_1 = \sigma_2 = \dfrac{pr}{2t}$ 이며 $\sigma_3 = -p$

$\tau_{\max} = \dfrac{1}{2}(\sigma_1 - \sigma_3) = \dfrac{1}{2}(\sigma_1 + p) = \dfrac{pr}{4t} + \dfrac{p}{2}$

17 그림과 같은 기어잇수를 가진 복합 기어열에서 입력축 기어1의 회전속도가 600rpm일 때, 출력축 기어4의 회전속도[rpm]는?

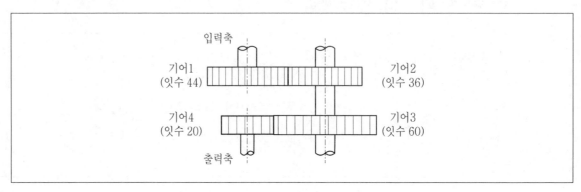

① 2,100

② 2,200

③ 2,300

④ 2,400

18 마찰각 ρ, 리드각 α, 마찰계수 $\mu = \tan\rho$인 사각나사에서 $\alpha = \rho$일 때, 나사효율은? (단, 자리면의 마찰은 무시한다)

① $\dfrac{1}{2}(1 - \tan^2\rho)$

② $\dfrac{1}{2}(1 + \tan^2\rho)$

③ $\dfrac{1}{2}(1 - \tan^2 2\rho)$

④ $\dfrac{1}{2}(1 + \tan^2 2\rho)$

ANSWER 18.② 19.①

18
속도비 $i = \dfrac{N_2}{N_1}\dfrac{N_4}{N_3} = \dfrac{N_4}{N_1} = \dfrac{Z_1 Z_3}{Z_2 Z_4} = \dfrac{44}{36} \cdot \dfrac{60}{20} = \dfrac{11}{3}$

기어 4의 회전속도는 $N_4 = \dfrac{11}{3}N_1 = \dfrac{11}{3} \cdot 600 = 2,200[\mathrm{rpm}]$

19
$\eta = \dfrac{\tan\alpha}{\tan(\alpha + \rho)} = \dfrac{\tan\rho}{\tan 2\rho} = \dfrac{\tan\rho(1 - \tan^2\rho)}{2\tan\rho} = \dfrac{1}{2}(1 - \tan^2\rho)$

19 그림과 같이 단면이 균일한 원형축에 집중하중 W[N]가 축의 중앙에 작용하고, 지지점의 허용 경사각 β_a[rad]일 때, 최소 축 지름 d[mm]는? (단, 축은 단순 지지 되고 자중은 무시하며, 축의 길이는 L [mm], 탄성계수는 E[N/mm^2]이다)

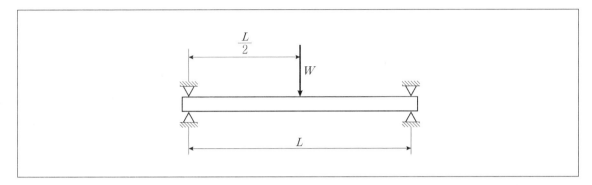

① $\sqrt[4]{\dfrac{2\,WL^{3}}{\pi E\beta_a}}$

② $\sqrt[4]{\dfrac{4\,WL^{2}}{\pi E\beta_a}}$

③ $\sqrt[3]{\dfrac{4\,WL^{3}}{\pi E\beta_a}}$

④ $\sqrt[3]{\dfrac{2\,WL^{2}}{\pi E\beta_a}}$

ANSWER 20.②

20 축의 처짐각 $\beta = \dfrac{WL^2}{16EI} = \dfrac{64\,WL^2}{16E\pi d^2}$ 이며 $I = \dfrac{\pi d^4}{64}$

최소 축지름 $d = \sqrt[4]{\dfrac{64\,WL^2}{16E\pi\beta_a}} = \sqrt[4]{\dfrac{4\,WL^2}{\pi E\beta_a}}$

1 접촉면 평균지름(D_m)이 200mm, 면압이 0.2 N/mm²인 단판 마찰클러치가 80πN · m의 토크를 전달하기 위해 필요한 접촉면의 최소 폭(b)[mm]은? (단, 접촉면의 마찰계수는 μ = 0.2이고, 축방향 힘은 균일 압력조건, 토크는 균일 마모조건으로 한다)

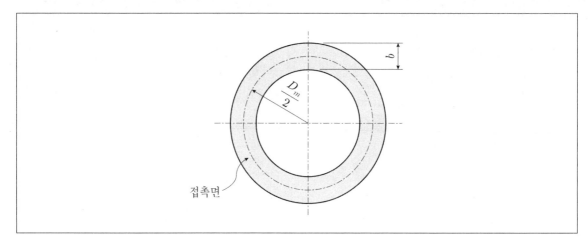

① 5

② 10

③ 50

④ 100

1
접촉면압 $q = \dfrac{2T}{\mu\pi D_m^2\, b}$,

접촉면의 폭 $b = \dfrac{2T}{\mu\pi D_m^2\, q} = \dfrac{2(80\pi \times 10^3)}{0.2\pi(200)^2(0.2)} = 100[\text{mm}]$

2 리벳에 대한 설명으로 옳지 않은 것은?

① 리벳의 호칭지름은 리벳 자루의 끝부분에서 측정한다.

② 리벳구멍이 없는 판에 대한 리벳구멍이 있는 판의 인장강도 비를 판의 효율이라고 한다.

③ 리벳의 머리모양에 따라 둥근머리, 접시머리, 납작머리, 냄비머리, 둥근접시머리 리벳 등으로 구분한다.

④ 보일러와 같이 기밀이 필요할 때는 리벳머리 둘레와 강판의 가장자리를 정과 같은 공구로 코킹작업을 한다.

3 용접이음에 대한 설명으로 옳지 않은 것은?

① 용접의 종류에는 압접, 융접 등이 있다.

② 열응력에 의한 잔류변형이 생기지 않는다.

③ 정밀한 작업 시 작업자의 숙련도가 요구된다.

④ 리벳이음에 비하여 기밀성과 수밀성이 양호하다.

4 안쪽 반지름이 2m이며 두께가 얇은 원통형 압력 용기에서 원통 벽면의 원주방향 허용응력이 80MPa이다. 다음 중 1,000kPa의 내압이 작용할 때, 원주방향 허용응력을 넘지 않는 조건에서 최소 벽 두께 [mm]에 가장 가까운 값은?

① 15

② 30

③ 45

④ 60

ANSWER 2.① 3.② 4.②

2 리벳의 호칭지름은 자리면으로부터 리벳지름의 1/4인 곳에서 측정한다.

3 용접이음은 고열로 이루어지므로 열응력에 의한 잔류변형이 필연적으로 발생된다.

4 원주방향 응력 $\dfrac{PD}{2t} = \dfrac{1,000[\text{kPa}] \cdot 4[\text{m}]}{2t} \leq 80[\text{MPa}]$을 충족하려면 벽 두께는 25mm 이상이어야 한다. 주어진 보기에서 이 값에 가장 가까운 값은 30[mm]이다.

5 축이음에 대한 설명으로 옳지 않은 것은?

① 분할원통커플링은 고정커플링의 일종이다.

② 클러치는 운전 중에 단속이 가능한 축이음이다.

③ 플랜지커플링은 약간의 축심 어긋남과 축의 팽창 및 수축을 흡수할 수 있다.

④ 유니버설 조인트는 일반적으로 두 축이 30° 이하로 교차할 때 사용하는 축이음이다.

6 보기의 키 중 전달 가능한 토크가 가장 큰 키와 가장 작은 키를 올바르게 짝 지은 것은? (단, 키의 종류 및 키 홈의 모양 외 나머지 조건은 동일하다)

㉠ 묻힘키	㉡ 접선키
㉢ 평키	㉣ 안장키

① ㉠, ㉡

② ㉠, ㉢

③ ㉡, ㉢

④ ㉡, ㉣

5 플랜지커플링은 고정커플링의 일종으로서 축심의 어긋남을 허용하지 않는다.

※ 커플링의 종류

ⓐ 고정커플링(rigid coupling)

- 두 축이 일직선상에 있어야 하고, 축심의 어긋남이 허용되지 않는다. 축방향 이동이 없는 경우에 사용한다. 온도변화 등으로 인하여 축의 팽창 및 수축으로 발생하는 축방향 하중을 흡수하는 능력이 작으며, 진동 등으로 인하여 발생하는 축심의 불일치를 흡수하는 능력이 작다.
- 플랜지커플링(flange coupling) : 양축의 끝에 플랜지를 각각 억지 끼워맞춤하고 키로 고정한 후, 양 축에 끼워져 있는 플랜지를 리머볼트(reamer bolt)를 이용하여 연결한 것이다. 가장 일반적으로 사용되는 것으로 지름이 큰 회전축이나 고속 회전축에도 널리 사용된다.
- 슬리브커플링(sleeve coupling) : 두 축을 주철제의 원통속에 양쪽에서 끼워 넣은 후 키로 고정한 것으로 축지름이 작고 하중이 작은 경우에 사용된다.
- 마찰원통커플링(friction slip coupling) : 두 축의 끝 부분에 축 방향으로 분할된 2개의 반원통 축을 감싸는 형상으로 맞대고, 반원통의 안쪽은 축방향 구배가 없으나 반원통의 바깥쪽은 축방향 구배가 있는 형상이다. 맞대어진 반원통의 바깥 끝 부분에 링을 끼워 구배진 부분을 따라 때려 박으면 된다. 큰 토크의 전달이 불가능하고, 진동이나 충격에 의하여 쉽게 이완 된다.
- 분할원통커플링(split muff coupling) : 축의 양끝에 축방향으로 2개 분할된 반원통 커플링으로 축을 감싸는 형상으로 맞댄 후 두 개의 반원통은 볼트를 사용하여 결합한다.
- 반겹치기커플링(half lap coupling) : 축의 끝 부분을 반지름을 크게하고 끝을 경사지게 겹쳐서 서로 고정한 커플링이다. 축방향 인장력이 작용할 때 사용한다.
- 셀러원추커플링(seller coupling) : 안쪽은 원통형이고 바깥쪽은 테이퍼진 원추형인 안통 2개를 양축 끝에 각각 끼운다. 안통의 바깥에 내경이 양쪽방향으로 테이퍼진 바깥통을 축에 끼운다. 안통과 바깥통을 관통하는 3개의 볼트를 죄어 내외 원뿔면 사이의 미끄럼을 방지한다.

ⓑ 유연성커플링(flexible coupling)

- 회전토크의 전달기능과 두 축간의 축경사와 편심을 흡수하는 기능에 따라 여러 종류가 개발되어 사용된다. 두 축사이의 약간의 축심의 어긋남과 축의 팽창 및 수축을 커플링에서 흡수할 수 있다. 두 축사이의 진동을 절연시키는 역할을 한다.
- 기어형축이음(gear coupling) : 연결하고자 하는 두 축의 끝에 한 쌍의 외접기어(내통)를 각각 키박음하여 결합한다. 내접기어를 갖는 한 쌍의 바깥쪽 통(외통)을 결합하면 외접기어와 내접기어는 맞물리게 된다. 외치와 내치 사이의 틈새가 축의 편심을 어느 정도 흡수한다. 고속 및 큰 토크에 견딜 수 있다. 치의 형태와 커플링이 수행하는 기능에 따라 여러 가지로 분류된다. 이것은 원심펌프, 컨베이어, 교반기, 팬, 발전기, 송풍기, 믹서, 유압펌프, 압축기, 크레인, 기중기, 광산기계 등에 쓰인다.
- 체인축이음(chain coupling) : 결합할 두 축의 끝에 스프로킷 휠을 키박음하여 장착하고, 2줄 체인을 사용하여 두 축에 끼워져 있는 스프로킷 휠을 이은 것이다. 회전속도가 중간속도이고 일정한 하중이 작용되는 기계에 장착된다. 교반기, 컨베이어, 펌프, 기중기 등에 사용된다.
- 그리드형축이음(grid coupling) : 결합하고자 하는 두 축의 끝 부분에 축 방향으로 홈(groove)이 파져 있는 한 쌍의 원통을 키박음하여 각각 고정시킨다. 양 축의 축방향 홈이 일직선이 되도록 조정한 후 S자 모양의 금속격자(그리드)를 홈 속으로 집어넣어 연결시킨다. 케이스의 결합형태에 따라 수평분할형과 수직분할형으로 분류한다.
- 고무축이음(elastometic coupling) : 고무는 인장과 압축이 반복되는 피로강도에 약하고 압축하중에 강하다. 이러한 성질을 이용하여 고무부에 예비압축을 한 후 장착하면 작동 중에 계속 압축하중을 받게 되어 압축하중의 크기 변동만을 하도록 한 것도 있다. 감쇠작용이 뛰어나 진동 및 충격을 잘 흡수한다.
- 유니버셜커플링(universal coupling) : 유니버셜 조인트 라고도 하며 두 축이 같은 평면 내에서 어느 각도로 교차하는 경우에 사용한다. 회전 중 양축이 맺는 각도가 변화해도 되는 특징을 가지고 있다. 자동차의 동력전달기구, 압연롤러의 전동축 등에 사용된다.

6 전달가능한 토크의 크기 … 세레이션 > 스플라인 > 접선키 > 묻힘키 > 반달키 > 평키 > 안장키

7 길이 50mm, 지름 20mm, 포아송비(ν) 0.3인 봉에 1,200kN의 인장하중이 작용하여 봉의 횡방향 압축변형률(ϵ_d)이 0.006이 되었을 때, 이 봉의 세로탄성계수 E [GPa]는? (단, π = 3이고 봉의 변형은 비례한도 내에 있다)

① 100
② 150
③ 200
④ 250

8 벨트의 장력비 1.6, 벨트의 이완측 장력 500N, 벨트의 허용응력 1MPa, 벨트의 폭 10cm, 벨트의 이음효율 80%일 때, 필요한 벨트의 최소 두께[mm]는? (단, 벨트의 원심력 및 굽힘응력은 무시한다)

① 5
② 10
③ 15
④ 20

9 원동차와 종동차의 지름이 각각 200mm, 600mm이며 서로 외접하는 원통마찰차가 있다. 원동차가 1,200rpm으로 회전하면서 종동차를 10kN으로 밀어붙여 접촉한다면 최대 전달동력[kW]은? (단, 마찰계수는 μ = 0.2이다)

① 2π
② 4π
③ 8π
④ 12π

ANSWER 6.③ 7.② 8.③

6

횡방향 압축변형률 $\epsilon_d = \dfrac{\delta}{L}\nu = \dfrac{P}{AE}\upsilon$

세로탄성계수

$$E = \frac{P\nu}{A\epsilon_d} = \frac{4P\nu}{\pi d^2 \epsilon_d} = \frac{4(1,200 \times 10^3)(0.3)}{3(20)^2(0.006)} = 200,000[\text{MPa}] = 200[\text{GPa}]$$

7

벨트의 두께는 $t = \dfrac{T_t}{\sigma b\eta}$ (η : 이음효율, b : 벨트의 너비, σ : 벨트의 인장응력)

벨트의 장력비는 $\dfrac{T_t}{T_s} = \dfrac{긴장측장력}{500\text{N}} = 1.6$이므로 긴장측장력은 800N이 된다.

따라서 $t = \dfrac{T_t}{\sigma_a b\eta} = \dfrac{800[\text{N}]}{1[\text{MPa}] \cdot 10[\text{cm}] \cdot 0.80} = 10[\text{mm}]$ (벨트의 허용응력이 주어졌으므로 $\sigma = \sigma_a$를 대입해야 한다.)

8

$$H' = \mu P\upsilon = \mu P\frac{\pi D_1 N_a}{60(1,000)} = 0.2(10 \times 10^3)\frac{\pi(200)(1,200)}{60(1,000)} \cdot \frac{1}{1,000} = 8\pi[\text{kW}]$$

10 강도를 고려하여 지름 d인 끝저널(엔드저널)을 설계하기 위해 베어링 폭이 l인 미끄럼베어링 내의 평균 압력 p_m을 길이 l인 저널 중앙지점에 작용하는 집중하중 P로 대체하고 저널을 외팔보로 취급하여 설계한다면 $\dfrac{l}{d}$은? (단, 저널의 허용굽힘응력은 σ_a이다)

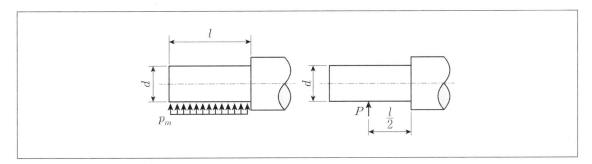

① $\sqrt{\dfrac{32p_m}{\pi\sigma_a}}$

② $\sqrt{\dfrac{\pi\sigma_a}{32p_m}}$

③ $\sqrt{\dfrac{16p_m}{\pi\sigma_a}}$

④ $\sqrt{\dfrac{\pi\sigma_a}{16p_m}}$

11 외접하는 표준 스퍼기어 두 개의 잇수가 각각 40, 60개이고 원주피치가 3π mm일 때, 두 축 사이의 중심거리[mm]는?

① 100

② 150

③ 200

④ 250

. . . .

ANSWER 10.④ 11.②

10
$M = \sigma_a Z$이므로 $\dfrac{Pl}{2} = \sigma_a \dfrac{\pi d^3}{32}$

따라서 $\dfrac{p_m d l^2}{2} = \sigma_a \dfrac{\pi d^3}{32}$ 이므로 $\dfrac{l}{d} = \sqrt{\dfrac{\pi\sigma_a}{16p_m}}$ 이 성립한다.

11
축간거리 $C = \dfrac{D_1 + D_2}{2} = \dfrac{m}{2}(Z_1 + Z_2)$

원주피치 $p = \pi\dfrac{D}{Z} = \pi m$, 모듈 $m = \dfrac{D}{Z}$

주어진 문제에서 모듈은 m=3이 되며

축간거리는 $C = \dfrac{D_1 + D_2}{2} = \dfrac{3}{2}(40 + 60) = 150[\text{mm}]$

12 클러치의 종류에 관한 설명으로 옳지 않은 것은?

① 맞물림클러치 : 양쪽의 턱이 서로 맞물려서 미끄럼 없이 동력이 전달된다.

② 원심클러치 : 원동축의 원심력으로 전자코일에서 기전력을 발생시켜 동력을 전달한다.

③ 유체클러치 : 일정한 용기 속에 유체를 넣어서 구동축을 회전시키면 유체를 통해 종동축에 동력이 전달된다.

④ 마찰클러치 : 원동축과 종동축에 붙어 있는 접촉면을 서로 접촉시킬 때 발생하는 마찰력에 의해 동력을 전달한다.

13 전위기어의 사용 목적으로 옳지 않은 것은?

① 언더컷을 방지하려고 할 때 사용한다.

② 최소 잇수를 줄이려고 할 때 사용한다.

③ 물림률을 감소시키려고 할 때 사용한다.

④ 이의 강도를 증가시키려고 할 때 사용한다.

ANSWER 12.② 13.③

12 • 원심클러치 : 자동클러치의 일종으로 마찰클러치를 원심력에 의해 제어하는 클러치이다. 원동기가 달린 자전거 등 소형차량에 주로 사용되며 엔진의 회전수에 의해 동력을 접속하거나 차단한다. (기전력을 발생시켜 동력을 전달하는 것은 전자클러치이다.)

• 클러치 : 엔진과 변속기 사이에 설치되어 엔진의 동력을 변속기로 연결하거나 차단하는 기능을 수행한다.

13 전위기어는 물림률 증가, 이의 강도개선(최소잇수를 줄일 수 있음), 중심거리변화, 언더컷 방지 등을 목적으로 전위절삭으로 가공한 기어이다.

14 원통 또는 원뿔의 플러그를 90° 회전시켜 유체의 흐름을 개폐시킬 수 있는 밸브는?

① 콕

② 스톱밸브

③ 슬루스밸브

④ 버터플라이밸브

15 짝 지어진 두 개의 물리량을 SI 기본단위(m, kg, s)로 환산할 경우, 동일한 단위로 연결되지 않은 것은?

① PS − J

② mmHg − Pa

③ kg_f/m^2 − N/m^2

④ $kg_f \cdot m/s$ − W

ANSWER 14.① 15.①

14 밸브의 종류

• **콕** : 저압으로 작은 지름의 관로 개패용의 밸브로 조작이 간단하다. 원통 또는 원뿔의 플러그를 90° 회전시켜 유체의 흐름을 개폐시킬 수 있는 밸브이다.

• **스톱밸브** : 관로의 내부나 용기에 설치하여 유동하는 유체의 유량과 압력을 제어하는 밸브로서 밸브 디스크가 밸브대에 의하여 밸브시트에 직각방향으로 작동한다.

• **게이트밸브** : 밸브 몸체가 문짝처럼 오르락내리락하면서 유체가 흐르는 통로를 개폐하는 구조를 가진 밸브의 총칭. 보통 완전히 열거나 닫은 상태로 사용되고 유량조절에는 잘 사용되지 않는다.

• **글로브밸브** : 공모양의 밸브몸통을 가지며 입구와 출구의 중심선이 같은 일직선상에 있으며 유체의 흐름이 S자모양으로 되는 밸브이다.

• **슬루스밸브** : 압력이 높은 유로 차단용의 밸브이다. 밸브 본체가 흐름에 직각으로 놓여 있어 밸브 시트에 대해 미끄럼 운동을 하면서 개폐하는 형식의 밸브이다.

• **역류방지밸브(체크밸브)** : 유체를 한 방향으로만 흐르게 해, 역류를 방지하는 밸브. 체크 밸브라고도 한다.

• **게이트밸브** : 배관 도중에 설치하여 유로의 차단에 사용한다. 변체가 흐르는 방향에 대하여 직각으로 이동하여 유로를 개폐한다. 부분적으로 개폐되는 경우 유체의 흐름에 와류가 발생앓여 내부에 먼지가 쌓이기 쉽다.

• **이스케프밸브** : 관내의 유압이 규정 이상이 되면 자동적으로 작동하여 유체를 밖으로 흘리기도 하고 원래대로 되돌리기도 하는 밸브이다.

• **버터플라이 밸브** : 밸브의 몸통 안에서 밸브대를 축으로 하여 원판 모양의 밸브 디스크가 회전하면서 관을 개폐하여 관로의 열림각도가 변화하여 유량이 조절된다.

15 [PS]는 동력을 나타내는 단위이며 J은 일(에너지)을 나타내는 단위이다.
또한 1[PS]=2,646[kJ/h]의 관계가 성립한다.

16 다음 그림은 두 개의 기어로 이루어진 감속장치 개념도이다. 입력축은 10rad/s의 각속도로 10kW의 동력을 받아 모듈 5mm, 압력각 30°인 두 개의 표준 스퍼기어(G_1, G_2)를 통하여 출력축으로 내보낸다. 입력축에서 G_1 기어와 B_1, B_2 베어링 사이의 수평거리가 각각 100mm일 때, B_1 베어링에 작용하는 하중[N]은? (단, 입력축 G_1 기어의 잇수는 40개이다)

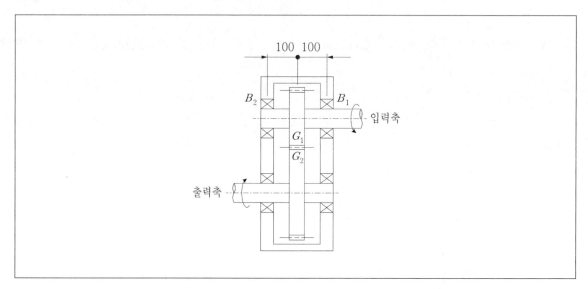

① 5,000

② $\dfrac{5,000}{\sqrt{3}}$

③ $\dfrac{10,000}{\sqrt{3}}$

④ $\dfrac{20,000}{\sqrt{3}}$

ANSWER 16.③

16

전달토크를 구하면 $T = \dfrac{H'}{w} = \dfrac{10 \cdot 10^3}{10} = 10^3 [\text{N} \cdot \text{m}] = 10^6 [\text{N} \cdot \text{mm}]$

G_1 기어의 피치원지름 $D_1 = mZ_1 = 5(40) = 200[\text{mm}]$

전달토크 $T = F_t \dfrac{D_1}{2} = F_n \cos 30^o \dfrac{D_1}{2}$ (F_t는 기어를 회전시키려는 회전력)

기어의 이에 작용하는 하중은 $F_n = \dfrac{2T}{D_1 \cos 30^o} = \dfrac{2(10^6)}{200 \cos 30^o} = \dfrac{20,000}{\sqrt{3}}[\text{N}]$

G_1 기어에서 B_1, B_2 베어링까지의 거리가 동일하므로 베어링에 걸리게 되는 하중은 전체하중의 절반인 $\dfrac{10,000}{\sqrt{3}}[\text{N}]$이 된다.

17 동일 재료로 제작된 길이 l, 지름 d 인 중실축과 길이 $2l$, 지름 $2d$ 인 중실축이 각각 T_1 과 T_2 의 비틀림 모멘트를 받아 동일한 비틀림각이 발생하였다면 $\dfrac{T_1}{T_2}$ 은?

① $\dfrac{1}{2}$

② $\dfrac{1}{4}$

③ $\dfrac{1}{8}$

④ $\dfrac{1}{16}$

18 나사산 높이가 2mm이고 바깥지름이 40mm이며, 2회전할 때 축 방향으로 8mm 이동하는 한 줄 사각나사가 있다. 나사를 조일 때 나사 효율은? (단, 마찰각은 ρ 이며, 자리면 마찰은 무시한다)

① $\dfrac{\dfrac{4}{38\pi}}{\tan\left(\rho+\tan^{-1}\dfrac{4}{38\pi}\right)}$

② $\dfrac{\dfrac{8}{38\pi}}{\tan\left(\rho+\tan^{-1}\dfrac{8}{38\pi}\right)}$

③ $\dfrac{\dfrac{4}{36\pi}}{\tan\left(\rho+\tan^{-1}\dfrac{4}{36\pi}\right)}$

④ $\dfrac{\dfrac{8}{36\pi}}{\tan\left(\rho+\tan^{-1}\dfrac{8}{36\pi}\right)}$

ANSWER 17.③ 18.①

17
비틀림각 $\theta=\dfrac{TL}{GJ}=\dfrac{32TL}{\pi d^4}$[rad]이며 $\theta_1=\dfrac{32T_1 l}{\pi d^4}=\theta_2=\dfrac{32T_2(2l)}{\pi(2d)^4}$

$\dfrac{T_1}{T_2}=\dfrac{2l}{l}\dfrac{d^4}{(2d)^4}=\dfrac{1}{8}$

18
피치 $p=\dfrac{l}{n}=\dfrac{8}{2}=4$[mm]

유효지름 $d_2=d-0.5p=40-0.5(4)=38$[mm]

$\tan\lambda=\dfrac{p}{\pi d_2}=\dfrac{4}{38\pi}$이므로 나선각 $\lambda=\tan^{-1}\dfrac{4}{38\pi}$

따라서 나사의 효율은 $\eta=\dfrac{\tan\lambda}{\tan(\lambda+\rho)}=\dfrac{\dfrac{4}{38\pi}}{\tan\left(\rho+\tan^{-1}\dfrac{4}{38\pi}\right)}$

19 질량 40kg인 원판형 플라이휠이 장착된 절단기는 강판을 한 번 절단할 때 플라이휠의 회전속도가 2,000rpm에서 1,000rpm으로 줄어들어 30kJ의 운동에너지가 소모된다. 이 플라이휠의 반지름[m]은? (단, π = 3이고, 플라이휠의 재료는 균일하다)

① $\dfrac{1}{\sqrt{5}}$

② $\dfrac{1}{\sqrt{10}}$

③ $\dfrac{1}{\sqrt{20}}$

④ $\dfrac{1}{\sqrt{40}}$

19

질량관성모멘트 $I = \dfrac{1}{2}mr^2 = \dfrac{1}{2}(40)r^2 = 20r^2$

최소각속도 $w_1 = \dfrac{2\pi N_1}{60} = \dfrac{2(3)(1,000)}{60} = 100[\mathrm{rad/s}]$

최대각속도 $w_2 = \dfrac{2\pi N_2}{60} = \dfrac{2(3)(2,000)}{60} = 200[\mathrm{rad/s}]$

평균각속도 $w_m = \dfrac{w_1 + w_2}{2} = \dfrac{100 + 200}{2} = 150[\mathrm{rad/s}]$

각속도 변동계수 $\delta = \dfrac{w_2 - w_1}{w_m} = \dfrac{200 - 100}{150} = \dfrac{2}{3}$

에너지변화량 $\triangle E = I w_m^2 \delta = 20r^2 w_m^2 \delta$

반지름 $r = \sqrt{\dfrac{\triangle E}{20 w_m^2 \delta}} = \sqrt{\dfrac{30 \cdot 10^3}{20(150)^2 \cdot \dfrac{2}{3}}} = \dfrac{1}{\sqrt{10}}$

20 다음 그림과 같이 길이가 l이며 폭, 높이가 각각 b, h인 직사각형 단면으로 한쪽 끝이 고정된 단판스프링이 있다. 다른 한쪽 끝에 수직하중 P가 작용할 때, 단판스프링에 작용하는 최대굽힘응력 $\sigma_{\max}$와 끝단 처짐에 따른 등가 스프링상수 k는? (단, E는 단판스프링 재료의 세로탄성계수이다)

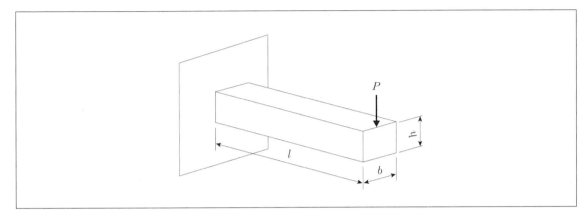

$\qquad \underline{\sigma_{\max}} \qquad\qquad\qquad \underline{k}$

① $\dfrac{3Pl}{bh^2}$ $\qquad\qquad\qquad$ $\dfrac{Ebh^3}{2l^3}$

② $\dfrac{3Pl}{bh^2}$ $\qquad\qquad\qquad$ $\dfrac{Ebh^3}{4l^3}$

③ $\dfrac{6Pl}{bh^2}$ $\qquad\qquad\qquad$ $\dfrac{Ebh^3}{2l^3}$

④ $\dfrac{6Pl}{bh^2}$ $\qquad\qquad\qquad$ $\dfrac{Ebh^3}{4l^3}$

ANSWER 20.④

20 공식을 암기해서 답을 즉각적으로 찾아내야 하는 문제이다.
길이가 l이며 폭, 높이가 각각 b, h인 직사각형 단면으로 한쪽 끝이 고정된 단판스프링의 경우,

최대처짐은 $\delta_{\max} = \dfrac{4Pl^3}{bh^3 E}$

단판스프링에 작용하는 최대굽힘응력 $\sigma_{\max} = \dfrac{M_c}{I} = \dfrac{Pl \cdot \dfrac{h}{2}}{\dfrac{bh^3}{12}} = \dfrac{6Pl}{bh^2}$

끝단 처짐에 따른 등가 스프링상수 $k = \dfrac{P}{\delta_{\max}} = \dfrac{P}{\dfrac{4Pl^3}{bh^3 E}} = \dfrac{Ebh^3}{4l^3}$

1 크리프(creep) 현상에 대한 설명으로 옳지 않은 것은?

① 크리프 곡선의 제1기 크리프에서는 변형률 속도가 증가한다.

② 크리프 곡선의 제2기 크리프에서는 변형률 속도가 거의 일정하게 나타난다.

③ 가스터빈, 제트엔진, 로켓 등 고온에 노출되는 부품은 크리프 특성이 중요시 된다.

④ 일정한 하중이 작용하는 경우 온도가 높아지면 파단에 이르는 시간이 짧아진다.

ANSWER 1.①

1 크리프 곡선의 제1기 크리프에서는 변형률 속도가 감소한다.

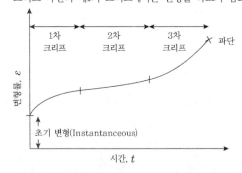

2 평행하지도 교차하지도 않는 두 축 사이에 동력을 전달하기 위해 사용하는 기어는?

① 스퍼 기어

② 베벨 기어

③ 크라운 기어

④ 하이포이드 기어

3 배관에서 조립 플랜지와 파이프를 이음하는 방식으로 옳지 않은 것은?

① 나사 플랜지

② 주조 플랜지

③ 리벳이음 플랜지

④ 용접이음 플랜지

ANSWER 2.④ 3.②

2 기어의 종류
① 두 축이 서로 평행한 경우
　㉠ 스퍼기어
　㉡ 랙과 피니언
　㉢ 내접기어
　㉣ 헬리컬기어
② 두 축이 만나는 경우
　㉠ 베벨기어
　㉡ 마이터기어
　㉢ 크라운기어
③ 두 축이 평행하지도 만나지도 않는 경우
　㉠ 웜기어
　㉡ 하이포이드기어
　㉢ 나사기어
　㉣ 스큐기어

3 주조플랜지, 단조플랜지는 이음방법이 아니라 플랜지를 생산하는 방식에 따른 분류이다.

4 상온에서 초기응력 없이 양단이 고정되어 있는 강관에 고온의 유체가 흐를 때 발생하는 현상 및 그 특징으로 옳지 않은 것은?

① 강관에 발생하는 길이 방향 하중은 압축력이다.

② 강관에 발생하는 길이 방향 응력은 온도변화에 비례한다.

③ 강관에 발생하는 길이 방향 하중은 종탄성계수에 비례한다.

④ 강관에 발생하는 길이 방향 응력은 관 길이의 제곱에 비례한다.

5 기준치수가 동일한 구멍과 축에서 구멍의 공차역이 H7일 때, 헐거운 끼워맞춤에 해당하는 축의 공차역은?

① g6

② js6

③ k6

④ m6

4 강관에 발생하는 길이방향의 응력은 관 길이의 제곱에 비례하지 않는다.

5 아래의 끼워맞춤 공차도에 따라 헐거운 끼워맞춤이 되려면 축이 작아져야 하므로 H보다 좌측에 있어야 한다. 주어진 보기 중 g6이 H7보다 좌측에 있으며 나머지는 모두 우측에 있다.

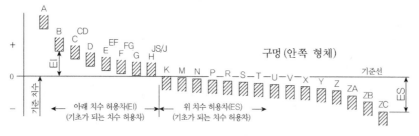

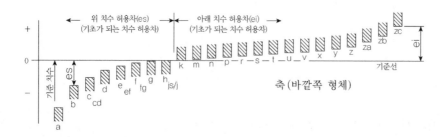

6 다음 중 사이클로이드 치형의 특징이 아닌 것은?

① 압력각이 변화한다.

② 전위기어를 사용할 수 없다.

③ 언더컷이 발생하고 인벌류트 치형에 비해 소음이 크다.

④ 접촉면의 미끄럼률이 일정하며 치면의 마모가 균일하다.

....

ANSWER 6.③

6 사이클로이드 치형은 언더컷이 발생하지 않는다.
  ① **사이클로이드 치형**: 한 원의 안쪽 또는 바깥쪽을 다른 원이 미끄러지지 않고 굴러갈 때 구르는 원 위의 한 점이 그리는 곡선을 치형 곡선으로 제작한 기어이다. (사이클로이드는 원을 직선 위에서 굴릴 때 원 위의 한 점이 그리는 곡선이다.)
    ㉠ 압력각이 변화한다.
    ㉡ 미끄럼률이 일정하고 마모가 균일하다.
    ㉢ 절삭공구는 사이클로이드곡선이어야 하고 구름원에 따라 여러가지 커터가 필요하다.
    ㉣ 빈 공간이라도 치수가 극히 정확해야 하고 전위절삭이 불가능하다.
    ㉤ 중심거리가 정확해야 하고 조립이 어렵다.
    ㉥ 언더컷이 발생하지 않는다.
    ㉦ 원주피치와 구름원이 모두 같아야 한다.
    ㉧ 시계, 계기류와 같은 정밀기계에 주로 사용된다.
  ② **인벌류트 치형**: 원에 감은 실을 팽팽한 상태를 유지하면서 풀 때 실 끝이 그리는 궤적곡선(인벌류트 곡선)을 이용하여 치형을 설계한 기어이다.
    ㉠ 압력각이 일정하다.
    ㉡ 미끄럼률이 변화가 많으며 마모가 불균일하다. (피치점에서 미끄럼률은 0이다.)
    ㉢ 절삭공구는 직선(사다리꼴)으로 제작이 쉽고 값이 싸다.
    ㉣ 빈 공간은 다소 치수의 오차가 있어도 된다. (전위절삭이 가능하다.)
    ㉤ 중심거리는 약간의 오차가 있어도 무방하며 조립이 쉽다.
    ㉥ 압력각과 모듈이 모두 같아야 한다.
    ㉦ 전동용으로 주로 사용된다.

7 그림과 같이 4개의 스프링에 의해 지지되는 강체의 중앙에 600N의 하중을 가하여 강체가 60mm 내려갈 때, 스프링상수 k_3[N/mm]의 값은? (단, 스프링상수 값은 $k_1 = 2k_3$, $k_2 = 4k_3$의 관계를 가지며, 스프링과 강체의 무게는 무시한다)

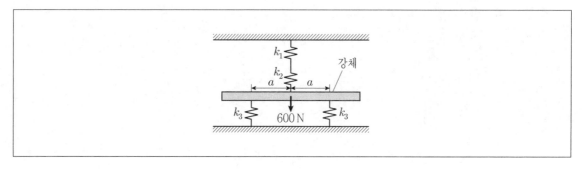

① 2

② 2.5

③ 3

④ 3.5

8 지름 2cm인 회전하는 중실축이 30kg_f · cm의 굽힘모멘트와 40kg_f · cm의 비틀림모멘트를 동시에 받고 있을 때, 발생하는 최대 굽힘응력[kg_f/cm^2]은? (단, $\pi = 3.2$이고, 최대 주응력 이론을 적용한다)

① 20

② 30

③ 40

④ 50

ANSWER 7.③ 8.④

7 $k_1' = \dfrac{k_1 k_2}{k_1 + k_2} = \dfrac{2k_3 \cdot 4k_3}{2k_3 + 4k_3} = \dfrac{4}{3}k_3, \ k_2' = k_3 + k_3 = 2k_3$

$k_{eq} = k_1' + k_2' = \dfrac{10}{3}k_3$이며 $k_{eq} = \dfrac{P}{\delta} = 10 = \dfrac{10}{3}k_3$이므로 $k_3 = 3$

8 $M_e = \dfrac{M}{2} + \dfrac{1}{2}\sqrt{M^2 + T^2} = 15 + \dfrac{1}{2}\sqrt{30^2 + 40^2} = 40$

$\sigma = \dfrac{M_{\max}}{Z} = \dfrac{32M_e}{\pi d^3} = \dfrac{32 \cdot 40}{3.2 \cdot 2^3} = \dfrac{400}{8} = 50[kg_f/cm^2]$

9 지름 20mm인 봉을 강판에 필릿용접하고 토크 $T = 65{,}000 \mathrm{kg_f \cdot mm}$를 가할 때, 용접부에 발생하는 최대 전단응력$[\mathrm{kg_f/mm^2}]$은? (단, $f = \dfrac{10}{\sqrt{2}}$ mm, $\pi = 3.2$이고, 봉의 무게는 무시한다)

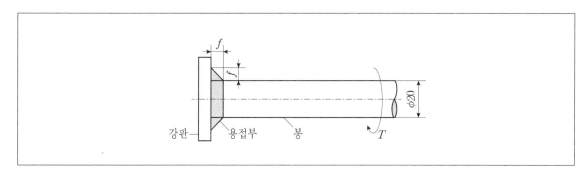

① 6

② 9

③ 12

④ 15

10 지름 10mm 리벳 20개로 강판에 1줄 겹치기 리벳이음을 한 후, 이 강판에 60kN의 인장력을 가하였다. 이때 리벳 1개에 발생하는 전단응력[MPa]은? (단, $\pi = 3$이다)

① 30

② 40

③ 50

④ 60

....

ANSWER 9.④ 10.②

9
$$\tau_{\max} = \frac{I}{Z_p} = \frac{I}{I_P} \cdot y_{\max} \text{ 이며 } \quad T = 65{,}000 \text{ kg}_f \cdot \text{mm}$$

$$y_{\max} = \frac{D_1 + 2a}{2} = \frac{20 + 2 \cdot \dfrac{f}{\sqrt{2}}}{2} = \frac{20 + 10}{2} = 15 [\text{mm}]$$

10
$$\tau = \frac{P_1}{\dfrac{\pi}{4} d^2} = \frac{4P_1}{\pi d^2} = \frac{4 \cdot 3{,}000}{3 \cdot 100} = 40 [\text{N}/\text{mm}^2]$$

11 폭, 높이, 길이가 각각 b, h, L인 평행키가 키홈 깊이 $\dfrac{h}{2}$인 축에 삽입되어 있다. 이때 키에 생기는 전단응력이 τ, 압축응력이 σ_c이고, $\sigma_c = 6\tau$라고 할 때, $\dfrac{h}{b}$는?

① $\dfrac{1}{6}$ ② $\dfrac{1}{3}$

③ $\dfrac{2}{3}$ ④ $\dfrac{3}{2}$

12 평벨트 전동에서 벨트에 작용하는 긴장측 장력 900N, 벨트의 허용인장응력 2N/mm², 두께 2mm, 이음효율이 90%일 때, 벨트의 최소 폭[mm]은? (단, 벨트에 작용하는 원심력 및 굽힘응력은 무시한다)

① 125   ② 250

③ 375   ④ 500

ANSWER 11.②   12.②

11 $\tau = \dfrac{P}{b \cdot L}$, $\sigma_c = \dfrac{2P}{h \cdot L}$이고 $\sigma_c = 6\tau$이다.

$\sigma_c = \dfrac{2P}{h \cdot L} = 6\dfrac{P}{b \cdot L}$이므로 $b = 3h$가 되어 $\dfrac{h}{b}$는 $\dfrac{1}{3}$이 된다.

12 $b = \dfrac{T_t}{\sigma_t \eta t} = \dfrac{900}{2 \cdot 0.9 \cdot 2} = 250[\text{mm}]$

13 단판 원판 브레이크를 이용하여 회전하는 축을 제동하려고 한다. 브레이크를 축방향으로 미는 하중 P = 100N, 원판 브레이크 접촉면의 평균 반지름 R_m = 25mm, 마찰계수 μ = 0.1일 때, 제동할 수 있는 최대 토크 T[N·mm]는? (단, 축방향 힘은 균일압력조건, 토크는 균일마모조건으로 한다)

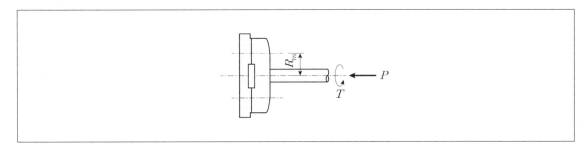

① 125

② 200

③ 250

④ 500

14 축방향 하중 P = 45kg_f를 지지하는 칼라(collar) 베어링에서 칼라의 안지름이 5mm, 바깥지름이 10mm이고, 칼라 베어링의 허용 압력이 0.2$\text{kg}_\text{f}/\text{mm}^2$일 때, 필요한 칼라의 최소 개수는? (단, π = 3이다)

① 2

② 4

③ 6

④ 8

ANSWER 13.③ 14.②

13
$$T = \mu P \cdot \frac{D_m}{2} = 0.1 \cdot 100 \cdot 25 = 250$$

14
$$Z = \frac{4P}{\pi(D_2^2 - D_1^2)g} = \frac{4 \cdot 45}{3 \cdot 75 \cdot 0.2} = 4$$

15 내접원통마찰차에서 축간거리가 450mm, 원동차의 회전속도가 300rpm, 종동차의 회전속도가 100rpm 일 때, 원동차 지름 D_A[mm]와 종동차 지름 D_B[mm]는? (단, 마찰차 간 미끄럼은 없다고 가정한다)

$\underline{D_A}$	$\underline{D_B}$
① 450	1,350
② 900	2,700
③ 1,350	450
④ 2,700	900

16 길이가 각각 l_1, l_2, l_3이고 극관성모멘트가 각각 I_{P1}, I_{P2}, I_{P3}인 축들이 그림과 같이 연결되어 있다. 축의 양 끝단에 비틀림 모멘트 T가 작용할 때 전체 비틀림각을 구하는 식은? (단, 축 재료의 횡탄성계수는 G이고 극관성모멘트는 축 단면의 중심에서 계산한 값이다)

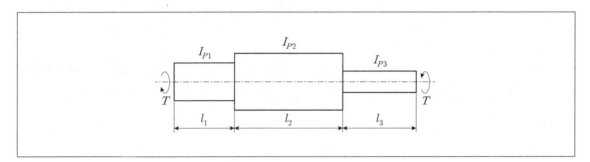

① $\dfrac{G}{T}\left(\dfrac{l_1}{I_{P1}}+\dfrac{l_2}{I_{P2}}+\dfrac{l_3}{I_{P3}}\right)$ ② $\dfrac{T}{G}\left(\dfrac{I_{P1}}{l_1}+\dfrac{I_{P2}}{l_2}+\dfrac{I_{P3}}{l_3}\right)$

③ $\dfrac{G}{T}\left(\dfrac{I_{P1}}{l_1}+\dfrac{I_{P2}}{l_2}+\dfrac{I_{P3}}{l_3}\right)$ ④ $\dfrac{T}{G}\left(\dfrac{l_1}{I_{P1}}+\dfrac{l_2}{I_{P2}}+\dfrac{l_3}{I_{P3}}\right)$

......

ANSWER 15.① 16.④

15

$D_A=\dfrac{1}{3}D_B,\ C=\dfrac{D_B-D_A}{2}=\dfrac{3D_A-D_A}{2}=D_A=450[mm]$

16

문제에 제시된 경우 전체 비틀림각은 각 축들의 비틀림각을 합한 값이므로 $\dfrac{T}{G}\left(\dfrac{l_1}{I_{P1}}+\dfrac{l_2}{I_{P2}}+\dfrac{l_3}{I_{P3}}\right)$이 된다.

17 물체에 가해지는 힘 P와 속도 v가 주어졌을 때, 동력 H를 구하는 식으로 옳지 않은 것은? (단, 1PS = $75\text{kg}_f \cdot \text{m/s}$이고, 중력가속도는 9.8m/s^2 이다)

① $H[\text{kW}] = \dfrac{P[\text{N}] \times v[\text{m/s}]}{1,000}$

② $H[\text{kW}] = \dfrac{P[\text{kg}_f] \times v[\text{mm/s}]}{9,800}$

③ $H[\text{PS}] = \dfrac{P[\text{N}] \times v[\text{m/s}]}{735}$

④ $H[\text{PS}] = \dfrac{P[\text{kg}_f] \times v[\text{mm/s}]}{75,000}$

18 마찰각이 ρ, 리드각이 β, 유효지름이 d_m인 사각나사를 이용하여 축하중 Q인 물체를 들어올리기 위해 나사 유효지름의 원주에서 접선방향으로 가하는 회전력 $P_1 = Q\tan(\rho+\beta)$, 토크 $T_1 = Q\dfrac{d_m}{2}tan(\rho+\beta)$이다. 동일한 사각나사를 이용하여 축하중 Q인 물체를 내리기 위해 나사 유효지름의 원주에서 접선방향으로 가하는 회전력 P_2와 토크 T_2를 구하는 식은? (단, 자리면 마찰은 무시한다)

$\underline{P_2}$ $\underline{T_2}$

① $Q\tan(\rho-\beta)$ $Q\dfrac{d_m}{2}tan(\rho-\beta)$

② $Q\tan(\beta-\rho)$ $Q\dfrac{d_m}{2}tan(\rho-\beta)$

③ $Q\tan(\rho-\beta)$ $Q\dfrac{d_m}{2}tan(\beta-\rho)$

④ $Q\tan(\beta-\rho)$ $Q\dfrac{d_m}{2}tan(\beta-\rho)$

ANSWER 17.② 18.①

17 $H[kW] = \dfrac{P[N] \cdot v[m/s]}{1000}$

$H[kW] = \dfrac{P[kg_f] \cdot v[m/s]}{102}$

$H[PS] = \dfrac{P[N] \cdot v[m/s]}{735}$

$H[PS] = \dfrac{P[kg_f] \cdot v[m/s]}{75}$

18 문제를 보자마자 바로 답을 찾을 수 있는 문제이다.

사각나사 유효지름의 원주에서 접선방향으로 가하는 회전력 $P_2 = Q\tan(\rho-\beta)$

토크의 크기 $T_2 = Q\dfrac{d_m}{2}tan(\rho-\beta)$이 된다.

19 일반적인 사각형 맞물림 클러치의 턱(claw) 뿌리에 작용하는 굽힘응력에 영향을 주지 않는 것은?

① 턱의 높이

② 턱의 개수

③ 접촉 마찰계수

④ 클러치 바깥지름

20 축각(shaft angle)이 90°인 원추 마찰차가 있다. 원동차의 평균 지름이 600mm이고 회전수가 100rpm이다. 회전속도비가 1이고 마찰계수가 0.2일 때, 3kW의 동력을 전달하기 위하여 원동축에 가해야 할 축 방향 하중[N]은? (단, $\pi = 3$, $\sin 45° = 0.7$이다)

① 2,000

② 2,500

③ 3,000

④ 3,500

ANSWER 19.③ 20.④

19 접촉 마찰계수는 마찰력에 영향을 주는 요소이며 굽힘응력에 영향을 주는 요소는 아니다.

20 $D_1 = 600[\text{mm}]$, $N_1 = 100[\text{rpm}]$, $n = 1$, $\mu = 0.2$

$H = \mu N v = \mu \dfrac{P_t}{\sin\alpha} v$ 이므로 $P_t = \dfrac{H}{\mu v}\sin\alpha = \dfrac{3,000}{\dfrac{1}{5} \cdot 3} \cdot 0.7 = 3,500$

1 축과 구멍의 끼워맞춤에 대한 설명으로 옳지 않은 것은?

① 중간 끼워맞춤은 가공된 실제 치수에 따라 틈새 또는 죔새가 생긴다.

② 억지 끼워맞춤은 죔새가 있는 것으로 축의 최소 허용치수가 구멍의 최대 허용치수보다 크다.

③ 헐거운 끼워맞춤은 틈새가 있는 것으로 구멍의 최소 허용치수가 축의 최대 허용치수보다 크다.

④ 축기준 끼워맞춤은 축의 공차역을 H(H5~H9)로 정하고, 필요한 죔새 또는 틈새에 따라 구멍의 공차역을 정한다.

2 600rpm으로 회전하고 2N · m의 토크를 전달하기 위해 전동축에 필요한 동력[W]은? (단, π = 3이다)

① 0.12

② 1.2

③ 12

④ 120

ANSWER 1.④ 2.④

1 축기준 끼워맞춤은 축의 공차역을 h(h5~h9)로 정하고, 필요한 죔새 또는 틈새에 따라 구멍의 공차역을 정한다. (대문자가 아니라 소문자로 표기해야 한다.)

2 $H = T \cdot w = T \cdot \dfrac{2\pi N}{60} = 2 \cdot \dfrac{2 \cdot 3 \cdot 600}{60} = 120$

3 다음에서 설명하는 스프링으로 옳은 것은?

> • 미소 진동의 흡수가 가능하다.
> • 측면 강성이 없다.
> • 하중과 변형의 관계가 비선형적이다.
> • 스프링 상수의 크기를 조절할 수 있다.

① 판 스프링   ② 접시 스프링

③ 공기 스프링   ④ 고무 스프링

4 미끄럼 베어링용 재료가 갖추어야 할 특성으로 옳지 않은 것은?

① 내식성이 좋아야 한다.   ② 열전도율이 높아야 한다.

③ 충격 흡수력이 커야 한다.   ④ 피로강도가 작아야 한다.

5 그림과 같은 표준 V벨트에서 각도 θ는?

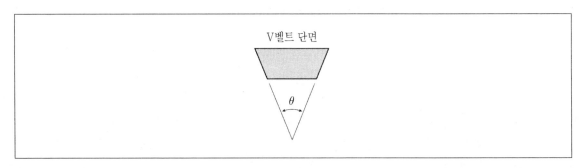

① 30°   ② 35°

③ 40°   ④ 45°

ANSWER 3.③ 4.④ 5.③

3 보기에 제시된 스프링은 공기스프링의 특성에 대한 것들이다.

4 베어링은 피로강도가 커야 한다.

5 표준 V벨트의 중심각은 40°이다.

6 평기어에 대한 명칭과 관계식으로 옳은 것은? (단, D 는 피치원 지름, Z 는 잇수, m 은 모듈이다)

① 모듈 $= \dfrac{Z}{D}$

② 원주피치 $= \dfrac{\pi D}{Z}$

③ 피치원지름 $= \dfrac{Z}{m}$

④ 피치 원주상 이두께 $= (Z+2)m$

ANSWER 6.②

6

① 모듈 $= \dfrac{D}{Z}$

③ 피치원지름 $= mZ$

④ 피치 원주상 이두께 $= (Z+2)m$

$(Z+2)m$ 는 이끝원지름(바깥지름) 산정식이다.

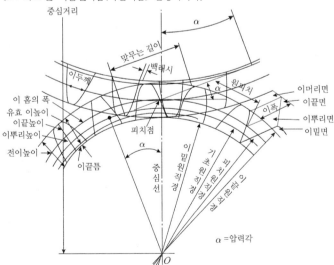

※ 이의 두께 산정식은 매우 복잡하며 시험에서 이에 대한 세부적인 공식들을 사용하는 문제가 출제될 확률은 매우 낮아 생략
함

7 밸브에 대한 설명으로 옳지 않은 것은?

① 글로브 밸브는 밸브 몸통이 둥근형이고 내부에서 유체가 S자 모양으로 흐른다.

② 버터플라이 밸브는 밸브 몸통 입구와 출구의 중심선이 직각이고 유체도 직각으로 흐른다.

③ 안전 밸브는 유체의 압력이 일정값을 초과했을 때 밸브가 열려서 압력 상승을 억제할 수 있다.

④ 게이트 밸브는 밸브 디스크가 유체의 관로를 수직으로 막아서 개폐하고 유체가 일직선으로 흐른다.

ANSWER 7.②

7 버터플라이 밸브는 입구와 출구가 분리되어 있지 않고 하나로 되어 있다.

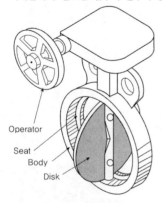

8 그림과 같은 레이디얼 저널(radial journal)의 베어링 압력을 구하는 식은? (단, P 는 하중, d 는 저널의 지름, l 은 저널의 길이이고, 저널에서 압력분포가 일정하다)

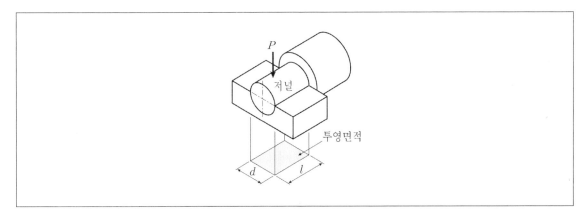

① $\dfrac{4P}{\pi d^2}$

② $\dfrac{\pi P}{d^2}$

③ $\dfrac{P}{l^2}$

④ $\dfrac{P}{dl}$

9 두께가 같은 2개의 강판을 4개의 리벳(A, B, C, D)으로 네 줄 겹치기 이음할 때, 인장하중 P 에 의해 발생하는 전단응력이 가장 큰 리벳 2개는?

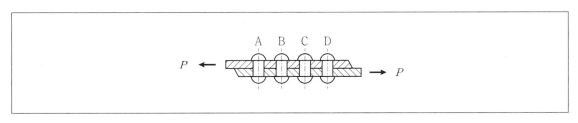

① A, B

② A, D

③ B, C

④ C, D

8 베어링압력은 투영면적을 대상으로 산정한다. 따라서 베어링의 압력은 $\dfrac{P}{dl}$ 가 된다.

9 A, D에서 가장 큰 전단응력이 발생하고 B, C에서 작은 전단응력이 발생한다.

10 웜(worm)과 웜휠(worm wheel) 장치에 대한 설명으로 옳지 않은 것은?

① 웜과 웜휠의 두 축이 서로 평행하다.　　② 큰 감속비를 얻을 수 있다.

③ 웜과 웜휠에 추력이 생긴다.　　④ 웜과 웜휠 사이의 역전을 방지할 수 있다.

11 로프 전동장치에 대한 설명으로 옳지 않은 것은?

① 연속식 방법으로 로프를 거는 경우, 1개의 로프가 끊어지더라도 운전이 가능하다.

② 로프에 사용되는 재료는 와이어, 섬유질 등이 있다.

③ 전동경로가 직선이 아닌 경우에도 사용이 가능하다.

④ 장거리 동력전달이 가능하다.

10　웜과 웜휠은 서로 직교한다.

11　연속식 방법으로 로프를 거는 경우, 1개의 로프라도 끊어지면 운전이 불가능하다.
- ㉠ **로프전동의 특징**
  - 긴 거리 사이의 동력 전달이 가능
  - 큰 전동에도 풀리의 너비를 작게 할 수 있으며, 큰 동력전달에 벨트보다 우수
  - 벨트에 비해 미끄럼 적음, 고속에 적합, 전동경로가 직선과 곡선 모두 가능
  - 전동이 불확실하며 절단되면 수리가 곤란, 조정이 어렵고 장치 복잡
  - 용도는 케이블카, 크레인, 엘리베이터 등에사용
  - 일반적인 로프의 크기는 로프 중앙의 가상 원주와 유효둘레(inch)로 표시한다.
- ㉡ **병렬식(영국식) 로프걸기**
  - 풀리 사이에 로프를 서로 독립되게 감는 방식으로 하중이 각 로프에 고르게 분배
  - 로프 전체의 초기장력을 동일하게 하기 어려워 초기 장력이 큰 로프는 고부가가 걸림
  - 단독식이므로 로프 1가닥이 끊어져도 운전가능
  - 설비비 저렴, 이음매수가 많아 진동발생
- ㉢ **연속식(미국식) 로프걸기**
  - 긴 로프 1가닥을 2개의 풀리에 여러번 감는 방식으로, 장력은 전체 로프에 동일
  - 인장풀리에 의해 초기 장력을 자유롭게 조절할 수 있음
  - 이음매수가 적어서 좋으나, 로프의 한 곳만 끊어져도 운전이 불가능하며 설비비가 비쌈

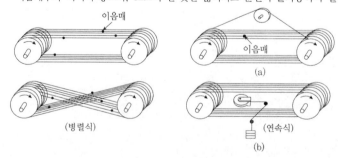

12 지름이 200 mm인 원통마찰차가 2 rad/s로 회전하면서 전달할 수 있는 최대 동력이 80 W일 때, 원통마찰차의 최소 폭[mm]은? (단, 원통마찰차의 마찰계수는 0.2이고, 폭 1 mm당 허용하중은 10 N이다)

① 100
② 150
③ 200
④ 250

13 축 방향 인장하중 Q 가 작용하는 아이볼트(eye bolt)에서 골지름이 바깥지름의 0.8배일 때, 최소 바깥지름은? (단, σ_s 는 기준강도, S 는 안전율이다)

① $\dfrac{2}{5}\sqrt{\dfrac{QS}{\pi\sigma_s}}$

② $\dfrac{5}{2}\sqrt{\dfrac{QS}{\pi\sigma_s}}$

③ $\sqrt{\dfrac{4QS}{\pi\sigma_s}}$

④ $\sqrt{\dfrac{QS}{4\pi\sigma_s}}$

ANSWER 12.③ 13.②

12 벨트의 폭을 b, 마찰차를 누르는 힘을 P, 허용하중을 f라고 하면

$$b=\frac{P}{f},\ \ T=P\times\frac{D}{2},\ \ H=T\cdot w$$

$$T=\frac{80}{2}=\mu P\cdot\frac{D}{2},\ \ P=\frac{40}{\frac{D}{2}\mu}=\frac{40}{0.1\cdot 0.2}=2000[N]$$

$$b=\frac{P}{f}=\frac{2000}{10}=200[mm]$$

13 허용하중 $\sigma_a=\dfrac{Q}{A}=\dfrac{Q}{\dfrac{\pi d^3}{4}}$, 안전율 $S=\dfrac{\sigma_s}{\sigma_a}=\dfrac{\sigma_s}{\dfrac{4Q}{\pi d^2}}=\dfrac{\sigma_s\pi d^2}{4Q}$,

$d^2=\dfrac{S\cdot 4\cdot Q}{\sigma_2\pi}$ 이며 $\left(\dfrac{4}{5}d_1\right)^2=\dfrac{S\cdot 4\cdot Q}{\sigma_2\cdot\pi}$

$d^2=\dfrac{S\cdot 4\cdot Q}{\sigma_2\pi}\cdot\left(\dfrac{5}{4}\right)^2$ 이므로 최소 바깥지름은 $d=\dfrac{5}{2}\sqrt{\dfrac{QS}{\pi\sigma_s}}$

14 판의 두께 b, 용접치수 f, 용접부의 길이 h로 양쪽 필릿(fillet) 용접한 부재에 굽힘모멘트 M이 작용할 때, 목단면(목두께 $a = \dfrac{f}{\sqrt{2}}$)에 대한 최대 굽힘응력은?

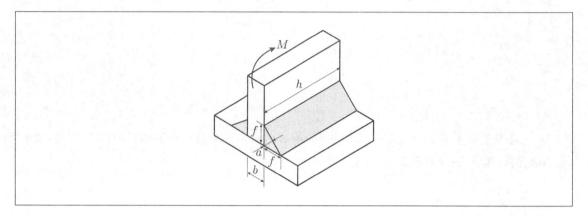

① $\dfrac{6M}{ah^2}$

② $\dfrac{3\sqrt{2}\,M}{fh^2}$

③ $\dfrac{3M}{fh^2}$

④ $\dfrac{6\sqrt{2}\,M}{ah^2}$

14

$M = \sigma_b Z$이며 $Z = \dfrac{a \cdot h^2}{6} = \dfrac{\dfrac{f}{\sqrt{2}}h^2}{6} = \dfrac{f \cdot h^2}{6\sqrt{2}}$

$\sigma_b = \dfrac{M}{Z} = \dfrac{M}{\dfrac{f \cdot h^2}{6\sqrt{2}}} = \dfrac{6\sqrt{2}\,M}{f \cdot h^2}$이다.

용접이 양쪽면으로 되어 있으므로 이 값의 절반을 취하면

$\dfrac{1}{2}\sigma_b = \dfrac{3\sqrt{2}\,M}{f \cdot h^2}$

15 사각나사를 사용한 나사잭으로 물건을 들어 올릴 때의 효율에 대한 설명으로 옳지 않은 것은? (단, 자리면 마찰은 무시한다)

① 나사의 효율은 나선각이 $45\degree$일 때 최대이다.

② 나선각이 $0\degree$에 가까워지면 효율은 0%에 가까워진다.

③ 자립 유지 상태에서 나사의 최대 효율은 50%를 넘지 못한다.

④ 나선각이 같은 경우 나사면의 마찰계수가 커지면 효율은 낮아진다.

16 안지름이 200mm이고, $20N/mm^2$의 내압을 받는 두꺼운 강관의 최소 바깥지름[mm]은? (단, 강관의 허용인장응력은 60MPa이다)

① 250

② $200\sqrt{2}$

③ 300

④ $220\sqrt{2}$

17 종동 풀리의 지름이 500mm인 평벨트 풀리에 평행걸기된 벨트의 장력비가 2이다. 벨트의 너비는 100mm, 두께는 5mm, 허용인장응력은 2MPa, 이음효율은 80%이다. 유효장력에 의하여 종동 풀리에 전달되는 최대 토크[N·m]는? (단, 원심력은 고려하지 않으며, 토크 계산 시 벨트의 무게와 굽힘응력은 무시한다)

① 100

② 300

③ 500

④ 1,000

....

ANSWER 15.① 16.② 17.①

15 나선각은 나선의 경사를 표시한 각도로서 리드각이라고 한다.

16 $\sigma_a = \dfrac{PD}{2t}$, $t = \dfrac{PD}{2\sigma_a} = \dfrac{20 \cdot 200}{2 \cdot 60} = \dfrac{200}{6}$

$D_1 = 200 + 2t = 200 + \dfrac{200}{3} = 200 \cdot \left(\dfrac{4}{3}\right) \fallingdotseq 200\sqrt{2}$

17 $T = \mu P_e \cdot \dfrac{D}{2}$, $e^{\mu i \theta} = \dfrac{T_t}{T_s} = 2$, $P_e = T_t - T_s$, $\sigma_a = \dfrac{T_t}{A}$

$2 = \dfrac{T_t}{100 \cdot 5}$, $T_t = 1000[N]$, $T_s = 500[N]$

$P_e = 1000 - 500 = 500[N]$

$T = 0.8 \cdot 500 \cdot \dfrac{0.5}{2} = 100[Nm]$

18 안지름이 40mm, 바깥지름이 60mm인 단판 클러치가 전달하는 최대 토크가 5N·m일 때, 클러치 접촉면에서 축 방향으로 미는 힘[N]은? (단, 접촉면의 마찰계수는 0.2이고, 균일 마모조건이다)

① 1,000

② 1,500

③ 2,000

④ 2,500

19 연성 재료의 순수 전단의 경우, 정적 파손이론으로 변형 에너지설(Von Mises theory)을 적용할 때, 최대 전단응력은? (단, σ_Y 는 항복응력, ν 는 포아송비이다)

① $\dfrac{\sigma_Y}{\sqrt{1+\nu}}$

② $\dfrac{\sigma_Y}{\sqrt{2}}$

③ $\dfrac{\sigma_Y}{\sqrt{3}}$

④ $\dfrac{\sigma_Y}{2\sqrt{(1+\nu)}}$

ANSWER 18.① 19.③

18

$$T = \mu P \frac{D_m}{2}, \quad D_m = \frac{D_1 + D_2}{2} = \frac{60 + 40}{2} = 50[mm]$$

$$P = \frac{2T}{\mu D_m} = \frac{2 \cdot 5[N \cdot m]}{0.2 \cdot 0.05[m]} = 1000[N]$$

19

연성 재료의 순수 전단의 경우, 정적 파손이론으로 변형 에너지설(Von Mises theory)을 적용할 때, 최대 전단응력은 $\dfrac{\sigma_Y}{\sqrt{3}}$ 이

된다.

※ 파손이론들의 비교
- 최대주응력설 : $\sigma_y = \tau_{\max}$
- 최대변형률설 : $\sigma_y = (1+v)\tau_{\max}$
- 최대전단응력설 : $\sigma_y = 2\tau_{\max}$
- 전단변형에너지설 : $\sigma_y = \sqrt{3}\,\tau_{\max}$
- 변형률에너지설 : $\sigma_y = \sqrt{2(1+v)\tau_{\max}}$

20 포크(fork)와 아이(eye)를 연결하는 핀(pin) 이음에 인장하중 $P = 100\text{kN}$이 작용할 때, 핀의 허용전단 응력이 50N/mm²인 경우, 핀의 최소 지름 d[mm]는? (단, 핀의 전단만을 고려한다)

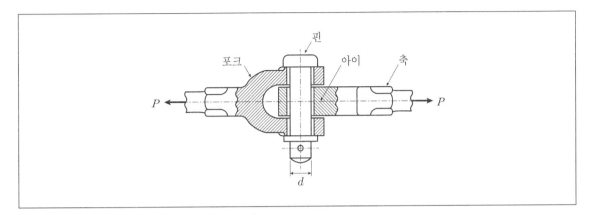

① $\sqrt{\dfrac{1000}{\pi}}$

② $\sqrt{\dfrac{2000}{\pi}}$

③ $\sqrt{\dfrac{3000}{\pi}}$

④ $\sqrt{\dfrac{4000}{\pi}}$

ANSWER 20.④

20 핀의 최소 지름은 $\sqrt{\dfrac{4000}{\pi}}$ [mm]가 된다.

$$\tau_a = \frac{P}{2A} = \frac{100 \cdot 10^3}{2A} = 50[\text{N/mm}^2], \quad A = 10^3 = \frac{\pi d^2}{4}$$

따라서 $d = \sqrt{\dfrac{4000}{\pi}}$

1 기계설계 시 적용되는 기하공차 중 모양공차(form tolerance)가 아닌 것은?

① 직각도   ② 평면도

③ 진직도   ④ 원통도

2 미끄럼베어링에 대한 설명으로 옳은 것은?

① 구름베어링에 비해 기동마찰이 작다.

② 구름베어링에 비해 고속회전에 유리하다.

③ 정압 미끄럼베어링이 동압 미끄럼베어링보다 설치비용이 적다.

④ 급유가 용이한 곳에서는 주로 오일리스(oilless) 베어링을 사용한다.

ANSWER 1.① 2.②

1 직각도는 자세공차에 속한다.

2 ① 미끄럼베어링은 구름베어링에 비해 기동마찰이 크다.
③ 정압 미끄럼베어링은 동압 미끄럼베어링보다 설치비용이 크다.
④ 급유가 곤란한 곳에서는 주로 오일리스 베어링을 사용한다.

3 유연성 커플링(flexible coupling)이 아닌 것은?

① 기어 커플링

② 그리드 커플링

③ 롤러체인 커플링

④ 분할원통 커플링

ANSWER 3.④

3 유연성커플링
- **기어커플링** : 기어의 맞물림을 이용하여 토크를 전달하는 방식의 커플링이다. 전달하는 힘이 커서 초대형 커플링으로 사용된다. 슬리브의 내치차와 허브의 크라우닝 가공이 된 외치차로 구성되어 있으며 이들은 서로 맞물려 조립되어 있다. 치차는 인볼루트치형으로 설계되었고, 슬리브와 허브사이에 약간의 경사가 생기더라도 부드러운 동력전달이 가능하다. 두쌍의 허브와 슬리브가 있는 기어 커플링들은 편심, 편각, 축방향의 미스얼라인먼트를 흡수하여 부드럽게 동력을 전달한다. 연결하고자 하는 두 축의 끝에 한 쌍의 외접기어(내통)를 각각 키박음하여 결합한다. 내접기어를 갖는 한 쌍의 바깥쪽 통(외통)을 결합하면 외접기어와 내접기어는 맞물리게 된다. 외치와 내치 사이의 틈새가 축의 편심을 어느 정도 흡수한다. 고속 및 큰 토크에 견딜 수 있다. 치의 형태와 커플링이 수행하는 기능에 따라 여러 가지로 분류된다. 이것은 원심펌프, 컨베이어, 교반기, 팬, 발전기, 송풍기, 믹서, 유압펌프, 압축기, 크레인, 기중기, 광산기계 등에 쓰인다.
- **고무커플링** : 고무는 인장과 압축이 반복되는 피로강도에 약하고 압축하중에 강하다. 이러한 성질을 이용하여 고무부에 예비 압축을 한 후 장착하면 작동중에 계속 압축하중을 받게 되어 압축하중의 크기 변동만을 하도록 한 것도 있다. 감쇠작용이 뛰어나 진동 및 충격을 잘 흡수한다.
- **디스크커플링** : 얇은 스테인리스 판을 여러 장 겹쳐서 만든 플렉시블 엘리먼트를 허브와 스페이샤 사이에 끼우고 리머볼트로 조립하여 동력을 전달하는 커플링이다.
- **그리드커플링** : 그리드허브와 허브를 연결하는 그리드가 허용토크를 넘어서면 부서지면서 모터를 보호하는 토크리미터 역할을 하는 커플링이다. 체인커플링과 비슷한 원리와 성능을 갖는다. 결합하고자 하는 두 축의 끝 부분에 축 방향으로 홈(groove)이 파져 있는 한 쌍의 원통을 키박음하여 각각 고정시킨다. 양 축의 축방향 홈이 일직선이 되도록 조정한 후 S자 모양의 금속격자(그리드)를 홈 속으로 집어넣어 연결시킨다. 케이스의 결합형태에 따라 수평분할형과 수직분할형으로 분류한다.
- **롤러체인커플링** : 결합할 두 축의 끝에 스프로킷 휠을 키박음하여 장착하고, 2줄 체인을 사용하여 두 축에 끼워져 있는 스프로킷 휠을 이은 것이다. 회전속도가 중간속도이고 일정한 하중이 작용되는 기계에 장착된다. 교반기, 컨베이어, 펌프, 기중기 등에 사용된다.

4 그림과 같은 단식 블록 브레이크에서 레버에 힘 F = 105 N이 작용할 때, 제동토크[N · mm]는? (단, D = 200 mm, l_1 = 1,000 mm, l_2 = 200 mm, l_3 = 50 mm, 마찰계수 μ = 0.2이다)

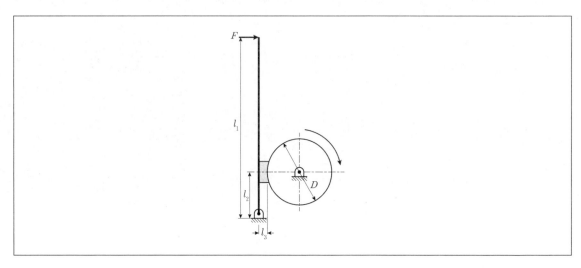

① 1,000

② 2,000

③ 10,000

④ 20,000

5 바깥지름이 8cm인 중공축에 축방향으로 8,400N의 하중을 가하여 4MPa의 압축응력이 발생하였을 때, 안지름[cm]은? (단, π = 3이다)

① 4

② 5

③ 6

④ 7

4 $\sum M_0 = 0 : -F \cdot l_1 + P \cdot l_2 + \mu P \cdot l_3 = 0$

작용력 $P = \dfrac{F \cdot l_1}{l_2 + \mu l_3} = \dfrac{105(1000)}{200 + 0.2(50)} = 500[N]$

제동토크 $T = \mu P \dfrac{D}{2} = 0.2(500)\dfrac{200}{2} = 10,000[N \cdot mm]$

5 압축응력 $\sigma = \dfrac{P}{A} = \dfrac{P}{\dfrac{\pi}{4}(d_2^2 - d_1^2)}$ 이므로 안지름

$d_1 = \sqrt{d_2^2 - \dfrac{4P}{\pi\sigma}} = \sqrt{80^2 - \dfrac{4 \cdot 8400}{3 \cdot 4}} = 60[mm] = 6[cm]$

6 그림과 같이 볼트에 축하중 Q가 작용할 때 볼트 머리부의 전단응력은 볼트축 인장응력의 $\dfrac{1}{2}$이다. 이때 볼트 머리부의 높이(H)와 볼트 지름(d)의 비$\left(\dfrac{H}{d}\right)$는?

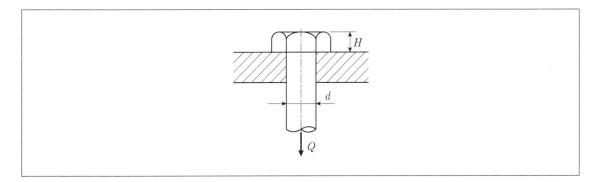

① $\dfrac{1}{3}$

② $\dfrac{1}{2}$

③ $\dfrac{2}{3}$

④ $\dfrac{3}{4}$

7 두께 5mm, 바깥지름 305mm인 원통형 압력용기의 원주방향 허용응력이 90MPa일 때, 용기 내 최대허용압력[MPa]에 가장 가까운 값은? (단, 박판 용기로 가정한다)

① 1.5

② 3.0

③ 4.5

④ 6.0

.....

ANSWER 6.② 7.②

6 볼트 머리부의 전단응력 $\tau = \dfrac{Q}{A} = \dfrac{Q}{\pi d H}$

볼트축 인장응력 $\sigma = \dfrac{Q}{A} = \dfrac{4Q}{\pi d^2}$

문제에서 주어진 조건에서는 전단응력이 인장응력의 절반이므로 $\dfrac{H}{d} = \dfrac{1}{2}$

7 원주방향응력 $\sigma_1 = \dfrac{pd_1}{2t}$, 내압 $p = \dfrac{2t\sigma_1}{d_1} = \dfrac{2t\sigma_1}{d_2 - 2t} = \dfrac{2(5)(90)}{305 - 2(5)} = 3.05 \fallingdotseq 3.0[MPa]$

8 기계도면에서 데이텀에 대한 설명으로 옳지 않은 것은?

① 데이텀 삼각기호는 직각이등변 삼각형으로 표시할 수 있다.

② 공차 영역을 규제하기 위해 설정한 이론적으로 정확한 기하학적 기준이다.

③ 공통 축직선 또는 중심평면이 데이텀인 경우 중심선에 데이텀 삼각기호를 붙인다.

④ 데이텀의 우선순위를 지정할 때는 데이텀을 지시하는 문자를 우선순위가 높은 순서대로 같은 구획에 기입한다.

9 KS 재료 규격에 대한 설명으로 옳지 않은 것은?

① GC150 : 회주철품으로 최저인장강도가 150 N/mm^{2}이다.

② SF340A : 탄소강 단강품으로 최저인장강도가 340 N/mm^{2}이다.

③ SS400 : 일반 구조용 압연 강재로 최저인장강도가 400 N/mm^{2}이다.

④ SM20C : 기계구조용 탄소 강재로 최저인장강도가 20 N/mm^{2}이다.

ANSWER 8.④ 9.③④

8 데이텀의 우선순위를 지정할 때는 데이텀을 지시하는 문자를 우선순위가 높은 순서대로 왼쪽부터 다른 구획에 기입한다.

9 ③ 국가기술표준원 고시 제2016-317호(한국산업표준 개정)을 통해 건설용 철강재 KS 24종에 대해서 일반 구조용 압연강재의 종류 기호가 최저 인장강도 기준에서 항복강도 기준으로 변경하는 개정고시를 하고 2017년 12월 31일까지 신, 구 KS를 병행표기(SS275, SS400) 적용하도록 하였고 2018년 이후 부터는 신 KS(SS275)으로만 단독으로 사용하게 되었다. SS275는 일반 구조용 압연 강재로 항복강도가 275N/mm^{2}이다.
④ SM20C는 기계구조용 탄소강재로 탄소함유량이 0.20%이다.

10 베어링 위에 설치한 윤활유 탱크로부터 베어링에 급유하고, 이때 흘러나온 윤활유는 펌프를 이용하여 탱크로 순환시키는 방식의 윤활법은?

① 링 윤활법

② 적하 윤활법

③ 중력 윤활법

④ 그리스 윤활법

11 축에 대한 설명으로 옳지 않은 것은?

① 비틀림 모멘트만을 받는 원형 중실축의 중심에서 전단응력은 없다.

② 바흐(Bach)의 축 설계조건은 굽힘모멘트를 받는 축의 강도설계에 사용된다.

③ 축에 묻힘키를 사용하는 경우 축에 파여진 키홈의 영향으로 축의 강도가 저하된다.

④ 같은 크기의 토크를 전달할 때, 중공축이 중실축에 비해 무게를 가볍게 할 수 있다.

12 안지름 200mm인 관 속을 흐르는 유체의 평균유량이 0.3 m³/s일 때, 유체의 평균유속[m/s]은? (단, π = 3이다)

① 5

② 10

③ 15

④ 20

....

ANSWER 10.③ 11.② 12.②

10 ③ **중력 윤활법** : 베어링 위에 설치한 윤활유 탱크로부터 베어링에 급유하고, 이때 흘러나온 윤활유는 펌프를 이용하여 탱크로 순환시키는 방식의 윤활법

① **링 윤활법** : 축에 걸려 있는 링의 회전으로 용기의 윤활유를 묻혀 올려 축을 통해 베어링에 급유하는 방법

② **적하 윤활법** : 용기에 윤활유를 넣고 니들밸브 등을 거쳐 일정량이 베어링에 떨어지게 하는 윤활법

④ **그리스윤활법** : 컵에 그리스를 채우고 뚜껑을 닫아두면 베어링의 온도상승에 의해 그리스가 녹아 윤활이 되는 방식이다.

11 바흐의 축 설계조건은 비틀림모멘트를 받는 축의 강성설계에 사용된다.

12

평균유량 $Q = AV = \dfrac{\pi d^2}{4} V$, 안지름 $d = 200[mm] = 0.2[m]$

평균유속 $V = \dfrac{4Q}{\pi d^2} = \dfrac{4(0.3)}{3(0.2)^2} = 10[m/s]$

13 볼나사(ball screw)의 특징으로 옳은 것만을 모두 고르면?

> ㉠ 고속 구동 시 소음이 작다.
> ㉡ 가격이 저렴하고 가공하기 쉽다.
> ㉢ 나사효율이 높고 백래시가 작다.
> ㉣ NC 공작기계, 자동차의 조향장치에 사용된다.

① ㉠, ㉡
② ㉠, ㉣
③ ㉡, ㉢
④ ㉢, ㉣

14 외접하는 두 평기어(spur gear)의 각속도 비가 1 : 3, 잇수 합이 80개, 모듈이 5mm일 때, 두 기어 사이의 중심거리[mm]는?

① 200
② 250
③ 300
④ 350

15 벨트전동과 체인전동에 대한 설명으로 옳지 않은 것은?

① 벨트전동은 피동축에 과부하가 걸렸을 때 충격을 흡수할 수 있다.
② 벨트전동은 초기 장력이 필요 없는 반면 체인전동은 초기 장력이 필요하다.
③ 벨트전동은 마찰에 의한 전동이며 체인전동은 맞물림에 의한 전동이다.
④ 체인전동은 미끄럼이 없어 일정한 속도비를 얻을 수 있다.

ANSWER 13.④ 14.① 15.②

13 볼나사는 고속 구동 시 소음이 크고 가격이 비싸다.

14 평기어의 중심거리 $C = \dfrac{D_1 + D_2}{2} = \dfrac{m(Z_1 + Z_2)}{2} = \dfrac{5(80)}{2} = 200[mm]$

15 벨트전동은 초기장력이 필요한 반면 체인전동은 초기장력이 필요없다.

16 질량관성모멘트가 4kg · m²인 플라이휠이 부착된 전단기가 강판을 절단하여 회전속도가 2,400/π rpm에서 1,200/π rpm으로 감소하였을 경우 전단기가 한 일[kJ]은?

① 2.4

② 4.8

③ 9.6

④ 19.2

17 두께가 10mm인 평벨트로 연결된 원동축 풀리와 종동축 풀리를 각각 300rpm, 200rpm으로 회전시키려고 할 때, 종동축 풀리의 지름[mm]은? (단, 원동축 풀리의 지름은 600mm이고 벨트 두께를 고려하며 벨트와 풀리 사이에 미끄럼은 없다)

① 895

② 900

③ 905

④ 910

ANSWER 16.③ 17.③

16

최대각속도 $w_2 = \dfrac{2\pi N_2}{60} = \dfrac{2 \cdot 3 \cdot \dfrac{2400}{\pi}}{60} = 80[rad/s]$

최소각속도 $w_1 = \dfrac{2\pi N_1}{60} = \dfrac{2 \cdot 3 \cdot \dfrac{1200}{\pi}}{60} = 40[rad/s]$

평균각속도 $w_m = \dfrac{w_1 + w_2}{2} = \dfrac{80 + 40}{2} = 60[rad/s]$

각속도 변동계수 $\delta = \dfrac{w_2 - w_1}{w_m} = \dfrac{80 - 40}{60} = \dfrac{2}{3}$

에너지변화량 $\triangle E = I w_m^2 \delta = 4(60)^2 \cdot \dfrac{2}{3} = 9600[J] = 9.6[kJ]$

17

속도비 $i = \dfrac{N_2}{N_1} = \dfrac{D_1 + t}{D_2 + t}$

종동축 풀리의 지름

$D_2 = \dfrac{N_1}{N_2}(D_1 + t) - t = \dfrac{300}{200}(600 + 10) - 10 = 905[mm]$

18 그림과 같이 질량관성모멘트가 $J[\text{kg} \cdot \text{m}^2]$인 강체 원판이 설치된 축에 주기적인 토크 $T[\text{N} \cdot \text{m}]$가 작용하여 비틀림 진동이 발생할 때, 위험속도[rpm]는? (단, 축의 길이는 $l[\text{m}]$, 지름은 $d[\text{m}]$, 전단탄성계수는 $G[\text{N/m}^2]$이고, 축의 자중은 무시한다)

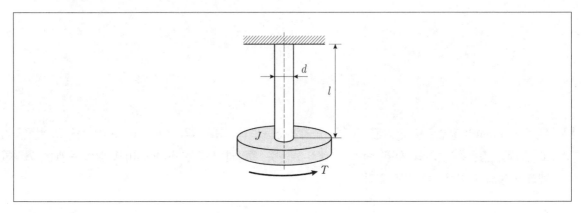

① $\dfrac{15d^2}{2\pi} \sqrt{\dfrac{\pi G}{2Jl}}$

② $\dfrac{15d^2}{2\pi} \sqrt{\dfrac{\pi Jl}{G}}$

③ $\dfrac{30d^2}{\pi} \sqrt{\dfrac{G}{\pi Jl}}$

④ $\dfrac{30d^2}{\pi} \sqrt{\dfrac{\pi Jl}{G}}$

18 위험속도

$$N_e = \frac{60w}{2\pi} = \frac{30}{\pi}w = \frac{30}{\pi}\sqrt{\frac{k_t}{J}} = \frac{30}{\pi}\sqrt{\frac{GI_p}{Jl}} = \frac{30}{\pi}\sqrt{\frac{\pi d^4 G}{32Jl}} = \frac{15d^2}{2\pi}\sqrt{\frac{\pi G}{2Jl}}$$

19 내접원통마찰차에서 축간거리가 600mm, 원동차의 회전속도가 1,000rpm, 종동차의 회전속도가 250rpm, 마찰차를 밀어붙이는 힘이 600N일 때, 최대전달동력[W]은? (단, 마찰계수 $\mu = 0.20$이다)

① 600π

② 800π

③ $1,200\pi$

④ $1,600\pi$

20 와이어 로프에 대한 설명으로 옳지 않은 것은?

① 철 또는 강철의 철사를 꼬아서 만든다.

② 윈치, 기중기 등에서 동력을 전달할 때 사용된다.

③ 와이어 로프를 거는 방법에는 연속식과 병렬식이 있다.

④ 스트랜드의 꼬임과 소선의 꼬임이 반대 방향인 꼬임 방식은 랭꼬임이다.

ANSWER 19.② 20.④

19
중심거리 $C = \dfrac{D_2 - D_1}{2}$

종동차의 지름 $D_2 = 2C + D_1 = 2(600) + D_1 = 1200 + D_1$

속도비 $i = \dfrac{N_2}{N_1} = \dfrac{D_1}{D_2} = \dfrac{250}{1,000} = \dfrac{1}{4}$

종동차 지름 $D_2 = 4D_1 = 1,200 + D_1$, $3D_1 = 1,200\,[mm]$

원동차 지름 $D_1 = 400\,[mm]$

전달동력 $H' = \mu P v = \mu P \dfrac{\pi D_1 N}{60(1,000)} = 0.2(600)\dfrac{\pi(400)(1,000)}{60(1,000)} = 800\,[\pi W]$

20 스트랜드의 꼬임과 소선의 꼬임이 반대 방향인 꼬임 방식은 보통 꼬임이고 같은 방향인 꼬임 방식은 랭 꼬임이다.

1 나사의 풀림 방지에 이용하는 요소가 아닌 것은?

① 분할핀

② 아이볼트(eye bolt)

③ 혀붙이 와셔

④ 록너트(lock nut)

2 벨트 전동장치에서 벨트의 속도가 4m/s, 긴장측 장력이 2kN, 이완측 장력이 1kN일 때 전달 동력[kW]은?

① 2

② 3

③ 4

④ 5

3 헬리컬기어에 대한 설명으로 옳지 않은 것은?

① 치직각 모듈은 축직각 모듈보다 작다.

② 비틀림각에 의해 축방향 하중이 발생한다.

③ 평기어보다 탄성변형이 적어 진동과 소음이 작다.

④ 축이 평행한 기어 한 쌍이 맞물리려면 비틀림각의 방향이 같아야 한다.

ANSWER 1.② 2.③ 3.④

1 아이볼트는 둥근 구멍이 있는 링모양의 머리를 가진 볼트로서 나사의 풀림방지에 사용되는 볼트가 아니라 단순 체결을 위한 볼트이다.

2 $P = T_e v = (2-1) \cdot 4 = 4 [kW]$

2 축이 평행한 기어 한 쌍이 서로 맞물리려면 비틀람각의 방향이 서로 반대여야 한다.

4 그림과 같이 원판마찰차 무단변속기에서 원판차 A가 N_A =500rpm으로 회전할 때 원판차 B가 N_B = 200rpm으로 회전하도록 하는 원판차 A의 위치 x[mm]는? (단, 원판차 A의 반경 r_A =80mm이다)

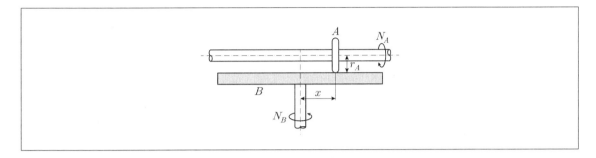

① 32

② 64

③ 160

④ 200

5 인벌류트 치형을 가진 표준 평기어의 물림률에 대한 설명으로 옳지 않은 것은?

① 잇수가 같을 때 압력각이 클수록 물림률이 커진다.

② 압력각이 같을 때 잇수가 많을수록 물림률이 커진다.

③ 물림률이 1보다 작으면 연속적인 회전을 전달할 수 없다.

④ 물림률은 접근 물림길이와 퇴거 물림길이의 합을 법선 피치로 나눈 값이다.

ANSWER 4.④ 5.①

4 접촉점에서 속도가 같아야 하므로

$r_A N_A = x N_B$ 이므로 $x = \dfrac{r_A N_A}{N_B} = \dfrac{80 \cdot 500}{200} = 200[nm]$

5 잇수가 같을 때 압력각이 클수록 물림률이 작아진다.

6 구멍과 축의 치수 허용차 표에서 기준 치수 ϕ20mm인 구멍과 축의 끼워맞춤에 대한 설명으로 옳은 것은?

치수의 구분[mm]		p6[μm]	H6[μm]
18 초과	24 이하	+35	+13
		+22	0

① 최대 죔새는 0.035mm이다.

② 최소 죔새는 0.022mm이다.

③ 축의 최소 허용치수는 20.013mm이다.

④ 구멍의 최대 허용치수는 20.035mm이다.

6 ① 최대 죔새는 0.035−0=0.035mm이다.
　② 최소 죔새는 0.022−0.013=0.009mm이다.
　③ 축의 최소 허용치수는 20+0.022=20.022mm이다.
　④ 구멍의 최대 허용치수는 20+0.013=20.013mm이다.

7 그림과 같이 평행키(묻힘키)가 폭 15mm, 높이 10mm, 길이 100mm이며, 지름이 50mm인 축에 걸리는 토크 T = 10,000kg$_f$ · mm일 때 키 홈 측면에 작용하는 압축응력[kg$_f$/mm^2]은?

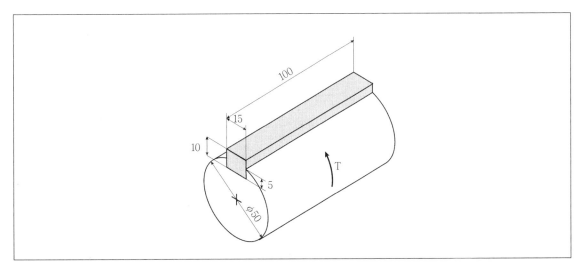

① 0.3

② 0.5

③ 0.8

④ 1.2

7

$$\sigma_c = \frac{10,000 \cdot \frac{2}{50}}{5 \cdot 100} = 0.8[kg_f/mm^2]$$

8 부재에 주응력 $\sigma_1 = 65$MPa, $\sigma_2 = 0$MPa, $\sigma_3 = -35$MPa이 작용할 때 최대 전단응력설에 따른 안전계수는? (단, 부재의 인장 항복강도는 600MPa, 전단 항복강도는 300MPa이다)

① 6

② 10

③ 12

④ 20

9 그림과 같이 겹치기 리벳 이음에서 판 두께 15.7mm, 판 폭 140mm, 리벳의 지름 20mm, 피치 60mm 이고 하중 P = 3,140kg_f이 작용한다. A 위치에서 판의 인장응력(σ_t)과 리벳의 전단응력(τ_s)의 크기비 $\left(\dfrac{\sigma_t}{\tau_s}\right)$는? (단, π = 3.14이다)

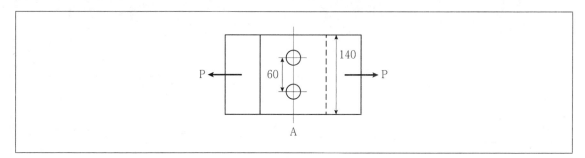

① 0.4

② 0.8

③ 1.25

④ 2.5

······

ANSWER 8.① 9.①

8

최대전단응력 $\tau_{\max} = \max\left(\dfrac{|\sigma_1 - \sigma_2|}{2}, \dfrac{|\sigma_2 - \sigma_3|}{2}, \dfrac{|\sigma_3 - \sigma_1|}{2}\right)$

$\tau_{\max} = \max\left(\dfrac{|65 - 0|}{2}, \dfrac{|0 - (-35)|}{2}, \dfrac{|-35 - 65|}{2}\right) = \dfrac{35 + 65}{2} = 50[MPa]$

안전계수 $SF = \dfrac{300}{50} = 6$

9

판의 인장응력은 $\sigma_t = \dfrac{P}{(b-2d)t}$, 리벳의 전단응력은 $\tau_s = \dfrac{P}{2 \cdot \frac{\pi}{4}d^2}$

$\dfrac{\sigma_t}{\tau_s} = \dfrac{\dfrac{P}{(b-2d)t}}{\dfrac{P}{2 \times \frac{\pi}{4}d^2}} = \dfrac{\pi d^2}{2(b-2d)t} = \dfrac{3.14 \cdot 20^2}{2(140 - 2 \cdot 20) \cdot 1.57} = 0.4$

10 피로한도 200MPa, 항복강도 400MPa, 극한강도가 600MPa인 재료에 그림과 같은 반복응력이 작용할 때 굿맨선(Goodman line)을 적용하여 안전계수를 구하면?

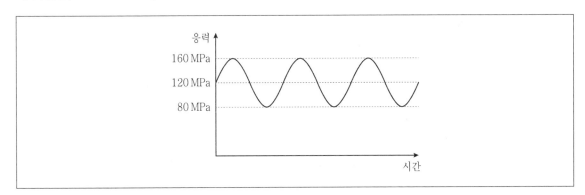

① 2
② 2.5
③ 3
④ 3.5

11 구멍과 축이 억지 끼워 맞춤인 것은?

① $\phi 50F8/h7$
② $\phi 50H7/h7$
③ $\phi 50P6/h5$
④ $\phi 50H6/g5$

ANSWER 10.② 11.③

10 응력진폭 $\sigma_a = 40[MPa]$, 평균응력 $\sigma_m = 120[MPa]$

굿맨선도 $\dfrac{\sigma_a}{\sigma_e} + \dfrac{\sigma_m}{\sigma_u} = \dfrac{1}{S}$ 이므로 $\dfrac{40}{200} + \dfrac{120}{600} = \dfrac{1}{S}$ 이므로 $S = 2.5$

11 ① $\phi 50F8/h7$: 구멍의 최소허용치수가 축의 최대허용치수보다 크므로 헐거운 끼워 맞춤이다.
② $\phi 50H7/h7$: 구멍의 최소허용치수가 축의 최대허용치수와 같으므로 헐거운 끼워 맞춤이다.
③ $\phi 50P6/h5$: 축의 최대허용치수가 구멍의 최대허용치수보다 클 수 있으므로 억지 끼워 맞춤이 발생할 수 있다.
④ $\phi 50H6/g5$: 구멍의 최소허용치수가 축의 최대허용치수와 같으므로 헐거운 끼워 맞춤이다.

12 나사로 중간재를 체결하여 초기인장력 9kN이 나사에 작용하고 있다. 인장하중 6kN이 나사 체결부에 추가로 작용할 때 나사에 발생하는 최대 인장응력[MPa]은? (단, 중간재 강성계수(k_c)와 나사 강성계수(k_b)의 비가 $k_c / k_b = 5$, 나사의 최소 단면적은 250mm²으로 가정한다)

① 25

② 30

③ 35

④ 40

13 치공구의 사용에 대한 설명으로 옳지 않은 것은?

① 작업의 숙련도 요구가 감소한다.

② 제품의 가공정밀도를 향상하고 호환성을 주어 불량품을 방지한다.

③ 제품의 품질을 유지하고 생산성을 향상시키면서 제조원가를 줄인다.

④ 소품종 대량생산보다 다품종 소량생산 시에 치공구를 사용하는 것이 치공구 제작비 면에서 더 유리하다.

14 유성기어장치에서 태양기어의 잇수가 36개, 링기어 잇수가 80개, 모듈이 2mm일 때 유성기어의 지름 [mm]은?

① 30

② 36

③ 44

④ 48

ANSWER 12.④ 13.④ 14.③

12 나사에 작용하는 총 인장하중

$$Q_t = F_i + \frac{k_b}{k_b + k_c}P = 9 + \frac{k_b}{k_b + 5k_b} \cdot 6 = 10\,[kN]$$

나사에 발생하는 최대 인장응력 $\sigma_{tmax} = \dfrac{10 \cdot 10^3}{250} = 40\,[MPa]$

13 다품종 소량생산보다 소품종 대량생산 시에 치공구를 사용하는 것이 치공구 제작비면에서 더 유리하다.

14 유성기어장치의 기하학적 관계로부터

$mZ_R = mZ_S + 2D_P$ (Z_R은 링기어 잇수, Z_S는 태양기어잇수)

$$D_P = \frac{m(Z_R - Z_S)}{2} = \frac{2(80 - 36)}{2} = 44\,[mm]$$

15 벨트 전동장치에서 원동 풀리의 지름이 650mm, 회전속도 800rpm, 벨트의 두께 7mm, 종동 풀리의 지름이 400mm일 때 미끄럼을 무시하고 벨트의 두께를 고려한 종동 풀리의 회전속도[rpm]에 가장 가까운 값은? (단, 풀리의 회전속도는 벨트의 중립면을 기준으로 한다)

① 953

② 1049

③ 1288

④ 1300

16 그림과 같은 짧은 슈(shoe) 원통 브레이크에서 마찰계수가 0.5, 원통의 반지름은 0.4m, 작동력 $F_a =$ 250N일 때 브레이크의 제동토크 [N · m]는?

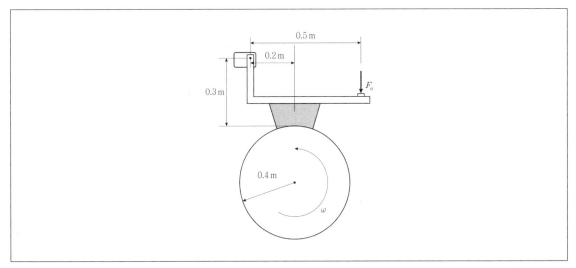

① 250

② 500

③ 750

④ 1000

ANSWER 15.③ 16.②

15 $\dfrac{N_2}{800} = \dfrac{650+7}{400+7}$. $N_2 = \dfrac{657}{407} \cdot 800 = 1291.4[rpm]$ 이므로 주어진 보기 중 이와 가장 가까운 값은 1288[rpm]이 된다.

16 수직력을 Q라고 하면 브레이크 레버의 힘의 평형 관계로부터

$0.5 \times F_a + 0.5 \times Q \times 0.3 = Q \times 0.2$

$Q = \dfrac{0.5 \cdot 250}{0.2 - 0.5 \cdot 0.3} = 2500[N]$

제동토크 $T = 0.5 \cdot 2500 \cdot 0.4 = 500[N]$

17 그림과 같이 풀리에 하중 W, 긴장측 장력 T_1, 이완측 장력 T_2가 작용할 때 옳지 않은 것은? (단, T는 비틀림모멘트, M은 굽힘모멘트이다)

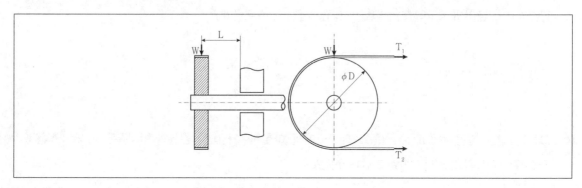

① 축의 비틀림모멘트 : $T = (T_1 - T_2) \times \dfrac{D}{2}$

② 축의 최대 굽힘모멘트 : $M_{max} = \sqrt{W^2 + T_1{}^2 + T_2{}^2} \times L$

③ 상당 비틀림모멘트 : $T_e = \sqrt{T^2 + M^2}$

④ 상당 굽힘모멘트 : $M_e = \dfrac{1}{2} \times (M + \sqrt{T^2 + M^2})$

18 안지름 5m, 두께 50mm인 두 반구를 용접하여 제작된 압력용기의 최대 허용압력[MPa]은? (단, 용접부의 단위길이당 허용 인장하중 10MN/m, 안전계수 2.5, 얇은 벽으로 가정한다)

① 3.2

② 8

③ 32

④ 80

....

ANSWER 17.② 18.①

17 ② 축의 최대 굽힘모멘트 : $M_{max} = \sqrt{W^2 + (T_1 + T_2)^2} \times L$

18 용접부에 작용하는 인장하중과 내부압력에 의한 힘이 평형을 이루므로

$\sigma \times \pi \times d = p \times \dfrac{\pi d^2}{4}$, $p = \dfrac{4\sigma}{d} = \dfrac{4 \cdot 10}{5} = 8[MPa]$

안전계수가 2.5이므로 최대허용압력은 $p_{amax} = \dfrac{8}{2.5} = 3.2[MPa]$

19 바깥지름 120mm, 두께 10mm, 길이 15m인 강관을 상온 20℃에서 양쪽 끝을 고정한 뒤 220℃로 가열하였을 때 강관 길이방향에 가해지는 압축력[kN]은? (단, 강의 탄성계수는 200GPa이고, 선열팽창계수는 1.0×10^{-6} [1/℃]이다)

① 22π
② 44π
③ 66π
④ 88π

··

ANSWER 19.②

19 ㉠ 열응력

$\sigma_T = E\alpha\triangle T = 200 \cdot 10^3 \cdot 1.0 \cdot 10^{-6} \cdot (220 - 20) = 40[MPa]$

㉡ 압축력

$F_e = 40 \cdot \dfrac{\pi(120^2 - (120 - 2 \cdot 10)^2)}{4} = 10\pi(120^2 - 100^2) = 44\pi \cdot 10^3[N] = 44\pi[kN]$

20 모터 회전속도가 N[rpm]이고 동력 H[W]를 전달받는 평기어 1과 2의 피치원 지름이 각각 D_1[m], D_2 [m]이고 공구압력각이 α일 때 기어 2가 연결된 축을 지지하는 각 베어링의 힘[N]은?

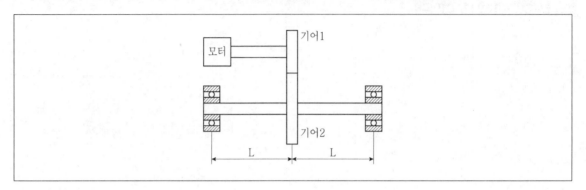

① $\dfrac{15H\cos\alpha}{\pi ND_1}$

② $\dfrac{15H}{\pi ND_1\cos\alpha}$

③ $\dfrac{30H\cos\alpha}{\pi ND_1}$

④ $\dfrac{30H}{\pi ND_1\cos\alpha}$

20 토크의 크기는 $T = \dfrac{H}{\dfrac{2\pi N}{60}} = \dfrac{30H}{\pi N}[N \cdot m]$

기어 1의 접선력은 $F_t \cdot \dfrac{D_1}{2} = \dfrac{30H}{\pi N}$ 이므로 $F_t = \dfrac{60H}{\pi ND_1}[N]$

기어 1이 받는 전체하중 $F_n = \dfrac{F_t}{\cos\alpha} = \dfrac{60H}{\pi ND_1\cos\alpha}[N]$

작용반작용의 원리에 따라 기어 2에도 같은 크기의 전체하중이 전달되고 베어링 두 개가 힘을 나누어 받고 있으므로 기어 2가 연결된 축을 지지하는 각 베어링의 힘은

$\dfrac{F_n}{2} = \dfrac{1}{2} \cdot \dfrac{60H}{\pi ND_1\cos\alpha} = \dfrac{30H}{\pi ND_1\cos\alpha}[N]$

1 축과 구멍의 끼워맞춤에 대한 설명으로 옳지 않은 것은?

① 끼워맞춤 방식은 구멍기준 끼워맞춤과 축기준 끼워맞춤이 있다.

② 구멍이 크고 축이 작아서 헐겁게 끼워 맞출 때, 그 치수의 차가 틈새이다.

③ 헐거운 끼워맞춤에서 최소 틈새는 구멍의 최소 허용치수에서 축의 최대 허용치수를 뺀 수치이다.

④ 억지 끼워맞춤에서 최대 죔새는 축의 최소 허용치수에서 구멍의 최대 허용치수를 뺀 수치이다.

2 미터나사에 대한 설명으로 옳지 않은 것은?

① 두줄 나사에서 리드는 피치의 두 배이다.

② 미터 가는나사는 호칭지름 × 피치로 표시한다.

③ 수나사의 골지름과 암나사의 안지름이 최대지름이다.

④ M24 수나사는 미터 보통나사로서 바깥지름이 24mm이다.

ANSWER 1.④ 2.③

1 억지 끼워맞춤에서 최대 죔새는 축의 최대허용치수에서 구멍의 최소허용치수를 뺀 수치이다.

2 수나사의 골지름은 최소지름, 암나사의 골지름은 최대지름이다.
골지름 : 수나사 및 암나사의 골에 접하는 가상적인 지름이다.

3 시간에 따라 크기가 변하는 동하중에 해당하는 것만을 모두 고르면?

> ㉠ 충격하중 ㉡ 분포하중
> ㉢ 반복하중 ㉣ 양진하중

① ㉠, ㉡

② ㉢, ㉣

③ ㉠, ㉢, ㉣

④ ㉡, ㉢, ㉣

4 지름이 d, 길이가 l인 중실축과 동일한 비틀림각을 나타내는 지름이 $2d$인 중실축의 길이는? (단, 두 축에는 동일한 비틀림 모멘트가 작용하고, 재료는 동일하다)

① $4l$

② $8l$

③ $12l$

④ $16l$

3
- 하중은 정하중(靜荷重)과 동하중(動荷重)으로 크게 나눈다. 물체 위에 정치(靜置)된 추와 같이 움직이지 않는 하중을 정하중이라 하고, 매우 느리게 움직여 물체에 대해서 정하중과 같은 작용을 하는 것도 정하중이라고 한다. 예를 들면, 재료시험기에 의한 인장시험과 같은 것이 이에 속한다. 이에 대하여 움직이는 하중을 동하중이라고 하며, 그 작동형식에 따라서 여러 명칭이 붙어 있다. 예를 들면, 교량의 보(girder)에는 움직이지 않는 자중(自重) 외에 그 위를 통과하는 자동차 등의 이동하중이 작용한다.
- 자동차·사람 등의 이동하중으로 인하여 교량의 보에는 복잡한 변동하중이 가해진다. 내연기관의 크랭크축 등은 회전함에 따라 연속적으로 크기가 다른 힘이 반복해서 작용하며, 이것을 반복하중이라고 한다. 반복하중도 하중 0에서 어떤 크기까지의 힘을 받는 편진하중(片振荷重), 크기뿐만 아니라 방향도 플러스·마이너스로 같게 변화하는 양진하중(兩振荷重) 등이 있다. 충격적으로 작용하는 것을 충격하중이라고 한다.
- 하중은 압력이나 자중과 같이 물체의 전체 또는 그 일부에 분포하여 작용하는 경우와, 반대로 거의 한 점으로 간주할 수 있을 만큼 좁은 범위에 작용하는 경우가 있다. 전자를 분포하중, 후자를 집중하중이라고 한다. 또, 물체에 가해지는 작용에 따라 축하중·수평하중·휨하중·비틀림 하중 등으로도 나눈다. 또, 이와 같은 하중이 동시에 작용하는 경우를 복합하중이라고 한다.

4
비틀림각 $\phi = \dfrac{TL}{GI_P} = \dfrac{TL}{G \cdot \dfrac{\pi d^4}{32}}$ 이므로 직경이 2배가 되면 극관성모멘트가 16배가 되므로 이 때 길이가 16배가 되어야만 지름

d, 길이 L인 축과 동일한 비틀림각이 된다.

5 두 축의 중심선이 일직선상에 있지 않은 경우에 사용할 수 있는 커플링만을 모두 고르면?

ㄱ 원통 커플링   ㄴ 올덤 커플링
ㄷ 플랜지 커플링   ㄹ 유니버설 커플링

---

① ㄱ, ㄴ

② ㄱ, ㄷ

③ ㄴ, ㄹ

④ ㄷ, ㄹ

ANSWER 5.③

5 원통커플링과 플랜지 커플링은 두 축이 일직선상에 있어야만 사용할 수 있는 커플링이다.
- **커플링** : 운전 중에는 결합을 끊을 수 없는 영구적인 이음
- **원통커플링** : 가장 간단한 구조의 커플링으로서 두 축의 끝을 맞대어 일직선으로 놓고 키 또는 마찰력으로 전동하는 커플링이다.
- **플랜지커플링** : 양 축단 끝에 플랜지를 설치키로 고정한 이음
- **플렉시블 커플링** : 두 축의 중심선이 약간 어긋나 있을 경우 탄성체를 플랜지에 끼워 진동을 완화시키는 이음
- **기어커플링** : 한 쌍의 내접기어로 이루어진 커플링으로 두 축의 중심선이 다소 어긋나도 토크를 전달할 수 있어 고속회전 축 이음에 사용되는 이음
- **유체커플링** : 원동축에 고정된 펌프 깃의 회전력에 의해 동력을 전달하는 이음
- **올덤 커플링** : 평행한 두 축 사이의 거리가 약간 떨어져 있을 경우에 사용되는 것으로 기구적으로는 이중 슬라이더 회전기구를 구성하는 링크 기구이다.
- **유니버설 조인트** : 축이 교차하며 만나는 각이 변화할 때 사용하는 축이음으로 일반적으로 15°이하를 권장하며 속도변동을 없애기 위해 2개의 이음을 사용하여 원동축 및 종동축의 만나는 각을 같게 한다.

6 사각나사를 조일 때, 유효지름의 원주에서 접선방향으로 가해지는 회전력(P)이 축방향 하중(Q)을 받는 너트를 밀어 올리는 것으로 해석할 경우, P는? (단, 접촉면의 마찰계수는 μ, 리드각(나선각)은 α이다)

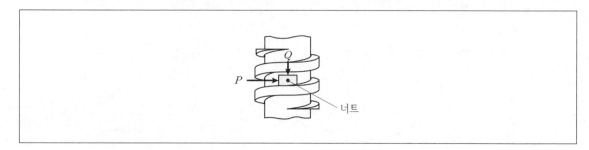

① $Q\dfrac{\mu\sin\alpha - \cos\alpha}{\sin\alpha + \mu\cos\alpha}$

② $Q\dfrac{\mu\cos\alpha - \sin\alpha}{\cos\alpha + \mu\sin\alpha}$

③ $Q\dfrac{\mu\cos\alpha + \sin\alpha}{\cos\alpha - \mu\sin\alpha}$

④ $Q\dfrac{\mu\sin\alpha + \cos\alpha}{\sin\alpha - \mu\cos\alpha}$

6 구체적인 공식유도 과정까지 암기할 필요가 없으며 공식만 암기해서 풀 것을 권하는 문제이다.

사각나사를 조일 때, 유효지름의 원주에서 접선방향으로 가해지는 회전력(P)이 축방향 하중(Q)을 받는 너트를 밀어 올리는 것으로 해석할 경우, $P = Q\dfrac{\mu\cos\alpha + \sin\alpha}{\cos\alpha - \mu\sin\alpha}$가 된다.

7 그림과 같이 단면이 비대칭인 앵글(angle)의 측면필릿 용접이음에서, 앵글의 도심(G)으로부터 편위되어 부재에 인장하중(P)이 작용할 때 용접길이비(l_1/l_2)는? (단, 용접부 목두께는 같고, x_1, x_2에 비해 충분히 작다)

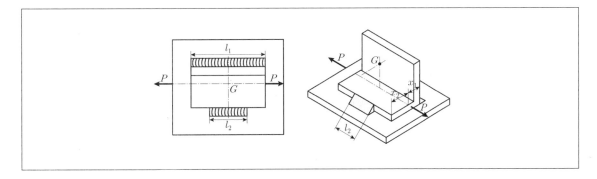

① $\dfrac{x_1}{x_2}$

② $\dfrac{x_2}{x_1}$

③ $\dfrac{(x_1+x_2)}{x_1}$

④ $\dfrac{(x_1+x_2)}{x_2}$

8 잇수가 z인 헬리컬 기어의 축직각 모듈을 m_1, 치직각 모듈을 m_2라고 할 때, 상당 스퍼기어 잇수는?

① $\dfrac{z\,m_2}{m_1}$

② $\dfrac{z\,m_1}{m_2}$

③ $\dfrac{z\,m_2^3}{m_1^3}$

④ $\dfrac{z\,m_1^3}{m_2^3}$

....

ANSWER 7.② 8.④

7 $P_1=\tau_a(al_1),\ P_2=\tau_a(al_2),\ l=l_1+l_2,\ P=P_1+P_2=\tau_a(al_1)+\tau_a(al_2)$

$P_1x_1=P_2x_2$이므로 $\tau_a al_1x_1=\tau_a al_2x_2,\ x=x_1+x_2$

$l_1=\dfrac{lx_2}{x},\ l_2=\dfrac{lx_1}{x}$ 이므로 $\dfrac{l_1}{l_2}=\dfrac{x_2}{x_1}$

8 $Z_0=\dfrac{Z}{\cos^3\beta},\ p=\pi m,\ \cos\beta=\dfrac{m_2}{m_1},\ Z_0=\dfrac{Z}{\left(\dfrac{m_2}{m_1}\right)^3}=\dfrac{Zm_1^3}{m_2^3}$

9 한쪽 덮개판 한줄 맞대기 이음과 양쪽 덮개판 두줄 맞대기 이음에서, 리벳 1피치당 허용 인장하중을 각각 W_1, W_2라고 할 때, 하중비(W_2/W_1)는? (단, 리벳의 전단만을 고려한다)

① 1   ② 1.8

③ 2   ④ 3.6

10 마찰면의 수가 6개인 다판 브레이크에서 원판 마찰면의 평균 지름이 100mm일 때, 제동 토크 75 N · m를 발생시키는 축방향으로 미는 힘[N]은? (단, 마찰면은 균일마모조건이고, 마찰계수는 0.25이다)

① 1,000   ② 2,000

③ 3,000   ④ 4,000

ANSWER 9.④ 10.①

9
$$W_1 = \sigma \cdot 2A = \sigma \cdot \frac{2 \cdot \pi d^2}{4}, \quad W_2 = \sigma \cdot 7.2A = \sigma \cdot \frac{7.2 \cdot \pi d^2}{4}$$

$W_2/W_1 = 3.6$

㉠ 리벳이음
- 겹치기이음 : 2개의 판재를 서로 겹쳐서 리벳으로 이음
- 한쪽 덮개판이음 : 1개의 판재와 2개의 판재를 서로 맞대어 리벳으로 이음
- 양쪽 덮개판이음 : 2개의 판재를 다른 1개의 판재 위아래로 각각 맞대어 리벳으로 이음

㉡ 리벳의 전단응력
- 한줄이음 : $\tau_s = \dfrac{W}{f_s\left(\dfrac{\pi}{4}d^2\right)}$, W는 판에 작용하는 하중, f_s는 전단면계수(단일 전단면 $f_s = 1$, 복전단면 $f_s = 1.8$)

- 여러줄이음 : $\tau_s = \dfrac{W}{Z \cdot \alpha_Z\left(\dfrac{\pi}{4}d^2\right)}$, α_Z는 부하평균화 계수, Z는 리벳줄수

리벳의 줄수	부하평균화계수
2	1.0
3	0.906
4	0.814
5	0.735
6	0.675

10 $T_1 = \dfrac{T}{Z} = \dfrac{75}{6} = 12.5[Nm]$,

$$T_1 = 12.5(N-m) = \mu P \frac{D_m}{2} = 0.25 \cdot P \cdot 0.05[m]$$

따라서 $P = \dfrac{12.5}{0.25 \cdot 0.05} = 1,000[N]$

11 그림과 같이 90kN의 하중 P를 받는 피벗(pivot) 베어링의 안지름 d_1이 100mm일 때, 베어링의 바깥지름 d_2[mm]는? (단, 평균 베어링 압력은 4MPa, π = 3이다)

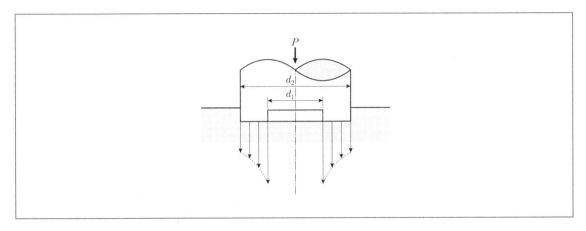

① 150

② 200

③ 250

④ 300

12 회전 중인 엔진의 출력은 30PS이고 토크는 50kgf · m일 때, 엔진 회전수[rpm]는? (단, π =3이다)

① 300

② 450

③ 600

④ 900

....

ANSWER 11.② 12.②

11 $p = \dfrac{P}{\dfrac{\pi(d_2^2 - d_1^2)}{4}}$ 이므로 $4[MPa] = \dfrac{90 \cdot 10^3}{\dfrac{3(d_2^2 - d_1^2)}{4}}$ 이므로

$d_2^2 - d_1^2 = \dfrac{90 \cdot 10^3}{\dfrac{3 \times 4}{4}}$, $d_2^2 = 3 \cdot 10^4 + 1 \cdot 10^4$ 이므로 $d_2 = 200[mm]$

12 $\dfrac{Tw}{75} = H[PS]$ 이므로 $N = \dfrac{30 \cdot 75}{\dfrac{50 \cdot 2 \cdot 3}{60}} = 450[rpm]$

13 고정용 치공구 중 클램프(clamp)의 설계 조건으로 옳지 않은 것은?

① 클램핑 기구는 조작이 간단하고 급속 클램핑 형식을 택한다.

② 클램프의 고정력은 위치결정구나 지지구에 직접 가하여 공작물을 견고히 고정한다.

③ 공작물의 손상, 변형, 뒤틀림을 방지하기 위하여 여러 개의 작은 힘으로 분산하여 고정한다.

④ 절삭력은 클램프가 위치한 방향으로 작용하도록 하고, 절삭력의 반대편에 고정력을 배치한다.

14 원통 코일 스프링에 작용하는 하중 1,750N에 의한 스프링 소선의 최대 전단응력이 800N/mm²일 때, 소선의 지름[mm]은? (단, 스프링 지수는 7, Wahl의 응력수정계수는 1.2, π = 3이다)

① 7

② 8

③ 9

④ 10

ANSWER 13.④ 14.①

13 절삭력은 클램프가 위치한 방향으로 작용하지 않도록 하고, 절삭력의 반대편에 고정력을 배치하지 않도록 한다.

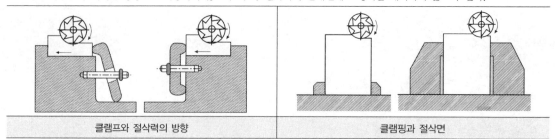

클램프와 절삭력의 방향	클램핑과 절삭면

14 $\tau_{\max} = \dfrac{8PDK}{\pi d^3} = \dfrac{16PRK}{\pi d^3}$, $K=1.2$, $C=\dfrac{D}{d}=7$

$d^2 = \dfrac{8 \cdot 1750 \cdot 7 \cdot 1.2}{3 \cdot 800} = 49$이므로 $d=7$

15 원추각이 15°, 원추 접촉면의 평균지름이 200mm인 원추 클러치에 축방향 힘 440N이 작용할 때, 원추 클러치의 최대 전달토크[N·m]는? (단, 접촉면은 균일마모조건이고, 마찰계수는 0.2이며, $\sin15° = 0.25$, $\cos15° = 0.95$이다)

① 10   ② 15

③ 20   ④ 25

16 일정한 내부 압력 p를 받는 얇은 벽의 원통형 압력용기에서, 원주방향 응력(hoop stress) σ_1, 길이방향 응력(axial stress) σ_2, 원통용기 바깥 표면에서 최대 면내(in-plane) 전단응력 τ로 옳은 것은? (단, 압력용기 안쪽 반지름은 r, 벽 두께는 t이다)

σ_1	σ_2	τ
① $\dfrac{pr}{2t}$	$\dfrac{pr}{t}$	$\dfrac{pr}{2t}$
② $\dfrac{pr}{t}$	$\dfrac{pr}{2t}$	$\dfrac{pr}{t}$
③ $\dfrac{pr}{2t}$	$\dfrac{pr}{t}$	$\dfrac{pr}{4t}$
④ $\dfrac{pr}{t}$	$\dfrac{pr}{2t}$	$\dfrac{pr}{4t}$

ANSWER 15.③   16.④

15
$$Q = \frac{P}{\sin\alpha + \mu\cos\alpha} = \frac{440}{0.25 + (0.2 \cdot 0.95)} = 1000$$
$$T = \mu Q \frac{D_m}{2} = 0.2 \cdot 1000 \cdot 0.1 = 20[Nm]$$

16
원주방향 응력(hoop stress) $\sigma_1 = \dfrac{pr}{t}$

길이방향 응력(axial stress) $\sigma_2 = \dfrac{pr}{2t}$

원통용기 바깥 표면에서 최대 면내(in-plane) 전단응력 $\tau = \dfrac{pr}{4t}$

17 현가장치로 이용되는 토션 바 스프링에서 비틀림 스프링 상수[N · m/rad]를 구하는 식은? (단, 토션 바의 길이 L[mm], 봉의 지름 d[mm], 봉과 하중 사이 거리 R[mm], 가로 탄성계수는 G[GPa]이다)

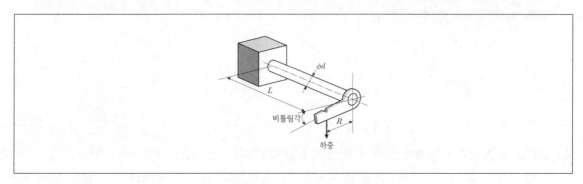

① $\dfrac{\pi d^3 RG}{64L}$

② $\dfrac{\pi d^3 RG}{32L}$

③ $\dfrac{\pi d^4 G}{32L}$

④ $\dfrac{\pi d^4 G}{16L}$

18 엔드 저널 베어링에서 저널의 지름이 30mm, 저널면에 작용하는 평균압력이 3MPa, 허용굽힘응력이 64MPa일 때, 베어링 폭[mm]은? (단, 저널을 외팔보 구조로 가정하여 베어링의 폭 길이에 걸쳐 균일 분포하중이 작용하는 것으로 설계하고, π = 3이다)

① 30

② 40

③ 50

④ 60

ANSWER 17.③ 18.④

17
현가장치로 이용되는 토션 바 스프링에서 비틀림 스프링 상수[N · m/rad]식 : $\dfrac{\pi d^4 G}{32L}$ (토션 바의 길이 L[mm], 봉의 지름 d [mm], 봉과 하중 사이 거리 R[mm], 가로 탄성계수는 G[GPa]이다)

18
$p = \dfrac{P}{dt}$, $3[MPa] = \dfrac{P}{30l}$, $P = 90l$, $N = \sigma_b Z$, $\dfrac{Pl}{2} = 64 \cdot \dfrac{\pi d^2}{32}$

$\dfrac{90l^2}{2} = 64 \cdot \dfrac{\pi d^2}{32}$, $l^2 = \dfrac{64 \cdot 3 \cdot 30^3 \cdot 2}{32 \cdot 90} = 3600$, $l = 60[mm]$

19 잇수가 30개인 스프로킷 휠이 500rpm으로 회전할 때, 피치가 20mm인 롤러 체인의 평균속도[m/s]는?

① 5

② 10

③ 15

④ 20

20 온도변화에 따른 관의 신축을 허용하는 관이음에 해당하지 않는 것은?

① 유니온 이음

② 미끄럼 이음

③ 신축형 밴드

④ 고무관 이음

ANSWER 19.① 20.①

19 30 × 500 × 20[mm/min] × (1m/1000mm) × (1min/60s) = 5[m/s]

20 유니온 이음은 너트를 사용하여 관과 관을 접속하는 이음으로서 한쪽 관에 결부되는 유니언 나사와 다른 쪽 관에 결부되는 부위를 자유로이 분리하거나 체결할 수 있으므로 관을 돌릴 필요가 없다. (이 이음은 신축을 허용하는 관이음에는 적용이 어렵다.)

1 재료에 높은 온도로 큰 하중을 일정하게 작용시킬 때 재료 내의 응력이 일정함에도 불구하고 시간의 경과에 따라 변형률이 점차 증가하는 현상은?

① 시효현상

② 피로현상

③ 크리프현상

④ 응력집중현상

ANSWER 1.③

1 크리프현상 : 재료에 높은 온도로 큰 하중을 일정하게 작용시킬 때 재료 내의 응력이 일정함에도 불구하고 시간의 경과에 따라 변형률이 점차 증가하는 현상

2 지그와 고정구에서 로케이터(locator)에 대한 설명으로 옳은 것은?

① 각도를 측정하는 도구

② 공작물의 움직임을 제한하는 도구

③ 공구의 경로를 제어하는 구성 요소

④ 공작물의 위치를 설정하는 구성 요소

3 커플링 설계에서 고려되는 사항으로 옳지 않은 것은?

① 설치, 분해가 쉽도록 할 것

② 운전 중 원활한 단속이 가능할 것

③ 진동에 의하여 이완되지 않게 할 것

④ 소형으로도 충분한 전동능력을 갖추게 할 것

ANSWER 2.④ 3.②

2 지그(jig) : 가공 대상물의 위치를 결정하고 잡아서 고정하며, 툴을 가이드하는 기능까지 가진 장치이다. 지그의 일반적인 구성은 BASE, 서브블럭, 앵글브라켓, 로케이터, 클램프, 핀, 실린더 등으로 이루어져 있으며 이 중 로케이터는 공작물의 위치를 설정하는 구성 요소이다.

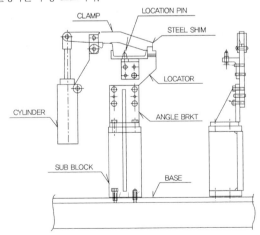

3 커플링은 운전 중 단속을 할 수 없으며 이러한 기능을 하는 것은 클러치이다.

4 리벳 작업에서 코킹(caulking) 공정이 사용되는 이유로 옳은 것은?

① 기밀을 유지하기 위하여

② 리벳 구멍을 뚫기 위하여

③ 패킹재료를 끼우기 위하여

④ 강판의 강도를 보강하기 위하여

5 평행키의 전단응력을 나타내는 식으로 옳은 것은? (단, T : 회전토크, b : 키의 폭, l : 키의 길이, h : 키의 높이, d : 회전축 지름)

① $\dfrac{2T}{hld}$

② $\dfrac{2T}{bld}$

③ $\dfrac{4T}{hld}$

④ $\dfrac{4T}{bld}$

4 코킹(caulking)은 기밀을 필요로 하는 경우에는 리벳팅이 끝난 뒤에 리벳머리 주위와 강판의 가장자리를 정과 같은 공구로 때리는 작업을 말한다.

5

| 안장키 | 납작키 | 묻힘키 | 접선키 | 미끄럼키 | 반달키 | 둥근키 |

| 키의 전단 | 축의 압축 | 키 홈 | 평행키는 상하의 면이 평행인 묻힘 키이며 전단응력을 나타내는 식은 $\dfrac{2T}{bld}$ 이다. |

6 원형 봉에 비틀림모멘트를 가하면 비틀림변형이 생기는 원리를 이용한 스프링은?

① 토션 바

② 겹판 스프링

③ 태엽 스프링

④ 벌류트 스프링

7 용기 내 유체의 압력이 일정압을 초과하였을 때 자동으로 밸브를 열어 유체를 방출하여 압력상승을 억제하는 밸브는?

① 스톱 밸브(stop valve)

② 안전 밸브(safety valve)

③ 체크 밸브(check valve)

④ 게이트 밸브(gate valve)

8 원통 마찰차(friction wheel)의 특성에 대한 설명으로 옳은 것은?

① 각속도비가 일정하게 유지된다.

② 원동차에 대한 종동차의 비율에서, 두 마찰차가 구름 접촉하는 경우 각속도비는 지름비와 같다.

③ 외접의 경우 원동차와 종동차 사이에 중간차를 삽입하면 종동차의 회전방향을 바꿀 수 있다.

④ 지름 D_A와 D_B를 갖는 두 마찰차는 외접과 내접 마찰차 구성에 상관없이 두 축 사이의 중심거리는 동일하다.

ANSWER 6.① 7.② 8.③

6 토션바는 봉이 비틀림탄성을 통해 스프링의 역할하는 부재이다. 토션 '바'는 코일스프링처럼 탄성력을 이용하여 충격을 흡수하는 스프링으로 사용되는 부품이고, 토션 '빔'은 서스펜션의 양쪽 트레일링암의 독립된 움직임을 억제하는 장치로 쓰이는데 가깝다.

7 안전밸브 : 용기 내 유체의 압력이 일정압을 초과하였을 때 자동으로 밸브를 열어 유체를 방출하여 압력상승을 억제하는 밸브

8 ① 미끄럼이 발생하므로 각속도비가 일정하게 유지되기 어렵다.

② 원동차에 대한 종동차의 비율에서, 두 마찰차가 구름 접촉하는 경우 각속도비는 지름비는 반비례 관계이다.

④ 지름 D_A와 D_B를 갖는 두 마찰차는 외접과 내접 마찰차 구성에 따라 두 축 사이의 중심거리가 달라지게 된다.

9 보통이의 표준 평기어에 대한 관계식으로 옳지 않은 것은?

① 총이높이 = 이끝높이 + 이뿌리높이

② 모듈 = 원주피치 × π

③ 피치원지름 = 모듈 × 잇수

④ 이끝원지름 = 모듈 × (잇수 + 2)

10 가공하지 않은 축에 사용하며 마찰력에 의해서만 회전을 전달하므로 토크가 클 때 불확실한 전달이 되기 쉬운 키(key)는?

① 안장키(saddle key)

② 평키(flat key)

③ 평행키(parallel key)

④ 접선키(tangential key)

11 축방향의 인장하중을 받는 2개의 축을 연결하는 데 사용되며, 축의 한쪽을 포크(fork)로 하고 이것에 아이(eye)를 넣은 후 끼워 사용하는 핀은?

① 너클 핀

② 스프링 핀

③ 스플릿 핀

④ 테이퍼 핀

ANSWER 9.② 10.① 11.①

9 모듈은 원주피치를 π로 나눈 값이다.

10 안장키(saddle key) : 가공하지 않은 축에 사용하며 마찰력에 의해서만 회전을 전달하므로 토크가 클 때 불확실한 전달이 되기 쉬운 키(key)

11 너클 핀 : 축방향의 인장하중을 받는 2개의 축을 연결하는 데 사용되며, 축의 한쪽을 포크(fork)로 하고 이것에 아이(eye)를 넣은 후 끼워 사용하는 핀

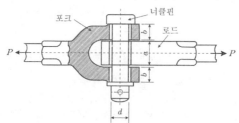

12 강관에 대한 일반적인 설명으로 옳지 않은 것은?

① 보일러용으로도 사용된다.

② 용접으로 이음이 가능하다.

③ 물에 대한 내식성이 주철관보다 뛰어나다.

④ 주철관보다 가볍고 인장강도가 크다.

....

ANSWER 12.③

12   물에 대한 내식성은 주철관이 강관보다 뛰어나다.

주철관	• 장점으로는 내식성, 내구성이 우수하며, 충격이나 인장강도에 약한 단점이 있다. • 용도는 급수관, 가스배관, 통신용 매설관, 오수배관 등으로 사용되며, 소켓접합, 플래지접합, 기계적 접합, 빅토릭접합 등이다.
강관	• 장점으로는 인장강도가 크고 충격에 강하며, 관의 접합과 시공이 비교적 용이하며, 가격이 저렴하다. • 단점으로 주철관에 비해 부식이 커서 내구연수가 짧으며, 재질상 분류는 탄소강 강관, 합금강 강판, 스테인리스 강판이다. • 용도는 급수, 급탕, 급유, 공기, 증기 등이며, 나사접합, 플랜지접합, 용접접합 등이고, 관두께는 스케줄 번호 SCH 5, 10, 20, 40, 80 등으로 나타내며 번호가 클수록 관의 두께가 두껍다.
스테인리스 강관	• 철에 크롬 등을 함유하여 만들어지기 때문에 강관에 비해 기계적 강도가 우수하며, 내식성이 우수하며 수명이 길고, 두께가 얇아 운반 및 시공이 우수하다. • 용도는 급수관, 급탕관, 냉온수관 등이며, 프레스식 접합, 압축식 접합, 클립식 접합, 신축 가동식 접합 등이다.
연관	• 장점으로는 내식성이 우수하며, 연성이 풍부하여 가공성이 우수하며, 산에 강하다. • 단점으로는 중량이 무겁고, 가격이 비싸며, 알칼리에는 약하여 콘크리트 속에 매설할 때는 부식의 우려가 있으므로 방식피복을 하여야 한다. • 용도는 수도 인입관, 기구배수관, 가스관, 화학공업배관 등이며, 플라스턴 접합, 납땜접합, 용접접합 등이다.
동관	• 장점으로는 마찰손실저항이 작고, 염류, 산 등에 내식성이 크며, 내구성이 우수하며, 가공하기가 쉽고 전기 및 열의 전도율이 좋다. • 단점으로는 황동관을 배수관으로 사용하면 부식이나 균열이 발생할 우려가 있다. • 용도는 급수관, 급탕관, 냉방관, 급유관, 가스관, 열교환기 등이며, 접합방법은 납땜접합, 경납땜접합, 용접접합, 플레어접합, 플랜지접합, 유니언접합 등이며, 관두께는 표준규격에서는 K타입(가장 두껍다), L타입(두껍다), M타입(보통)으로 구분된다.
경질염화비닐관 (PVC관)	• 장점으로는 전기절연성, 내산성, 내알칼리성, 내식성이 우수하며, 배관의 가공이 용이하고 경량으로 시공성이 우수하다. 또한, 관 표면이 매끄러워 마찰손실이 적고, 내면에 스케일이 잘 발생하지 않으며, 상대적으로 가격이 저렴하다. • 단점으로 충격과 열에 약하며, 선팽창계수(열팽창률)가 크므로 온도변화에 따른 신축이 크고, 온도에 따라 강도가 저하된다. • 용도는 급수관, 배수관, 통기관 등이며, 접합은 냉간공법, 열간공법을 사용한다.
콘크리트관 (흄관)	• 특징은 내식성 및 내압성이 강하며, 가격이 저렴하다. • 용도는 배수관, 해수수송관, 철도부지 하수관 등에 사용되며, 모르타르 접합 등이다.

13 항복 강도 이하의 평균 응력이 가해진 상태에서, 평균 응력과 응력 진폭을 고려하여 재료의 피로한도를 제시하는 내구 선도 모델들인 조더버그선(soderberg line), 굿맨선(goodman line), 거버선(gerber line)의 안전 응력 진폭 크기를 작은 것부터 순서대로 나열하면?

① 거버선, 굿맨선, 조더버그선

② 굿맨선, 거버선, 조더버그선

③ 굿맨선, 조더버그선, 거버선

④ 조더버그선, 굿맨선, 거버선

14 벨트를 엇걸기하여 동력을 전달할 때, 종동 풀리에서의 벨트 접촉각은? (단, D_1 : 원동 풀리의 지름, D_2 : 종동 풀리의 지름, C : 축간거리, D_1 이 D_2 보다 크다고 가정한다)

① $\pi + 2\sin^{-1}\left(\dfrac{D_1 + D_2}{2C}\right)$

② $\pi + 4\sin^{-1}\left(\dfrac{D_1 + D_2}{4C}\right)$

③ $\pi - 2\sin^{-1}\left(\dfrac{D_1 - D_2}{2C}\right)$

④ $\pi - 4\sin^{-1}\left(\dfrac{D_1 - D_2}{4C}\right)$

ANSWER 13.④ 14.①

12 안전응력 진폭크기 : 조더버그선 ≤ 굿맨선 ≤ 거버선

- 조더버그 선도 : $\dfrac{\sigma_a}{\sigma_e} + \dfrac{\sigma_m}{\sigma_y} = 1$

- 굿맨 선도 : $\dfrac{\sigma_a}{\sigma_e} + \dfrac{\sigma_m}{\sigma_u} = 1$

- 거버 선도 : $\dfrac{\sigma_a}{\sigma_e} + \left(\dfrac{\sigma_m}{\sigma_u}\right)^2 = 1$

- ASME선도 : $\left(\dfrac{\sigma_a}{\sigma_e}\right)^2 + \left(\dfrac{\sigma_m}{\sigma_u}\right)^2 = 1$

14 벨트를 엇걸기하여 동력을 전달할 때, 종동 풀리에서의 벨트 접촉각

$\pi + 2\sin^{-1}\left(\dfrac{D_1 + D_2}{2C}\right)$

15 회전하는 원통 마찰차가 원주속도 4m/s로 2kW의 동력을 전달하려면 마찰차를 누르는 힘[kN]은? (단, 마찰계수는 0.2이고, 동력 전달 시 손실이 없다고 가정한다)

① 1.5

② 2.5

③ 4

④ 5

16 피치가 9mm인 한 줄 사각나사가 있다. 마찰계수가 0.15일 때, 나사의 자립조건을 만족하는 최소 유효 지름[mm]은? (단, $\pi = 3$이다)

① 12

② 16

③ 20

④ 24

17 원형 중실축이 2,400 N·mm의 굽힘모멘트를 받고 있을 때 축의 지름[mm]은? (단, 축의 허용굽힘응력은 64MPa이고, $\pi = 3$이다)

① $\sqrt[3]{50}$

② $\sqrt[3]{100}$

③ $\sqrt[3]{200}$

④ $\sqrt[3]{400}$

ANSWER 15.② 16.③ 17.④

15 $H = \mu P v = 2[kW] = 0.2 \cdot P \cdot 4[m/s]$

$P = \dfrac{2}{4 \cdot 0.2} = 2.5[kN]$

16 $\mu = \tan\rho, \ \tan\rho \geq \tan\lambda, \ 0.15 \geq \dfrac{p}{\pi d_e}, \ d_e \geq \dfrac{9}{\pi \cdot 0.15} = \dfrac{9}{3 \cdot 0.15} = 20$

17 $M = \sigma_b Z = 2400[N \cdot mm] = 64[MPa] \cdot \dfrac{\pi d^3}{32}$

$d^3 = \dfrac{2400 \cdot 32}{64 \cdot \pi} = 400, \ d = \sqrt[3]{400}$

18 축이 베어링으로 단순 지지되어 회전하고 있다. 베어링 사이의 간격이 증가하여 축의 최대 처짐 량이 두 배가 된다면 축의 위험속도는 몇 배가 되는가?

① $\dfrac{1}{\sqrt{2}}$

② $\dfrac{1}{2}$

③ $\sqrt{2}$

④ 2

19 기본 동정격하중이 2,700kgf인 레이디얼 볼 베어링에 반지름방향으로 900kgf의 실제하중이 작용하고 있다. 베어링이 500rpm으로 회전하는 경우 수명시간[hr]은?

① 300

② 600

③ 900

④ 1,800

18
$N_c = \dfrac{30}{\pi} \sqrt{\dfrac{g}{\delta}}$ 이며 $N_1 = \dfrac{30}{\pi} \sqrt{\dfrac{g}{\delta}}$, $N_2 = \dfrac{30}{\pi} \sqrt{\dfrac{g}{2\delta}}$, $\dfrac{N_2}{N_1} = \dfrac{1}{\sqrt{2}}$

19
$L_h = 500 \cdot \dfrac{33.3}{N} \cdot \left(\dfrac{C}{P}\right)^3 = 500 \cdot \dfrac{33.3}{500} \cdot \left(\dfrac{2700}{900}\right)^3 = 33.3 \cdot 3^3 = 899.1$

20 구동축과 종동축을 교차각 α인 유니버설(universal) 조인트로 연결하였다. 구동축 각속도가 ω_1으로 등속운동을 하더라도 종동축의 각속도 ω_2는 $\omega_1 \cos\alpha \sim \dfrac{\omega_1}{\cos\alpha}$ 범위 내에서 변화한다. 구동축의 비틀림모멘트가 T_1이라면, 종동축 비틀림모멘트 T_2의 최댓값은? (단, 동력 전달 시 손실이 없다고 가정한다)

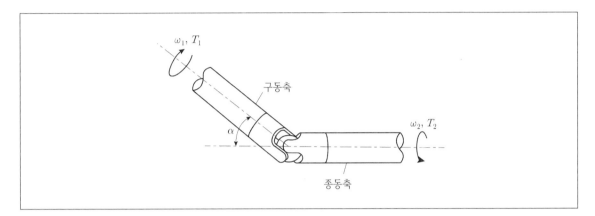

① $T_1 \sin\alpha$

② $\dfrac{T_1}{\sin\alpha}$

③ $T_1 \cos\alpha$

④ $\dfrac{T_1}{\cos\alpha}$

ANSWER 20.④

20

각속도가 $\omega_1 \cos\alpha \sim \dfrac{\omega_1}{\cos\alpha}$ 의 범위에서 변화하므로

종동축 비틀림모멘트 T_2은 $T_1 \cos a \sim \dfrac{T_1}{\cos a}$ 의 범위에서 변화한다.

서원각 용어사전 시리즈

상식은 "용어사전"

용어사전으로 중요한 용어만 한눈에 보자

① **시사용어사전 1200**
매일 접하는 각종 기사와 정보 속에서 현대인이
놓치기 쉬운, 그러나 꼭 알아야 할 최신 시사상식
을 쏙쏙 뽑아 이해하기 쉽도록 정리했다!

② **경제용어사전 1030**
주요 경제용어는 거의 다 실었다! 경제가 쉬워지
는 책, 경제용어사전!

③ **부동산용어사전 1300**
부동산에 대한 이해를 높이고 부동산의 개발과 활
용, 투자 및 부동산 용어 학습에도 적극적으로 이
용할 수 있는 부동산용어사전!

중요한 용어만 공부하자!

- 최신 관련 기사 수록
- 다양한 용어를 수록하여 1000개 이상의 용어 한눈에 파악
- 용어별 중요도 표시 및 꼼꼼한 용어 설명
- 파트별 TEST를 통해 실력점검

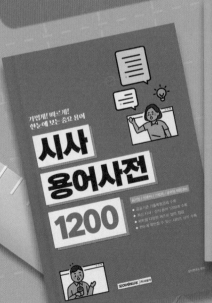